资源与环境保护系列丛书之五

煤矸石处置与利用环境保护政策法规

环境保护部环境工程评估中心　编

中国环境出版集团·北京

图书在版编目（CIP）数据

煤矸石处置与利用环境保护政策法规/环境保护部环境工程评估中心编．—北京：中国环境出版集团，2018.9

（资源与环境保护系列丛书；五）

ISBN 978-7-5111-3569-8

Ⅰ．①煤… Ⅱ．①环… Ⅲ．①煤矸石利用—环境保护政策—汇编—中国②煤矸石利用—环境保护法—汇编—中国 Ⅳ．①X322②D922.689

中国版本图书馆 CIP 数据核字（2018）第 050641 号

出 版 人　武德凯
责任编辑　李兰兰
责任校对　任　丽
封面设计　宋　瑞

更多信息，请关注
中国环境出版集团
第一分社

出版发行　中国环境出版集团
（100062　北京市东城区广渠门内大街 16 号）
网　　址：http：//www.cesp.com.cn
电子邮箱：bjgl@cesp.com.cn
联系电话：010-67112765（编辑管理部）
010-67112735（第一分社）
发行热线：010-67125803，010-67113405（传真）

印　　刷　北京市联华印刷厂
经　　销　各地新华书店
版　　次　2018 年 9 月第 1 版
印　　次　2018 年 9 月第 1 次印刷
开　　本　787×960　1/16
印　　张　25
字　　数　480 千字
定　　价　68.00 元

《煤矸石处置与利用环境保护政策法规》

编 写 委 员 会

主　编　王冬朴　孔令辉

副主编　李　敏　王　琴　杨德敏

编　委　王岁权　崔文龙　安广楠　刘文荣　张　杰

李　佳　秦红正　李艳兵　王临清　宋颖霞

黄　成　李姝蕊　王　麒　隋国舜　梁　慧

韦　程　解钢锋　李贺然　王健林

前 言

煤矸石是煤矿在开拓掘进、采煤和煤炭洗选等生产过程中排出的含碳岩石，是煤矿生产过程中的废弃物，同时也是可利用的资源。二十余年来，我国为加强煤矸石处置污染防治、鼓励煤矸石综合利用出台了相关环境保护政策、规范、标准等文件。地方政府部门也结合各地实际，制定了适应当地环境管理需求的管理规定。

为大力推进生态文明建设，适应新时代新发展需要，帮助各级生态环境管理部门、煤炭企业、煤矸石利用企业、环境影响评价机构、技术评估机构等相关单位人员及时熟悉和掌握政策法规要求，提高煤矸石处置与利用环境保护整体水平，环境保护部环境工程评估中心组织编写了《煤矸石处置与利用环境保护政策法规》一书，书中全面系统地收集汇编了煤矸石处置与利用环境保护相关的法规、政策、规范、标准等文件。

在本书编写出版过程中，生态环境部、中煤科工集团北京华宇工程有限公司、中材地质工程勘查研究院有限公司等单位给予了大力支持，中国环境出版集团的领导和编校人员付出了辛勤的劳动，在此表示衷心的感谢。

由于时间紧迫，书中难免有缺漏，敬请广大读者批评指正。

编 者

2018 年 8 月

目 录

一、法律法规

二、中共中央、国务院文件

三、环境保护政策

四、部门规章

五、国家标准

六、导则、规范

七、地方政策、标准

一、法律法规

中华人民共和国煤炭法

（1996年8月29日第八届全国人民代表大会常务委员会第二十一次会议通过　根据2009年8月27日第十一届全国人民代表大会常务委员会第十次会议《关于修改部分法律的决定》第一次修正　根据2011年4月22日第十一届全国人民代表大会常务委员会第二十次会议《关于修改〈中华人民共和国煤炭法〉的决定》第二次修正　根据2013年6月29日第十二届全国人民代表大会常务委员会第三次会议《关于修改〈中华人民共和国文物保护法〉等十二部法律的决定》第三次修正　根据2016年11月7日第十二届全国人民代表大会常务委员会第二十四次会议《关于修改〈中华人民共和国对外贸易法〉等十二部法律的决定》第四次修正）

第一章　总　则

第一条　为了合理开发利用和保护煤炭资源，规范煤炭生产、经营活动，促进和保障煤炭行业的发展，制定本法。

第二条　在中华人民共和国领域和中华人民共和国管辖的其他海域从事煤炭生产、经营活动，适用本法。

第三条　煤炭资源属于国家所有。地表或者地下的煤炭资源的国家所有权，不因其依附的土地的所有权或者使用权的不同而改变。

第四条　国家对煤炭开发实行统一规划、合理布局、综合利用的方针。

第五条　国家依法保护煤炭资源，禁止任何乱采、滥挖破坏煤炭资源的行为。

第六条　国家保护依法投资开发煤炭资源的投资者的合法权益。

国家保障国有煤矿的健康发展。

国家对乡镇煤矿采取扶持、改造、整顿、联合、提高的方针，实行正规合理开发和有序发展。

第七条　煤矿企业必须坚持安全第一、预防为主的安全生产方针，建立健全安全生产的责任制度和群防群治制度。

第八条　各级人民政府及其有关部门和煤矿企业必须采取措施加强劳动保护，保障煤矿职工的安全和健康。

国家对煤矿井下作业的职工采取特殊保护措施。

第九条 国家鼓励和支持在开发利用煤炭资源过程中采用先进的科学技术和管理方法。

煤矿企业应当加强和改善经营管理，提高劳动生产率和经济效益。

第十条 国家维护煤矿矿区的生产秩序、工作秩序，保护煤矿企业设施。

第十一条 开发利用煤炭资源，应当遵守有关环境保护的法律、法规，防治污染和其他公害，保护生态环境。

第十二条 国务院煤炭管理部门依法负责全国煤炭行业的监督管理。国务院有关部门在各自的职责范围内负责煤炭行业的监督管理。

县级以上地方人民政府煤炭管理部门和有关部门依法负责本行政区域内煤炭行业的监督管理。

第十三条 煤炭矿务局是国有煤矿企业，具有独立法人资格。

矿务局和其他具有独立法人资格的煤矿企业、煤炭经营企业依法实行自主经营、自负盈亏、自我约束、自我发展。

第二章　煤炭生产开发规划与煤矿建设

第十四条 国务院煤炭管理部门根据全国矿产资源勘查规划编制全国煤炭资源勘查规划。

第十五条 国务院煤炭管理部门根据全国矿产资源规划规定的煤炭资源，组织编制和实施煤炭生产开发规划。

省、自治区、直辖市人民政府煤炭管理部门根据全国矿产资源规划规定的煤炭资源，组织编制和实施本地区煤炭生产开发规划，并报国务院煤炭管理部门备案。

第十六条 煤炭生产开发规划应当根据国民经济和社会发展的需要制定，并纳入国民经济和社会发展计划。

第十七条 国家制定优惠政策，支持煤炭工业发展，促进煤矿建设。

煤矿建设项目应当符合煤炭生产开发规划和煤炭产业政策。

第十八条 煤矿建设使用土地，应当依照有关法律、行政法规的规定办理。征收土地的，应当依法支付土地补偿费和安置补偿费，做好迁移居民的安置工作。

煤矿建设应当贯彻保护耕地、合理利用土地的原则。

地方人民政府对煤矿建设依法使用土地和迁移居民，应当给予支持和协助。

第十九条 煤矿建设应当坚持煤炭开发与环境治理同步进行。煤矿建设项目的环境保护设施必须与主体工程同时设计、同时施工、同时验收、同时投入使用。

第三章 煤炭生产与煤矿安全

第二十条 煤矿投入生产前，煤矿企业应当依照有关安全生产的法律、行政法规的规定取得安全生产许可证。未取得安全生产许可证的，不得从事煤炭生产。

第二十一条 对国民经济具有重要价值的特殊煤种或者稀缺煤种，国家实行保护性开采。

第二十二条 开采煤炭资源必须符合煤矿开采规程，遵守合理的开采顺序，达到规定的煤炭资源回采率。

煤炭资源回采率由国务院煤炭管理部门根据不同的资源和开采条件确定。

国家鼓励煤矿企业进行复采或者开采边角残煤和极薄煤。

第二十三条 煤矿企业应当加强煤炭产品质量的监督检查和管理。煤炭产品质量应当按照国家标准或者行业标准分等论级。

第二十四条 煤炭生产应当依法在批准的开采范围内进行，不得超越批准的开采范围越界、越层开采。

采矿作业不得擅自开采保安煤柱，不得采用可能危及相邻煤矿生产安全的决水、爆破、贯通巷道等危险方法。

第二十五条 因开采煤炭压占土地或者造成地表土地塌陷、挖损，由采矿者负责进行复垦，恢复到可供利用的状态；造成他人损失的，应当依法给予补偿。

第二十六条 关闭煤矿和报废矿井，应当依照有关法律、法规和国务院煤炭管理部门的规定办理。

第二十七条 国家建立煤矿企业积累煤矿衰老期转产资金的制度。

国家鼓励和扶持煤矿企业发展多种经营。

第二十八条 国家提倡和支持煤矿企业和其他企业发展煤电联产、炼焦、煤化工、煤建材等，进行煤炭的深加工和精加工。

国家鼓励煤矿企业发展煤炭洗选加工，综合开发利用煤层气、煤矸石、煤泥、石煤和泥炭。

第二十九条 国家发展和推广洁净煤技术。

国家采取措施取缔土法炼焦。禁止新建土法炼焦窑炉；现有的土法炼焦限期改造。

第三十条 县级以上各级人民政府及其煤炭管理部门和其他有关部门，应当加强对煤矿安全生产工作的监督管理。

第三十一条 煤矿企业的安全生产管理，实行矿务局长、矿长负责制。

第三十二条 矿务局长、矿长及煤矿企业的其他主要负责人必须遵守有关矿山安全的法律、法规和煤炭行业安全规章、规程，加强对煤矿安全生产工作的管理，执行安全生产责任制度，采取有效措施，防止伤亡和其他安全生产事故的发生。

第三十三条 煤矿企业应当对职工进行安全生产教育、培训；未经安全生产教育、培训的，不得上岗作业。

煤矿企业职工必须遵守有关安全生产的法律、法规、煤炭行业规章、规程和企业规章制度。

第三十四条 在煤矿井下作业中，出现危及职工生命安全并无法排除的紧急情况时，作业现场负责人或者安全管理人员应当立即组织职工撤离危险现场，并及时报告有关方面负责人。

第三十五条 煤矿企业工会发现企业行政方面违章指挥、强令职工冒险作业或者生产过程中发现明显重大事故隐患，可能危及职工生命安全的情况，有权提出解决问题的建议，煤矿企业行政方面必须及时作出处理决定。企业行政方面拒不处理的，工会有权提出批评、检举和控告。

第三十六条 煤矿企业必须为职工提供保障安全生产所需的劳动保护用品。

第三十七条 煤矿企业应当依法为职工参加工伤保险缴纳工伤保险费。鼓励企业为井下作业职工办理意外伤害保险，支付保险费。

第三十八条 煤矿企业使用的设备、器材、火工产品和安全仪器，必须符合国家标准或者行业标准。

第四章 煤炭经营

第三十九条 煤炭经营企业从事煤炭经营，应当遵守有关法律、法规的规定，改善服务，保障供应。禁止一切非法经营活动。

第四十条 煤炭经营应当减少中间环节和取消不合理的中间环节，提倡有条件的煤矿企业直销。

煤炭用户和煤炭销区的煤炭经营企业有权直接从煤矿企业购进煤炭。在煤炭产区可以组成煤炭销售、运输服务机构，为中小煤矿办理经销、运输业务。

禁止行政机关违反国家规定擅自设立煤炭供应的中间环节和额外加收费用。

第四十一条 从事煤炭运输的车站、港口及其他运输企业不得利用其掌握的运力作为参与煤炭经营、谋取不正当利益的手段。

第四十二条 国务院物价行政主管部门会同国务院煤炭管理部门和有关部门对煤炭的销售价格进行监督管理。

第四十三条 煤矿企业和煤炭经营企业供应用户的煤炭质量应当符合国家标准或者行业标准，质级相符，质价相符。用户对煤炭质量有特殊要求的，由供需双方在煤炭购销合同中约定。

煤矿企业和煤炭经营企业不得在煤炭中掺杂、掺假，以次充好。

第四十四条 煤矿企业和煤炭经营企业供应用户的煤炭质量不符合国家标准或者行业标准，或者不符合合同约定，或者质级不符、质价不符，给用户造成损失的，应当依法给予赔偿。

第四十五条 煤矿企业、煤炭经营企业、运输企业和煤炭用户应当依照法律、国务院有关规定或者合同约定供应、运输和接卸煤炭。

运输企业应当将承运的不同质量的煤炭分装、分堆。

第四十六条 煤炭的进出口依照国务院的规定，实行统一管理。

具备条件的大型煤矿企业经国务院对外经济贸易主管部门依法许可，有权从事煤炭出口经营。

第四十七条 煤炭经营管理办法，由国务院依照本法制定。

第五章 煤矿矿区保护

第四十八条 任何单位或者个人不得危害煤矿矿区的电力、通信、水源、交通及其他生产设施。

禁止任何单位和个人扰乱煤矿矿区的生产秩序和工作秩序。

第四十九条 对盗窃或者破坏煤矿矿区设施、器材及其他危及煤矿矿区安全的行为，一切单位和个人都有权检举、控告。

第五十条 未经煤矿企业同意，任何单位或者个人不得在煤矿企业依法取得土地使用权的有效期间内在该土地上种植、养殖、取土或者修建建筑物、构筑物。

第五十一条 未经煤矿企业同意，任何单位或者个人不得占用煤矿企业的铁路专用线、专用道路、专用航道、专用码头、电力专用线、专用供水管路。

第五十二条 任何单位或者个人需要在煤矿采区范围内进行可能危及煤矿安全的作业时，应当经煤矿企业同意，报煤炭管理部门批准，并采取安全措施后，方可进行作业。

在煤矿矿区范围内需要建设公用工程或者其他工程的，有关单位应当事先与煤矿企业协商并达成协议后，方可施工。

第六章 监督检查

第五十三条 煤炭管理部门和有关部门依法对煤矿企业和煤炭经营企业执行煤炭法律、法规的情况进行监督检查。

第五十四条 煤炭管理部门和有关部门的监督检查人员应当熟悉煤炭法律、法规，掌握有关煤炭专业技术，公正廉洁，秉公执法。

第五十五条 煤炭管理部门和有关部门的监督检查人员进行监督检查时，有权向煤矿企业、煤炭经营企业或者用户了解有关执行煤炭法律、法规的情况，查阅有关资料，并有权进入现场进行检查。

煤矿企业、煤炭经营企业和用户对依法执行监督检查任务的煤炭管理部门和有关部门的监督检查人员应当提供方便。

第五十六条 煤炭管理部门和有关部门的监督检查人员对煤矿企业和煤炭经营企业违反煤炭法律、法规的行为，有权要求其依法改正。

煤炭管理部门和有关部门的监督检查人员进行监督检查时，应当出示证件。

第七章　法律责任

第五十七条 违反本法第二十二条的规定，开采煤炭资源未达到国务院煤炭管理部门规定的煤炭资源回采率的，由煤炭管理部门责令限期改正；逾期仍达不到规定的回采率的，责令停止生产。

第五十八条 违反本法第二十四条的规定，擅自开采保安煤柱或者采用危及相邻煤矿生产安全的危险方法进行采矿作业的，由劳动行政主管部门会同煤炭管理部门责令停止作业；由煤炭管理部门没收违法所得，并处违法所得一倍以上五倍以下的罚款；构成犯罪的，由司法机关依法追究刑事责任；造成损失的，依法承担赔偿责任。

第五十九条 违反本法第四十三条的规定，在煤炭产品中掺杂、掺假，以次充好的，责令停止销售，没收违法所得，并处违法所得一倍以上五倍以下的罚款；构成犯罪的，由司法机关依法追究刑事责任。

第六十条 违反本法第五十条的规定，未经煤矿企业同意，在煤矿企业依法取得土地使用权的有效期间内在该土地上修建建筑物、构筑物的，由当地人民政府动员拆除；拒不拆除的，责令拆除。

第六十一条 违反本法第五十一条的规定，未经煤矿企业同意，占用煤矿企业的铁路专用线、专用道路、专用航道、专用码头、电力专用线、专用供水管路的，由县级以上地方人民政府责令限期改正；逾期不改正的，强制清除，可以并处五万元以下的罚款；造成损失的，依法承担赔偿责任。

第六十二条 违反本法第五十二条的规定，未经批准或者未采取安全措施，在煤矿采区范围内进行危及煤矿安全作业的，由煤炭管理部门责令停止作业，可以并处五万元以下的罚款；造成损失的，依法承担赔偿责任。

第六十三条 有下列行为之一的，由公安机关依照治安管理处罚法的有关规定处罚；构成犯罪的，由司法机关依法追究刑事责任：

（一）阻碍煤矿建设，致使煤矿建设不能正常进行的；

（二）故意损坏煤矿矿区的电力、通信、水源、交通及其他生产设施的；

（三）扰乱煤矿矿区秩序，致使生产、工作不能正常进行的；

（四）拒绝、阻碍监督检查人员依法执行职务的。

第六十四条 煤矿企业的管理人员违章指挥、强令职工冒险作业，发生重大伤亡事故的，依照刑法有关规定追究刑事责任。

第六十五条 煤矿企业的管理人员对煤矿事故隐患不采取措施予以消除，发生重大伤亡事故的，依照刑法有关规定追究刑事责任。

第六十六条 煤炭管理部门和有关部门的工作人员玩忽职守、徇私舞弊、滥用职权的，依法给予行政处分；构成犯罪的，由司法机关依法追究刑事责任。

第八章 附 则

第六十七条 本法自 1996 年 12 月 1 日起施行。

中华人民共和国大气污染防治法（节选）

（1987 年 9 月 5 日第六届全国人民代表大会常务委员会第二十二次会议通过　根据 1995 年 8 月 29 日第八届全国人民代表大会常务委员会第十五次会议《关于修改〈中华人民共和国大气污染防治法〉的决定》修正　2000 年 4 月 29 日第九届全国人民代表大会常务委员会第十五次会议第一次修订　2015 年 8 月 29 日第十二届全国人民代表大会常务委员会第十六次会议第二次修订）

第四章　大气污染防治措施

第一节　燃煤和其他能源污染防治

第三十四条　国家采取有利于煤炭清洁高效利用的经济、技术政策和措施，鼓励和支持洁净煤技术的开发和推广。

国家鼓励煤矿企业等采用合理、可行的技术措施，对煤层气进行开采利用，对煤矸石进行综合利用。从事煤层气开采利用的，煤层气排放应当符合有关标准规范。

第三十五条　国家禁止进口、销售和燃用不符合质量标准的煤炭，鼓励燃用优质煤炭。

单位存放煤炭、煤矸石、煤渣、煤灰等物料，应当采取防燃措施，防止大气污染。

第二节　工业污染防治

第四十八条　钢铁、建材、有色金属、石油、化工、制药、矿产开采等企业，应当加强精细化管理，采取集中收集处理等措施，严格控制粉尘和气态污染物的排放。

工业生产企业应当采取密闭、围挡、遮盖、清扫、洒水等措施，减少内部物料的堆存、传输、装卸等环节产生的粉尘和气态污染物的排放。

第四节　扬尘污染防治

第七十二条　贮存煤炭、煤矸石、煤渣、煤灰、水泥、石灰、石膏、砂土等易产生扬尘的物料应当密闭；不能密闭的，应当设置不低于堆放物高度的严密围挡，并采取有效覆盖措施防治扬尘污染。

码头、矿山、填埋场和消纳场应当实施分区作业，并采取有效措施防治扬尘污染。

第七章　法律责任

第一百一十七条　违反本法规定，有下列行为之一的，由县级以上人民政府环境保护等主管部门按照职责责令改正，处一万元以上十万元以下的罚款；拒不改正的，责令停工整治或者停业整治：

（一）未密闭煤炭、煤矸石、煤渣、煤灰、水泥、石灰、石膏、砂土等易产生扬尘的物料的；

（二）对不能密闭的易产生扬尘的物料，未设置不低于堆放物高度的严密围挡，或者未采取有效覆盖措施防治扬尘污染的；

（三）装卸物料未采取密闭或者喷淋等方式控制扬尘排放的；

（四）存放煤炭、煤矸石、煤渣、煤灰等物料，未采取防燃措施的；

（五）码头、矿山、填埋场和消纳场未采取有效措施防治扬尘污染的；

（六）排放有毒有害大气污染物名录中所列有毒有害大气污染物的企业事业单位，未按照规定建设环境风险预警体系或者对排放口和周边环境进行定期监测、排查环境安全隐患并采取有效措施防范环境风险的；

（七）向大气排放持久性有机污染物的企业事业单位和其他生产经营者以及废弃物焚烧设施的运营单位，未按照国家有关规定采取有利于减少持久性有机污染物排放的技术方法和工艺，配备净化装置的；

（八）未采取措施防止排放恶臭气体的。

中华人民共和国固体废物污染环境防治法（节选）

（1995年10月30日第八届全国人民代表大会常务委员会第十六次会议通过　2004年12月29日第十届全国人民代表大会常务委员会第十三次会议修订　根据2013年6月29日第十二届全国人民代表大会常务委员会第三次会议《关于修改〈中华人民共和国文物保护法〉等十二部法律的决定》第一次修正　根据2015年4月24日第十二届全国人民代表大会常务委员会第十四次会议《关于修改〈中华人民共和国港口法〉等七部法律的决定》第二次修正　根据2016年11月7日主席令第57号《全国人大常委会关于修改〈中华人民共和国对外贸易法〉等十二部法律的决定》修改）

第一章　总　则

第三条　国家对固体废物污染环境的防治，实行减少固体废物的产生量和危害性、充分合理利用固体废物和无害化处置固体废物的原则，促进清洁生产和循环经济发展。

国家采取有利于固体废物综合利用活动的经济、技术政策和措施，对固体废物实行充分回收和合理利用。

国家鼓励、支持采取有利于保护环境的集中处置固体废物的措施，促进固体废物污染环境防治产业发展。

第二章　固体废物污染环境防治的监督管理

第十三条　建设产生固体废物的项目以及建设贮存、利用、处置固体废物的项目，必须依法进行环境影响评价，并遵守国家有关建设项目环境保护管理的规定。

第十四条　建设项目的环境影响评价文件确定需要配套建设的固体废物污染环境防治设施，必须与主体工程同时设计、同时施工、同时投入使用。固体废物污染环境防治设施必须经原审批环境影响评价文件的环境保护行政主管部门验收合格后，该建设项目方可投入生产或者使用。对固体废物污染环境防治设施的验收应当与对主体工程的验收同时进行。

第三章　固体废物污染环境的防治

第二节　工业固体废物污染环境的防治

第三十六条　矿山企业应当采取科学的开采方法和选矿工艺，减少尾矿、矸石、废石等矿业固体废物的产生量和贮存量。

尾矿、矸石、废石等矿业固体废物贮存设施停止使用后，矿山企业应当按照国家有关环境保护规定进行封场，防止造成环境污染和生态破坏。

第五章　法律责任

第七十三条　尾矿、矸石、废石等矿业固体废物贮存设施停止使用后，未按照国家有关环境保护规定进行封场的，由县级以上地方人民政府环境保护行政主管部门责令限期改正，可以处五万元以上二十万元以下的罚款。

中华人民共和国循环经济促进法（节选）

（2008年8月29日第十一届全国人民代表大会常务委员会第四次会议通过 2008年8月29日中华人民共和国主席令第四号公布　自2009年1月1日起施行）

第三章　减量化

第二十九条　县级以上人民政府应当统筹规划区域经济布局，合理调整产业结构，促进企业在资源综合利用等领域进行合作，实现资源的高效利用和循环使用。

各类产业园区应当组织区内企业进行资源综合利用，促进循环经济发展。

国家鼓励各类产业园区的企业进行废物交换利用、能量梯级利用、土地集约利用、水的分类利用和循环使用，共同使用基础设施和其他有关设施。

新建和改造各类产业园区应当依法进行环境影响评价，并采取生态保护和污染控制措施，确保本区域的环境质量达到规定的标准。

第三十条　企业应当按照国家规定，对生产过程中产生的粉煤灰、煤矸石、尾矿、废石、废料、废气等工业废物进行综合利用。

第三十二条　企业应当采用先进或者适用的回收技术、工艺和设备，对生产过程中产生的余热、余压等进行综合利用。

建设利用余热、余压、煤层气以及煤矸石、煤泥、垃圾等低热值燃料的并网发电项目，应当依照法律和国务院的规定取得行政许可或者报送备案。电网企业应当按照国家规定，与综合利用资源发电的企业签订并网协议，提供上网服务，并全额收购并网发电项目的上网电量。

第五章　激励措施

第四十六条　国家实行有利于资源节约和合理利用的价格政策，引导单位和个人节约和合理使用水、电、气等资源性产品。

国务院和省、自治区、直辖市人民政府的价格主管部门应当按照国家产业政策，对资源高消耗行业中的限制类项目，实行限制性的价格政策。

对利用余热、余压、煤层气以及煤矸石、煤泥、垃圾等低热值燃料的并网发电项目，价格主管部门按照有利于资源综合利用的原则确定其上网电价。

省、自治区、直辖市人民政府可以根据本行政区域经济社会发展状况，实行垃圾排放收费制度。收取的费用专项用于垃圾分类、收集、运输、贮存、利用和处置，不得挪作他用。

国家鼓励通过以旧换新、押金等方式回收废物。

第六章　法律责任

第五十五条　违反本法规定，电网企业拒不收购企业利用余热、余压、煤层气以及煤矸石、煤泥、垃圾等低热值燃料生产的电力的，由国家电力监管机构责令限期改正；造成企业损失的，依法承担赔偿责任。

中华人民共和国环境保护税法（节选）

（2016年12月25日第十二届全国人民代表大会常务委员会第二十五次会议通过 中华人民共和国主席令第六十一号公布 自2018年1月1日起施行）

第一章 总 则

第一条 为了保护和改善环境，减少污染物排放，推进生态文明建设，制定本法。

第二条 在中华人民共和国领域和中华人民共和国管辖的其他海域，直接向环境排放应税污染物的企业事业单位和其他生产经营者为环境保护税的纳税人，应当依照本法规定缴纳环境保护税。

第三条 本法所称应税污染物，是指本法所附《环境保护税税目税额表》《应税污染物和当量值表》规定的大气污染物、水污染物、固体废物和噪声。

第四条 有下列情形之一的，不属于直接向环境排放污染物，不缴纳相应污染物的环境保护税：

（一）企业事业单位和其他生产经营者向依法设立的污水集中处理、生活垃圾集中处理场所排放应税污染物的；

（二）企业事业单位和其他生产经营者在符合国家和地方环境保护标准的设施、场所贮存或者处置固体废物的。

第五条 依法设立的城乡污水集中处理、生活垃圾集中处理场所超过国家和地方规定的排放标准向环境排放应税污染物的，应当缴纳环境保护税。

企业事业单位和其他生产经营者贮存或者处置固体废物不符合国家和地方环境保护标准的，应当缴纳环境保护税。

第六条 环境保护税的税目、税额，依照本法所附《环境保护税税目税额表》执行。

应税大气污染物和水污染物的具体适用税额的确定和调整，由省、自治区、直辖市人民政府统筹考虑本地区环境承载能力、污染物排放现状和经济社会生态发展目标要求，在本法所附《环境保护税税目税额表》规定的税额幅度内提出，报同级人民代表大会常务委员会决定，并报全国人民代表大会常务委员会和国务院备案。

第二章 计税依据和应纳税额

第七条 应税污染物的计税依据，按照下列方法确定：

（一）应税大气污染物按照污染物排放量折合的污染当量数确定；

（二）应税水污染物按照污染物排放量折合的污染当量数确定；

（三）应税固体废物按照固体废物的排放量确定；

（四）应税噪声按照超过国家规定标准的分贝数确定。

第八条 应税大气污染物、水污染物的污染当量数，以该污染物的排放量除以该污染物的污染当量值计算。每种应税大气污染物、水污染物的具体污染当量值，依照本法所附《应税污染物和当量值表》执行。

第九条 每一排放口或者没有排放口的应税大气污染物，按照污染当量数从大到小排序，对前三项污染物征收环境保护税。

每一排放口的应税水污染物，按照本法所附《应税污染物和当量值表》，区分第一类水污染物和其他类水污染物，按照污染当量数从大到小排序，对第一类水污染物按照前五项征收环境保护税，对其他类水污染物按照前三项征收环境保护税。

省、自治区、直辖市人民政府根据本地区污染物减排的特殊需要，可以增加同一排放口征收环境保护税的应税污染物项目数，报同级人民代表大会常务委员会决定，并报全国人民代表大会常务委员会和国务院备案。

第十条 应税大气污染物、水污染物、固体废物的排放量和噪声的分贝数，按照下列方法和顺序计算：

（一）纳税人安装使用符合国家规定和监测规范的污染物自动监测设备的，按照污染物自动监测数据计算；

（二）纳税人未安装使用污染物自动监测设备的，按照监测机构出具的符合国家有关规定和监测规范的监测数据计算；

（三）因排放污染物种类多等原因不具备监测条件的，按照国务院环境保护主管部门规定的排污系数、物料衡算方法计算；

（四）不能按照本条第一项至第三项规定的方法计算的，按照省、自治区、直辖市人民政府环境保护主管部门规定的抽样测算的方法核定计算。

第十一条 环境保护税应纳税额按照下列方法计算：

（一）应税大气污染物的应纳税额为污染当量数乘以具体适用税额；

（二）应税水污染物的应纳税额为污染当量数乘以具体适用税额；

（三）应税固体废物的应纳税额为固体废物排放量乘以具体适用税额；

（四）应税噪声的应纳税额为超过国家规定标准的分贝数对应的具体适用税额。

第三章 税收减免

第十二条 下列情形，暂予免征环境保护税：

（一）农业生产（不包括规模化养殖）排放应税污染物的；

（二）机动车、铁路机车、非道路移动机械、船舶和航空器等流动污染源排放应税污染物的；

（三）依法设立的城乡污水集中处理、生活垃圾集中处理场所排放相应应税污染物，不超过国家和地方规定的排放标准的；

（四）纳税人综合利用的固体废物，符合国家和地方环境保护标准的；

（五）国务院批准免税的其他情形。

前款第五项免税规定，由国务院报全国人民代表大会常务委员会备案。

第十三条 纳税人排放应税大气污染物或者水污染物的浓度值低于国家和地方规定的污染物排放标准百分之三十的，减按百分之七十五征收环境保护税。纳税人排放应税大气污染物或者水污染物的浓度值低于国家和地方规定的污染物排放标准百分之五十的，减按百分之五十征收环境保护税。

第四章 征收管理

第十四条 环境保护税由税务机关依照《中华人民共和国税收征收管理法》和本法的有关规定征收管理。

环境保护主管部门依照本法和有关环境保护法律法规的规定负责对污染物的监测管理。

县级以上地方人民政府应当建立税务机关、环境保护主管部门和其他相关单位分工协作工作机制，加强环境保护税征收管理，保障税款及时足额入库。

第十五条 环境保护主管部门和税务机关应当建立涉税信息共享平台和工作配合机制。

环境保护主管部门应当将排污单位的排污许可、污染物排放数据、环境违法和受行政处罚情况等环境保护相关信息，定期交送税务机关。

税务机关应当将纳税人的纳税申报、税款入库、减免税额、欠缴税款以及风险疑点等环境保护税涉税信息，定期交送环境保护主管部门。

第十六条 纳税义务发生时间为纳税人排放应税污染物的当日。

第十七条 纳税人应当向应税污染物排放地的税务机关申报缴纳环境保护税。

第十八条 环境保护税按月计算，按季申报缴纳。不能按固定期限计算缴纳的，可以按次申报缴纳。

纳税人申报缴纳时，应当向税务机关报送所排放应税污染物的种类、数量，大气污染物、水污染物的浓度值，以及税务机关根据实际需要要求纳税人报送的其他纳税资料。

第十九条 纳税人按季申报缴纳的，应当自季度终了之日起十五日内，向税务机关办理纳税申报并缴纳税款。纳税人按次申报缴纳的，应当自纳税义务发生之日起十五日内，向税务机关办理纳税申报并缴纳税款。

纳税人应当依法如实办理纳税申报，对申报的真实性和完整性承担责任。

第二十条 税务机关应当将纳税人的纳税申报数据资料与环境保护主管部门交送的相关数据资料进行比对。

税务机关发现纳税人的纳税申报数据资料异常或者纳税人未按照规定期限办理纳税申报的，可以提请环境保护主管部门进行复核，环境保护主管部门应当自收到税务机关的数据资料之日起十五日内向税务机关出具复核意见。税务机关应当按照环境保护主管部门复核的数据资料调整纳税人的应纳税额。

第二十一条 依照本法第十条第四项的规定核定计算污染物排放量的，由税务机关会同环境保护主管部门核定污染物排放种类、数量和应纳税额。

第二十二条 纳税人从事海洋工程向中华人民共和国管辖海域排放应税大气污染物、水污染物或者固体废物，申报缴纳环境保护税的具体办法，由国务院税务主管部门会同国务院海洋主管部门规定。

第二十三条 纳税人和税务机关、环境保护主管部门及其工作人员违反本法规定的，依照《中华人民共和国税收征收管理法》《中华人民共和国环境保护法》和有关法律法规的规定追究法律责任。

第二十四条 各级人民政府应当鼓励纳税人加大环境保护建设投入，对纳税人用于污染物自动监测设备的投资予以资金和政策支持。

第五章 附 则

第二十五条 本法下列用语的含义：

（一）污染当量，是指根据污染物或者污染排放活动对环境的有害程度以及处理的技术经济性，衡量不同污染物对环境污染的综合性指标或者计量单位。同一介质相同污染当量的不同污染物，其污染程度基本相当。

（二）排污系数，是指在正常技术经济和管理条件下，生产单位产品所应排放的污染物量的统计平均值。

（三）物料衡算，是指根据物质质量守恒原理对生产过程中使用的原料、生产的产品和产生的废物等进行测算的一种方法。

第二十六条 直接向环境排放应税污染物的企业事业单位和其他生产经营者，除依照本法规定缴纳环境保护税外，应当对所造成的损害依法承担责任。

第二十七条 自本法施行之日起，依照本法规定征收环境保护税，不再征收排污费。

第二十八条 本法自2018年1月1日起施行。

附表一：

环境保护税税目税额表（节选）

<table>
<tr><th colspan="2">税目</th><th>计税单位</th><th>税额</th><th>备注</th></tr>
<tr><td colspan="2">大气污染物</td><td>每污染当量</td><td>1.2元至12元</td><td></td></tr>
<tr><td colspan="2">水污染物</td><td>每污染当量</td><td>1.4元至14元</td><td></td></tr>
<tr><td rowspan="4">固体废物</td><td>煤矸石</td><td>每吨</td><td>5元</td><td></td></tr>
<tr><td>尾矿</td><td>每吨</td><td>15元</td><td></td></tr>
<tr><td>危险废物</td><td>每吨</td><td>1 000元</td><td></td></tr>
<tr><td>冶炼渣、粉煤灰、炉渣、其他固体废物（含半固态、液态废物）</td><td>每吨</td><td>25元</td><td></td></tr>
<tr><td rowspan="6">噪声</td><td rowspan="6">工业噪声</td><td>超标1～3分贝</td><td>每月350元</td><td rowspan="6">1. 一个单位边界上有多处噪声超标，根据最高一处超标声级计算应纳税额；当沿边界长度超过100米有两处以上噪声超标，按照两个单位应纳税额。2. 一个单位有不同地点作业场所的，应当分别计算应纳税额，合并计征。3. 昼、夜均超标的环境噪声，昼、夜分别计算应纳税额，累计计征。4. 声源一个月内超标不足15天的，减半计算应纳税额。5. 夜间频繁突发和夜间偶然突发厂界超标噪声，按等效声级和峰值噪声两种指标中超标分贝值高的一项计算应纳税额。</td></tr>
<tr><td>超标4～6分贝</td><td>每月700元</td></tr>
<tr><td>超标7～9分贝</td><td>每月1 400元</td></tr>
<tr><td>超标10～12分贝</td><td>每月2 800元</td></tr>
<tr><td>超标13～15分贝</td><td>每月5 600元</td></tr>
<tr><td>超标16分贝以上</td><td>每月11 200元</td></tr>
</table>

中华人民共和国环境保护税法实施条例

（2017 年 12 月 25 日中华人民共和国国务院令第 693 号公布
2018 年 1 月 1 日起施行）

第一章　总　则

第一条　根据《中华人民共和国环境保护税法》（以下简称环境保护税法），制定本条例。

第二条　环境保护税法所附《环境保护税税目税额表》所称其他固体废物的具体范围，依照环境保护税法第六条第二款规定的程序确定。

第三条　环境保护税法第五条第一款、第十二条第一款第三项规定的城乡污水集中处理场所，是指为社会公众提供生活污水处理服务的场所，不包括为工业园区、开发区等工业聚集区域内的企业事业单位和其他生产经营者提供污水处理服务的场所，以及企业事业单位和其他生产经营者自建自用的污水处理场所。

第四条　达到省级人民政府确定的规模标准并且有污染物排放口的畜禽养殖场，应当依法缴纳环境保护税；依法对畜禽养殖废弃物进行综合利用和无害化处理的，不属于直接向环境排放污染物，不缴纳环境保护税。

第二章　计税依据

第五条　应税固体废物的计税依据，按照固体废物的排放量确定。固体废物的排放量为当期应税固体废物的产生量减去当期应税固体废物的贮存量、处置量、综合利用量的余额。

前款规定的固体废物的贮存量、处置量，是指在符合国家和地方环境保护标准的设施、场所贮存或者处置的固体废物数量；固体废物的综合利用量，是指按照国务院发展改革、工业和信息化主管部门关于资源综合利用要求以及国家和地方环境保护标准进行综合利用的固体废物数量。

第六条　纳税人有下列情形之一的，以其当期应税固体废物的产生量作为固体废物的排放量：

（一）非法倾倒应税固体废物；

（二）进行虚假纳税申报。

第七条 应税大气污染物、水污染物的计税依据，按照污染物排放量折合的污染当量数确定。

纳税人有下列情形之一的，以其当期应税大气污染物、水污染物的产生量作为污染物的排放量：

（一）未依法安装使用污染物自动监测设备或者未将污染物自动监测设备与环境保护主管部门的监控设备联网；

（二）损毁或者擅自移动、改变污染物自动监测设备；

（三）篡改、伪造污染物监测数据；

（四）通过暗管、渗井、渗坑、灌注或者稀释排放以及不正常运行防治污染设施等方式违法排放应税污染物；

（五）进行虚假纳税申报。

第八条 从两个以上排放口排放应税污染物的，对每一排放口排放的应税污染物分别计算征收环境保护税；纳税人持有排污许可证的，其污染物排放口按照排污许可证载明的污染物排放口确定。

第九条 属于环境保护税法第十条第二项规定情形的纳税人，自行对污染物进行监测所获取的监测数据，符合国家有关规定和监测规范的，视同环境保护税法第十条第二项规定的监测机构出具的监测数据。

第三章 税收减免

第十条 环境保护税法第十三条所称应税大气污染物或者水污染物的浓度值，是指纳税人安装使用的污染物自动监测设备当月自动监测的应税大气污染物浓度值的小时平均值再平均所得数值或者应税水污染物浓度值的日平均值再平均所得数值，或者监测机构当月监测的应税大气污染物、水污染物浓度值的平均值。

依照环境保护税法第十三条的规定减征环境保护税的，前款规定的应税大气污染物浓度值的小时平均值或者应税水污染物浓度值的日平均值，以及监测机构当月每次监测的应税大气污染物、水污染物的浓度值，均不得超过国家和地方规定的污染物排放标准。

第十一条 依照环境保护税法第十三条的规定减征环境保护税的，应当对每一排放口排放的不同应税污染物分别计算。

第四章 征收管理

第十二条 税务机关依法履行环境保护税纳税申报受理、涉税信息比对、组织税款入库等职责。

环境保护主管部门依法负责应税污染物监测管理，制定和完善污染物监测规范。

第十三条 县级以上地方人民政府应当加强对环境保护税征收管理工作的领导，及时协调、解决环境保护税征收管理工作中的重大问题。

第十四条 国务院税务、环境保护主管部门制定涉税信息共享平台技术标准以及数据采集、存储、传输、查询和使用规范。

第十五条 环境保护主管部门应当通过涉税信息共享平台向税务机关交送在环境保护监督管理中获取的下列信息：

（一）排污单位的名称、统一社会信用代码以及污染物排放口、排放污染物种类等基本信息；

（二）排污单位的污染物排放数据（包括污染物排放量以及大气污染物、水污染物的浓度值等数据）；

（三）排污单位环境违法和受行政处罚情况；

（四）对税务机关提请复核的纳税人的纳税申报数据资料异常或者纳税人未按照规定期限办理纳税申报的复核意见；

（五）与税务机关商定交送的其他信息。

第十六条 税务机关应当通过涉税信息共享平台向环境保护主管部门交送下列环境保护税涉税信息：

（一）纳税人基本信息；

（二）纳税申报信息；

（三）税款入库、减免税额、欠缴税款以及风险疑点等信息；

（四）纳税人涉税违法和受行政处罚情况；

（五）纳税人的纳税申报数据资料异常或者纳税人未按照规定期限办理纳税申报的信息；

（六）与环境保护主管部门商定交送的其他信息。

第十七条 环境保护税法第十七条所称应税污染物排放地是指：

（一）应税大气污染物、水污染物排放口所在地；

（二）应税固体废物产生地；

（三）应税噪声产生地。

第十八条 纳税人跨区域排放应税污染物，税务机关对税收征收管辖有争议的，由争议各方按照有利于征收管理的原则协商解决；不能协商一致的，报请共同的上级税务机关决定。

第十九条 税务机关应当依据环境保护主管部门交送的排污单位信息进行纳税

人识别。

在环境保护主管部门交送的排污单位信息中没有对应信息的纳税人，由税务机关在纳税人首次办理环境保护税纳税申报时进行纳税人识别，并将相关信息交送环境保护主管部门。

第二十条 环境保护主管部门发现纳税人申报的应税污染物排放信息或者适用的排污系数、物料衡算方法有误的，应当通知税务机关处理。

第二十一条 纳税人申报的污染物排放数据与环境保护主管部门交送的相关数据不一致的，按照环境保护主管部门交送的数据确定应税污染物的计税依据。

第二十二条 环境保护税法第二十条第二款所称纳税人的纳税申报数据资料异常，包括但不限于下列情形：

（一）纳税人当期申报的应税污染物排放量与上一年同期相比明显偏低，且无正当理由；

（二）纳税人单位产品污染物排放量与同类型纳税人相比明显偏低，且无正当理由。

第二十三条 税务机关、环境保护主管部门应当无偿为纳税人提供与缴纳环境保护税有关的辅导、培训和咨询服务。

第二十四条 税务机关依法实施环境保护税的税务检查，环境保护主管部门予以配合。

第二十五条 纳税人应当按照税收征收管理的有关规定，妥善保管应税污染物监测和管理的有关资料。

第五章 附 则

第二十六条 本条例自 2018 年 1 月 1 日起施行。2003 年 1 月 2 日国务院公布的《排污费征收使用管理条例》同时废止。

二、中共中央、国务院文件

中共中央 国务院关于加快推进生态文明建设的意见

（节选）

（2015 年 4 月 25 日）

生态文明建设是中国特色社会主义事业的重要内容，关系人民福祉，关乎民族未来，事关“两个一百年”奋斗目标和中华民族伟大复兴中国梦的实现。党中央、国务院高度重视生态文明建设，先后出台了一系列重大决策部署，推动生态文明建设取得了重大进展和积极成效。但总体上看我国生态文明建设水平仍滞后于经济社会发展，资源约束趋紧，环境污染严重，生态系统退化，发展与人口资源环境之间的矛盾日益突出，已成为经济社会可持续发展的重大瓶颈制约。

加快推进生态文明建设是加快转变经济发展方式、提高发展质量和效益的内在要求，是坚持以人为本、促进社会和谐的必然选择，是全面建成小康社会、实现中华民族伟大复兴中国梦的时代抉择，是积极应对气候变化、维护全球生态安全的重大举措。要充分认识加快推进生态文明建设的极端重要性和紧迫性，切实增强责任感和使命感，牢固树立尊重自然、顺应自然、保护自然的理念，坚持绿水青山就是金山银山，动员全党、全社会积极行动、深入持久地推进生态文明建设，加快形成人与自然和谐发展的现代化建设新格局，开创社会主义生态文明新时代。

一、总体要求

（一）指导思想。以邓小平理论、“三个代表”重要思想、科学发展观为指导，全面贯彻党的十八大和十八届二中、三中、四中全会精神，深入贯彻习近平总书记系列重要讲话精神，认真落实党中央、国务院的决策部署，坚持以人为本、依法推进，坚持节约资源和保护环境的基本国策，把生态文明建设放在突出的战略位置，融入经济建设、政治建设、文化建设、社会建设各方面和全过程，协同推进新型工业化、信息化、城镇化、农业现代化和绿色化，以健全生态文明制度体系为重点，优化国土空间开发格局，全面促进资源节约利用，加大自然生态系统和环境保护力度，大力推进绿色发展、循环发展、低碳发展，弘扬生态文化，倡导绿色生活，加快建设美丽中国，使蓝天常在、青山常在、绿水常在，实现中华民族永续发展。

（二）基本原则

坚持把节约优先、保护优先、自然恢复为主作为基本方针。在资源开发与节约中，把节约放在优先位置，以最少的资源消耗支撑经济社会持续发展；在环境保护与发展中，把保护放在优先位置，在发展中保护、在保护中发展；在生态建设与修复中，以自然恢复为主，与人工修复相结合。

坚持把绿色发展、循环发展、低碳发展作为基本途径。经济社会发展必须建立在资源得到高效循环利用、生态环境受到严格保护的基础上，与生态文明建设相协调，形成节约资源和保护环境的空间格局、产业结构、生产方式。

坚持把深化改革和创新驱动作为基本动力。充分发挥市场配置资源的决定性作用和更好发挥政府作用，不断深化制度改革和科技创新，建立系统完整的生态文明制度体系，强化科技创新引领作用，为生态文明建设注入强大动力。

坚持把培育生态文化作为重要支撑。将生态文明纳入社会主义核心价值体系，加强生态文化的宣传教育，倡导勤俭节约、绿色低碳、文明健康的生活方式和消费模式，提高全社会生态文明意识。

坚持把重点突破和整体推进作为工作方式。既立足当前，着力解决对经济社会可持续发展制约性强、群众反映强烈的突出问题，打好生态文明建设攻坚战；又着眼长远，加强顶层设计与鼓励基层探索相结合，持之以恒全面推进生态文明建设。

（三）主要目标

到 2020 年，资源节约型和环境友好型社会建设取得重大进展，主体功能区布局基本形成，经济发展质量和效益显著提高，生态文明主流价值观在全社会得到推行，生态文明建设水平与全面建成小康社会目标相适应。

——国土空间开发格局进一步优化。经济、人口布局向均衡方向发展，陆海空间开发强度、城市空间规模得到有效控制，城乡结构和空间布局明显优化。

——资源利用更加高效。单位国内生产总值二氧化碳排放强度比 2005 年下降 40%～45%，能源消耗强度持续下降，资源产出率大幅提高，用水总量力争控制在 6 700 亿立方米以内，万元工业增加值用水量降低到 65 立方米以下，农田灌溉水有效利用系数提高到 0.55 以上，非化石能源占一次能源消费比重达到 15%左右。

——生态环境质量总体改善。主要污染物排放总量继续减少，大气环境质量、重点流域和近岸海域水环境质量得到改善，重要江河湖泊水功能区水质达标率提高到 80%以上，饮用水安全保障水平持续提升，土壤环境质量总体保持稳定，环境风险得到有效控制。森林覆盖率达到 23%以上，草原综合植被覆盖度达到 56%，湿地面积不低于 8 亿亩，50%以上可治理沙化土地得到治理，自然岸线保有率不低于 35%，生物多样性丧失速度得到基本控制，全国生态系统稳定性明显增强。

——生态文明重大制度基本确立。基本形成源头预防、过程控制、损害赔偿、责任追究的生态文明制度体系，自然资源资产产权和用途管制、生态保护红线、生态保护补偿、生态环境保护管理体制等关键制度建设取得决定性成果。

四、全面促进资源节约循环高效使用，推动利用方式根本转变

（十二）发展循环经济。按照减量化、再利用、资源化的原则，加快建立循环型工业、农业、服务业体系，提高全社会资源产出率。推进煤矸石、矿渣等大宗固体废弃物综合利用。组织开展循环经济示范行动，大力推广循环经济典型模式。推进产业循环式组合，促进生产和生活系统的循环链接，构建覆盖全社会的资源循环利用体系。

五、加大自然生态系统和环境保护力度，切实改善生态环境质量

（十五）全面推进污染防治。按照以人为本、防治结合、标本兼治、综合施策的原则，建立以保障人体健康为核心、以改善环境质量为目标、以防控环境风险为基线的环境管理体系，健全跨区域污染防治协调机制，加快解决人民群众反映强烈的大气、水、土壤污染等突出环境问题。开展矿山地质环境恢复和综合治理，推进尾矿安全、环保存放，妥善处理处置矿渣等大宗固体废物。

中共中央 国务院关于全面加强生态环境保护坚决打好污染防治攻坚战的意见（节选）

（2018年6月16日）

良好生态环境是实现中华民族永续发展的内在要求，是增进民生福祉的优先领域。为深入学习贯彻习近平新时代中国特色社会主义思想和党的十九大精神，决胜全面建成小康社会，全面加强生态环境保护，打好污染防治攻坚战，提升生态文明，建设美丽中国，现提出如下意见。

四、总体目标和基本原则

（一）总体目标。到2020年，生态环境质量总体改善，主要污染物排放总量大幅减少，环境风险得到有效管控，生态环境保护水平同全面建成小康社会目标相适应。

具体指标：全国细颗粒物（$PM_{2.5}$）未达标地级及以上城市浓度比2015年下降18%以上，地级及以上城市空气质量优良天数比率达到80%以上；全国地表水Ⅰ～Ⅲ类水体比例达到70%以上，劣Ⅴ类水体比例控制在5%以内；近岸海域水质优良（一、二类）比例达到70%左右；二氧化硫、氮氧化物排放量比2015年减少15%以上，化学需氧量、氨氮排放量减少10%以上；受污染耕地安全利用率达到90%左右，污染地块安全利用率达到90%以上；生态保护红线面积占比达到25%左右；森林覆盖率达到23.04%以上。

通过加快构建生态文明体系，确保到2035年节约资源和保护生态环境的空间格局、产业结构、生产方式、生活方式总体形成，生态环境质量实现根本好转，美丽中国目标基本实现。到本世纪中叶，生态文明全面提升，实现生态环境领域国家治理体系和治理能力现代化。

五、推动形成绿色发展方式和生活方式

坚持节约优先，加强源头管控，转变发展方式，培育壮大新兴产业，推动传统产业智能化、清洁化改造，加快发展节能环保产业，全面节约能源资源，协同推动

经济高质量发展和生态环境高水平保护。

（一）促进经济绿色低碳循环发展。促进传统产业优化升级，构建绿色产业链体系。继续化解过剩产能，严禁钢铁、水泥、电解铝、平板玻璃等行业新增产能，对确有必要新建的必须实施等量或减量置换。提高污染排放标准，加大钢铁等重点行业落后产能淘汰力度，鼓励各地制定范围更广、标准更严的落后产能淘汰政策。在能源、冶金、建材、有色、化工、电镀、造纸、印染、农副食品加工等行业，全面推进清洁生产改造或清洁化改造。

（二）推进能源资源全面节约。强化能源和水资源消耗、建设用地等总量和强度双控行动，实行最严格的耕地保护、节约用地和水资源管理制度。健全节能、节水、节地、节材、节矿标准体系，大幅降低重点行业和企业能耗、物耗，推行生产者责任延伸制度，实现生产系统和生活系统循环链接。鼓励新建建筑采用绿色建材，大力发展装配式建筑，提高新建绿色建筑比例。

六、坚决打赢蓝天保卫战

编制实施打赢蓝天保卫战三年作战计划，以京津冀及周边、长三角、汾渭平原等重点区域为主战场，调整优化产业结构、能源结构、运输结构、用地结构，强化区域联防联控和重污染天气应对，进一步明显降低 $PM_{2.5}$ 浓度，明显减少重污染天数，明显改善大气环境质量，明显增强人民的蓝天幸福感。

（一）加强工业企业大气污染综合治理。加大排放高、污染重的煤电机组淘汰力度，在重点区域加快推进。到 2020 年，具备改造条件的燃煤电厂全部完成超低排放改造，重点区域不具备改造条件的高污染燃煤电厂逐步关停。

（四）强化国土绿化和扬尘管控。积极推进露天矿山综合整治，加快环境修复和绿化。开展大规模国土绿化行动，加强北方防沙带建设，实施京津风沙源治理工程、重点防护林工程，增加林草覆盖率。

八、扎实推进净土保卫战

全面实施土壤污染防治行动计划，突出重点区域、行业和污染物，有效管控农用地和城市建设用地土壤环境风险。

（三）强化固体废物污染防治。开展“无废城市”试点，推动固体废物资源化利用。

九、加快生态保护与修复

坚持自然恢复为主，统筹开展全国生态保护与修复，全面划定并严守生态保护红线，提升生态系统质量和稳定性。

（二）坚决查处生态破坏行为。2018 年年底前，县级及以上地方政府全面排查违法违规挤占生态空间、破坏自然遗迹等行为，制定治理和修复计划并向社会公开。开展病危险尾矿库和“头顶库”专项整治。持续开展“绿盾”自然保护区监督检查专项行动，严肃查处各类违法违规行为，限期进行整治修复。

国务院关于促进煤炭工业健康发展的若干意见（节选）

（国发〔2005〕18号）

各省、自治区、直辖市人民政府，国务院各部委、各直属机构：

煤炭是我国重要的基础能源和原料，在国民经济中具有重要的战略地位。在我国一次能源结构中，煤炭将长期是我国的主要能源。改革开放以来，煤炭工业取得了长足发展，煤炭产量持续增长，生产技术水平逐步提高，煤矿安全生产条件有所改善，对国民经济和社会发展发挥了重要的作用。但煤炭工业发展过程中还存在结构不合理、增长方式粗放、科技水平低、安全事故多发、资源浪费严重、环境治理滞后、历史遗留问题较多等突出问题。随着国民经济的发展，煤炭需求总量不断增加，资源、环境和安全压力进一步加大。为促进煤炭工业持续稳定健康发展，保障国民经济发展需要，提出以下意见：

五、加强综合利用与环境治理，构建煤炭循环经济体系

（二十）推进资源综合利用。按照高效、清洁、充分利用的原则，开展煤矸石、煤泥、煤层气、矿井排放水以及与煤共伴生资源的综合开发与利用。鼓励瓦斯抽采利用，变害为利，促进煤层气产业化发展。按照就近利用的原则，发展与资源总量相匹配的低热值煤发电、建材等产品的生产。修改制定配套法规、标准和管理办法，落实和完善财税优惠政策，鼓励对废弃物进行资源化利用，无害化处理。在煤炭生产开发规划和建设项目申报中，必须提出资源综合利用方案，并将其作为核准项目的条件之一。

（二十一）保护和治理矿区环境。煤炭资源的开发利用必须依法开展环境影响评价，环保设施与主体工程要严格实行建设项目“三同时”制度。按照“谁开发、谁保护，谁污染、谁治理，谁破坏、谁恢复”的原则，加强矿区生态环境和水资源保护、废弃物和采煤沉陷区治理。研究建立矿区生态环境恢复补偿机制，明确企业和政府的治理责任，加大生态环境治理投入，逐步使矿区环境治理步入良性循环。对原中央国有重点煤矿历史形成的采煤沉陷等环境治理欠账，要制订专项规划，继续

实施综合治理，中央政府给予必要的资金和政策支持，地方各级人民政府和煤炭企业按规定安排配套资金。

国务院

二〇〇五年六月七日

国务院关于加快发展循环经济的若干意见
（节选）

（国发〔2005〕22号）

各省、自治区、直辖市人民政府，国务院各部委、各直属机构：

改革开放以来，我国在推动资源节约和综合利用，推行清洁生产方面，取得了积极成效。但是，传统的高消耗、高排放、低效率的粗放型增长方式仍未根本转变，资源利用率低，环境污染严重。同时，存在法规、政策不完善，体制、机制不健全，相关技术开发滞后等问题。本世纪头20年，我国将处于工业化和城镇化加速发展阶段，面临的资源和环境形势十分严峻。为抓住重要战略机遇期，实现全面建设小康社会的战略目标，必须大力发展循环经济，按照“减量化、再利用、资源化”原则，采取各种有效措施，以尽可能少的资源消耗和尽可能小的环境代价，取得最大的经济产出和最少的废物排放，实现经济、环境和社会效益相统一，建设资源节约型和环境友好型社会。为此，提出如下意见。

二、发展循环经济的重点工作和重点环节

（五）重点工作。一是大力推进节约降耗，在生产、建设、流通和消费各领域节约资源，减少自然资源的消耗。二是全面推行清洁生产，从源头减少废物的产生，实现由末端治理向污染预防和生产全过程控制转变。三是大力开展资源综合利用，最大程度实现废物资源化和再生资源回收利用。四是大力发展环保产业，注重开发减量化、再利用和资源化技术与装备，为资源高效利用、循环利用和减少废物排放提供技术保障。

（六）重点环节。一是资源开采环节要统筹规划矿产资源开发，推广先进适用的开采技术、工艺和设备，提高采矿回采率、选矿和冶炼回收率，大力推进尾矿、废石综合利用，大力提高资源综合回收利用率。二是资源消耗环节要加强对冶金、有色、电力、煤炭、石化、化工、建材（筑）、轻工、纺织、农业等重点行业能源、原材料、水等资源消耗管理，努力降低消耗，提高资源利用率。三是废物产生环节要强化污染预防和全过程控制，推动不同行业合理延长产业链，加强对各类废物的循

环利用，推进企业废物“零排放”；加快再生水利用设施建设以及城市垃圾、污泥减量化和资源化利用，降低废物最终处置量。四是再生资源产生环节要大力回收和循环利用各种废旧资源，支持废旧机电产品再制造；建立垃圾分类收集和分选系统，不断完善再生资源回收利用体系。五是消费环节要大力倡导有利于节约资源和保护环境的消费方式，鼓励使用能效标识产品、节能节水认证产品和环境标志产品、绿色标志食品和有机标志食品，减少过度包装和一次性用品的使用。政府机构要实行绿色采购。

四、加快循环经济技术开发和标准体系建设

（十一）加快循环经济技术开发。国务院有关部门和地方各级人民政府有关部门要加大科技投入，支持循环经济共性和关键技术的研究开发。积极引进和消化、吸收国外先进的循环经济技术，组织开发共伴生矿产资源和尾矿综合利用技术、能源节约和替代技术、能量梯级利用技术、废物综合利用技术、循环经济发展中延长产业链和相关产业链接技术、“零排放”技术、有毒有害原材料替代技术、可回收利用材料和回收处理技术、绿色再制造技术以及新能源和可再生能源开发利用技术等，提高循环经济技术支撑能力和创新能力。

国务院

二〇〇五年七月二日

国务院关于加快发展节能环保产业的意见
（节选）

（国发〔2013〕30号）

各省、自治区、直辖市人民政府，国务院各部委、各直属机构：

资源环境制约是当前我国经济社会发展面临的突出矛盾。解决节能环保问题，是扩内需、稳增长、调结构，打造中国经济升级版的一项重要而紧迫的任务。加快发展节能环保产业，对拉动投资和消费，形成新的经济增长点，推动产业升级和发展方式转变，促进节能减排和民生改善，实现经济可持续发展和确保2020年全面建成小康社会，具有十分重要的意义。为加快发展节能环保产业，现提出以下意见：

二、围绕重点领域，促进节能环保产业发展水平全面提升

（三）发展资源循环利用技术装备，提高资源产出率。

深化废弃物综合利用。推动资源综合利用示范基地建设，鼓励产业聚集，培育龙头企业。积极发展尾矿提取有价元素、煤矸石生产超细纤维等高值化利用关键共性技术及成套装备。开发利用产业废物生产新型建材等大型化、精细化、成套化技术装备。加大废旧电池、荧光灯回收利用技术研发。支持大宗固体废物综合利用，提高资源综合利用产品的技术含量和附加值。

四、推广节能环保产品，扩大市场消费需求

（二）拉动环保产品及再生产品消费。落实相关支持政策，推动粉煤灰、煤矸石、建筑垃圾、秸秆等资源综合利用产品应用。

国务院

2013年8月1日

国务院关于印发土壤污染防治行动计划的通知

（国发〔2016〕31号）

各省、自治区、直辖市人民政府，国务院各部委、各直属机构：

现将《土壤污染防治行动计划》印发给你们，请认真贯彻执行。

国务院

2016年5月28日

土壤污染防治行动计划（节选）

土壤是经济社会可持续发展的物质基础，关系人民群众身体健康，关系美丽中国建设，保护好土壤环境是推进生态文明建设和维护国家生态安全的重要内容。当前，我国土壤环境总体状况堪忧，部分地区污染较为严重，已成为全面建成小康社会的突出短板之一。为切实加强土壤污染防治，逐步改善土壤环境质量，制定本行动计划。

总体要求：全面贯彻党的十八大和十八届三中、四中、五中全会精神，按照“五位一体”总体布局和“四个全面”战略布局，牢固树立创新、协调、绿色、开放、共享的新发展理念，认真落实党中央、国务院决策部署，立足我国国情和发展阶段，着眼经济社会发展全局，以改善土壤环境质量为核心，以保障农产品质量和人居环境安全为出发点，坚持预防为主、保护优先、风险管控，突出重点区域、行业和污染物，实施分类别、分用途、分阶段治理，严控新增污染、逐步减少存量，形成政府主导、企业担责、公众参与、社会监督的土壤污染防治体系，促进土壤资源永续利用，为建设“蓝天常在、青山常在、绿水常在”的美丽中国而奋斗。

工作目标：到2020年，全国土壤污染加重趋势得到初步遏制，土壤环境质量总体保持稳定，农用地和建设用地土壤环境安全得到基本保障，土壤环境风险得到基本管控。到2030年，全国土壤环境质量稳中向好，农用地和建设用地土壤环境安全得到有效保障，土壤环境风险得到全面管控。到本世纪中叶，土壤环境质量全面改善，生态系统实现良性循环。

主要指标：到2020年，受污染耕地安全利用率达到90%左右，污染地块安全利用率达到90%以上。到2030年，受污染耕地安全利用率达到95%以上，污染地块安全利用率达到95%以上。

二、推进土壤污染防治立法，建立健全法规标准体系

（四）加快推进立法进程。配合完成土壤污染防治法起草工作。适时修订污染防治、城乡规划、土地管理、农产品质量安全相关法律法规，增加土壤污染防治有关内容。2016年年底前，完成农药管理条例修订工作，发布污染地块土壤环境管理办法、农用地土壤环境管理办法。2017年年底前，出台农药包装废弃物回收处理、工矿用地土壤环境管理、废弃农膜回收利用等部门规章。到2020年，土壤污染防治法律法规体系基本建立。各地可结合实际，研究制定土壤污染防治地方性法规。（国务院法制办、环境保护部牵头，工业和信息化部、国土资源部、住房城乡建设部、农业部、国家林业局等参与）

五、强化未污染土壤保护，严控新增土壤污染

（十五）加强未利用地环境管理。按照科学有序原则开发利用未利用地，防止造成土壤污染。拟开发为农用地的，有关县（市、区）人民政府要组织开展土壤环境质量状况评估；不符合相应标准的，不得种植食用农产品。各地要加强纳入耕地后备资源的未利用地保护，定期开展巡查。依法严查向沙漠、滩涂、盐碱地、沼泽地等非法排污、倾倒有毒有害物质的环境违法行为。加强对矿山、油田等矿产资源开采活动影响区域内未利用地的环境监管，发现土壤污染问题的，要及时督促有关企业采取防治措施。推动盐碱地土壤改良，自2017年起，在新疆生产建设兵团等地开展利用燃煤电厂脱硫石膏改良盐碱地试点。（环境保护部、国土资源部牵头，国家发展改革委、公安部、水利部、农业部、国家林业局等参与）

六、加强污染源监管，做好土壤污染预防工作

（十八）严控工矿污染。加强日常环境监管。各地要根据工矿企业分布和污染排放情况，确定土壤环境重点监管企业名单，实行动态更新，并向社会公布。列入名单的企业每年要自行对其用地进行土壤环境监测，结果向社会公开。有关环境保护部门要定期对重点监管企业和工业园区周边开展监测，数据及时上传全国土壤环境信息化管理平台，结果作为环境执法和风险预警的重要依据。适时修订国家鼓励的

有毒有害原料（产品）替代品目录。加强电器电子、汽车等工业产品中有害物质控制。有色金属冶炼、石油加工、化工、焦化、电镀、制革等行业企业拆除生产设施设备、构筑物和污染治理设施，要事先制定残留污染物清理和安全处置方案，并报所在地县级环境保护、工业和信息化部门备案；要严格按照有关规定实施安全处理处置，防范拆除活动污染土壤。2017 年年底前，发布企业拆除活动污染防治技术规定。（环境保护部、工业和信息化部负责）

严防矿产资源开发污染土壤。自 2017 年起，内蒙古、江西、河南、湖北、湖南、广东、广西、四川、贵州、云南、陕西、甘肃、新疆等省（区）矿产资源开发活动集中的区域，执行重点污染物特别排放限值。全面整治历史遗留尾矿库，完善覆膜、压土、排洪、堤坝加固等隐患治理和闭库措施。有重点监管尾矿库的企业要开展环境风险评估，完善污染治理设施，储备应急物资。加强对矿产资源开发利用活动的辐射安全监管，有关企业每年要对本矿区土壤进行辐射环境监测。（环境保护部、安全监管总局牵头，工业和信息化部、国土资源部参与）

加强工业废物处理处置。全面整治尾矿、煤矸石、工业副产石膏、粉煤灰、赤泥、冶炼渣、电石渣、铬渣、砷渣以及脱硫、脱硝、除尘产生固体废物的堆存场所，完善防扬散、防流失、防渗漏等设施，制定整治方案并有序实施。加强工业固体废物综合利用。对电子废物、废轮胎、废塑料等再生利用活动进行清理整顿，引导有关企业采用先进适用加工工艺、集聚发展，集中建设和运营污染治理设施，防止污染土壤和地下水。自 2017 年起，在京津冀、长三角、珠三角等地区的部分城市开展污水与污泥、废气与废渣协同治理试点。（环境保护部、国家发展改革委牵头，工业和信息化部、国土资源部参与）

国务院关于印发“十三五”节能减排综合工作方案的通知

（国发〔2016〕74号）

各省、自治区、直辖市人民政府，国务院各部委、各直属机构：

现将《“十三五”节能减排综合工作方案》印发给你们，请结合本地区、本部门实际，认真贯彻执行。

各地区、各部门和中央企业要按照本通知的要求，结合实际抓紧制定具体实施方案，明确目标责任，狠抓贯彻落实，强化考核问责，确保实现“十三五”节能减排目标。

国务院

2016年12月20日

“十三五”节能减排综合工作方案（节选）

一、总体要求和目标

（二）主要目标。到2020年，全国万元国内生产总值能耗比2015年下降15%，能源消费总量控制在50亿吨标准煤以内。全国化学需氧量、氨氮、二氧化硫、氮氧化物排放总量分别控制在2 001万吨、207万吨、1 580万吨、1 574万吨以内，比2015年分别下降10%、10%、15%和15%。全国挥发性有机物排放总量比2015年下降10%以上。

五、大力发展循环经济

（二十二）统筹推进大宗固体废弃物综合利用。加强共伴生矿产资源及尾矿综合利用。推动煤矸石、粉煤灰、工业副产石膏、冶炼和化工废渣等工业固体废弃物综合利用。开展大宗产业废弃物综合利用示范基地建设。推进水泥窑协同处置城市生活垃圾。大力推动农作物秸秆、林业“三剩物”（采伐、造材和加工剩余物）、规模化养殖场粪便的资源化利用，因地制宜发展各类沼气工程和燃煤耦合秸秆发电工程。到 2020 年，工业固体废物综合利用率达到 73%以上，农作物秸秆综合利用率达到 85%。（牵头单位：国家发展改革委，参加单位：工业和信息化部、国土资源部、环境保护部、住房城乡建设部、农业部、国家林业局、国家能源局等）

国务院关于支持山西省进一步深化改革促进资源型经济转型发展的意见（节选）

（国发〔2017〕42号）

各省、自治区、直辖市人民政府，国务院各部委、各直属机构：

山西省是我国重要的能源基地和老工业基地，是国家资源型经济转型综合配套改革试验区，在推进资源型经济转型改革和发展中具有重要地位。当前，我国经济发展进入新常态，对资源型经济转型发展提出了新的更高要求。为加快破解制约资源型经济转型的深层次体制机制障碍和结构性矛盾，走出一条转型升级、创新驱动发展的新路，努力把山西省改革发展推向更加深入的新阶段，为其他资源型地区经济转型提供可复制、可推广的制度性经验，现提出以下意见。

二、健全产业转型升级促进机制，打造能源革命排头兵

（四）推动能源供给革命。引导退出过剩产能、发展优质产能，推进煤炭产能减量置换和减量重组。全面实施燃煤机组超低排放与节能改造，适当控制火电规模，实施能源生产和利用设施智能化改造。优化能源产业结构，重点布局煤炭深加工、煤层气转化等高端项目和新能源发电基地。研究布局煤炭储配基地。鼓励煤矸石、矿井水、煤矿瓦斯等煤矿资源综合利用。结合电力市场需求变化，适时研究规划建设新外送通道的可行性，提高晋电外送能力。布局太阳能薄膜等移动能源产业，打造移动能源领跑者。在新建工业园区和具备条件的既有工业园区，积极实施多能互补集成优化示范工程，推进能源综合梯次利用。以企业为主体，建设煤炭开采及清洁高效利用境外产能合作示范基地。

七、深化生态文明体制改革，建设美丽山西

（二十七）强化资源节约集约利用。实施能源消耗总量和强度双控行动，强化对山西省各级政府和重点用能单位的节能目标责任考核，组织实施节能重点工程，发展节能环保产业。全面推进节水型社会建设，实施水资源消耗总量和强度双控行动，提高水资源利用效率和效益。坚持以水定城、以水定产，严格执行水资源论证和取

水许可制度，强化水资源承载能力刚性约束，促进经济发展方式和用水方式转变。大力推进重点领域节水，把农业节水作为主攻方向，实施重大农业节水工程，推进农业水价综合改革。加大工业和城镇节水力度。实施水效领跑者引领行动，开展合同节水管理试点示范工程。积极开展节水宣传教育，增强全社会节水、护水意识。推动山西省建立健全碳排放权交易机制。在确保环境质量稳定达标前提下，允许山西省在省域内科学合理配置环境容量。实行生产者责任延伸制度，逐步提高电器电子产品、汽车产品、铅酸蓄电池等重点品种的废弃产品规范回收与循环利用率。支持山西省大力发展循环经济，对产业园区进行循环化改造。落实固废利用产品税收优惠政策，推进煤矸石等大宗固体废物综合利用，有效防控炼焦、煤化工等行业危险废物的环境风险。加快推进朔州工业固废综合利用示范基地建设。

国务院

2017 年 9 月 1 日

国务院关于印发打赢蓝天保卫战三年行动计划的通知

（国发〔2018〕22号）

各省、自治区、直辖市人民政府，国务院各部委、各直属机构：

现将《打赢蓝天保卫战三年行动计划》印发给你们，请认真贯彻执行。

国务院

2018年6月27日

打赢蓝天保卫战三年行动计划（节选）

打赢蓝天保卫战，是党的十九大作出的重大决策部署，事关满足人民日益增长的美好生活需要，事关全面建成小康社会，事关经济高质量发展和美丽中国建设。为加快改善环境空气质量，打赢蓝天保卫战，制定本行动计划。

一、总体要求

（二）目标指标。经过3年努力，大幅减少主要大气污染物排放总量，协同减少温室气体排放，进一步明显降低细颗粒物（$PM_{2.5}$）浓度，明显减少重污染天数，明显改善环境空气质量，明显增强人民的蓝天幸福感。

到2020年，二氧化硫、氮氧化物排放总量分别比2015年下降15%以上；$PM_{2.5}$未达标地级及以上城市浓度比2015年下降18%以上，地级及以上城市空气质量优良天数比率达到80%，重度及以上污染天数比率比2015年下降25%以上；提前完成“十三五”目标任务的省份，要保持和巩固改善成果；尚未完成的，要确保全面实现“十三五”约束性目标；北京市环境空气质量改善目标应在“十三五”目标基础上进一步提高。

（三）重点区域范围。京津冀及周边地区，包含北京市，天津市，河北省石家庄、唐山、邯郸、邢台、保定、沧州、廊坊、衡水市以及雄安新区，山西省太原、阳泉、长治、晋城市，山东省济南、淄博、济宁、德州、聊城、滨州、菏泽市，河南省郑州、开封、安阳、鹤壁、新乡、焦作、濮阳市等；长三角地区，包含上海市、江苏省、浙江省、安徽省；汾渭平原，包含山西省晋中、运城、临汾、吕梁市，河南省洛阳、三门峡市，陕西省西安、铜川、宝鸡、咸阳、渭南市以及杨凌示范区等。

二、调整优化产业结构，推进产业绿色发展

（五）加大落后产能淘汰和过剩产能压减力度。严格执行质量、环保、能耗、安全等法规标准。修订《产业结构调整指导目录》，提高重点区域过剩产能淘汰标准。

（七）深化工业污染治理。持续推进工业污染源全面达标排放，将烟气在线监测数据作为执法依据，加大超标处罚和联合惩戒力度，未达标排放的企业一律依法停产整治。建立覆盖所有固定污染源的企业排放许可制度，2020 年年底前，完成排污许可管理名录规定的行业许可证核发。

推进重点行业污染治理升级改造。重点区域二氧化硫、氮氧化物、颗粒物、挥发性有机物（VOCs）全面执行大气污染物特别排放限值。推动实施钢铁等行业超低排放改造，重点区域城市建成区内焦炉实施炉体加罩封闭，并对废气进行收集处理。强化工业企业无组织排放管控。开展钢铁、建材、有色、火电、焦化、铸造等重点行业及燃煤锅炉无组织排放排查，建立管理台账，对物料（含废渣）运输、装卸、储存、转移和工艺过程等无组织排放实施深度治理，2018 年年底前京津冀及周边地区基本完成治理任务，长三角地区和汾渭平原 2019 年年底前完成，全国 2020 年年底前基本完成。

三、加快调整能源结构，构建清洁低碳高效能源体系

（十）制定专项方案，大力淘汰关停环保、能耗、安全等不达标的 30 万千瓦以下燃煤机组。对于关停机组的装机容量、煤炭消费量和污染物排放量指标，允许进行交易或置换，可统筹安排建设等容量超低排放燃煤机组。重点区域严格控制燃煤机组新增装机规模，新增用电量主要依靠区域内非化石能源发电和外送电满足。

（十一）加大对纯凝机组和热电联产机组技术改造力度，加快供热管网建设，充分释放和提高供热能力，淘汰管网覆盖范围内的燃煤锅炉和散煤。在不具备热电联产集中供热条件的地区，现有多台燃煤小锅炉的，可按照等容量替代原则建设大容量燃煤锅炉。2020 年年底前，重点区域 30 万千瓦及以上热电联产电厂供热半径 15 公里范围内的燃煤锅炉和落后燃煤小热电全部关停整合。（能源局、发展改革委牵头，生态环境部、住房城乡建设部等参与）

五、优化调整用地结构，推进面源污染治理

（十九）推进露天矿山综合整治。全面完成露天矿山摸底排查。对违反资源环境法律法规、规划，污染环境、破坏生态、乱采滥挖的露天矿山，依法予以关闭；对污染治理不规范的露天矿山，依法责令停产整治，整治完成并经相关部门组织验收合格后方可恢复生产，对拒不停产或擅自恢复生产的依法强制关闭；对责任主体灭失的露天矿山，要加强修复绿化、减尘抑尘。重点区域原则上禁止新建露天矿山建设项目。加强矸石山治理。

国务院办公厅关于进一步推进墙体材料革新和推广节能建筑的通知（节选）

（国办发〔2005〕33号）

各省、自治区、直辖市人民政府，国务院各部委、各直属机构：

自《国务院批转国家建材局等部门关于加快墙体材料革新和推广节能建筑意见的通知》（国发〔1992〕66号）下发以来，在各地区和有关部门的共同推进下，我国墙体材料革新和推广节能建筑工作取得了积极进展，新型墙体材料应用范围进一步扩大，技术水平明显提高，节能建筑竣工面积不断增加。但是，全国以黏土砖和非节能建筑为主的格局尚未得到根本改变，毁田烧砖、破坏耕地的现象屡禁不止，特别是近年来城乡建设的快速发展，对建材产品的需求量急剧增加，一些地区实心黏土砖生产呈增长态势。为巩固取得的成果，进一步推进墙体材料革新和推广节能建筑，有效保护耕地和节约能源，经国务院同意，现就有关问题通知如下：

一、提高思想认识，增强工作紧迫性

（二）推进墙体材料革新和推广节能建筑是改善建筑功能、提高资源利用效率和保护环境的重要措施。采用优质新型墙体材料建造房屋，建筑功能将得到有效改善，舒适度显著上升，可以提高建筑的质量和居住条件，满足经济社会发展和人民生活水平提高的需要。另一方面，我国每年产生各类工业固体废物1亿多吨，累计堆存量已达几十亿吨，不仅占用了大量土地，其中所含的有害物质严重污染着周围的土壤、水体和大气环境。加快发展以煤矸石、粉煤灰、建筑渣土、冶金和化工废渣等固体废物为原料的新型墙体材料，是提高资源利用率、改善环境、促进循环经济发展的重要途径。

国务院办公厅

二〇〇五年六月六日

国务院办公厅关于印发能源发展战略行动计划（2014—2020年）的通知

（国办发〔2014〕31号）

各省、自治区、直辖市人民政府，国务院各部委、各直属机构：

《能源发展战略行动计划（2014—2020年）》已经国务院同意，现印发给你们，请认真贯彻落实。

国务院办公厅

2014年6月7日

能源发展战略行动计划（2014—2020年）（节选）

二、主要任务

（一）增强能源自主保障能力。

1．推进煤炭清洁高效开发利用。

按照安全、绿色、集约、高效的原则，加快发展煤炭清洁开发利用技术，不断提高煤炭清洁高效开发利用水平。

提高煤炭清洁利用水平。制定和实施煤炭清洁高效利用规划，积极推进煤炭分级分质梯级利用，加大煤炭洗选比重，鼓励煤矸石等低热值煤和劣质煤就地清洁转化利用。建立健全煤炭质量管理体系，加强对煤炭开发、加工转化和使用过程的监督管理。加强进口煤炭质量监管。大幅减少煤炭分散直接燃烧，鼓励农村地区使用洁净煤和型煤。

三、环境保护政策

关于征收煤矸石二氧化硫排污费有关问题的复函

（环函〔2001〕359 号）

宁夏回族自治区环境保护局：

你局《关于征收煤矸石二氧化硫排污费的请示》（宁环函〔2001〕51 号）及石嘴山市环境保护局《关于征收太西集团公司大武口洗煤厂煤矸石二氧化硫排污费的请示的补充说明》（石环发〔2001〕61 号）收悉。经研究，函复如下：

一、按照国务院《关于二氧化硫排污收费扩大试点工作有关问题的批复》（国函〔1996〕24 号）和国家环保总局、国家计委、财政部、国家经贸委《关于在酸雨控制区和二氧化硫污染控制区开展征收二氧化硫排污费扩大试点的通知》（环发〔1998〕6 号），对“酸雨控制区”和“二氧化硫污染控制区”内的煤矸石自燃应当征收二氧化硫排污费。但经过覆盖等治理措施不再发生自燃的，不征收二氧化硫排污费。

二、对煤矸石自燃征收二氧化硫排污费可依据自燃煤矸石的数量，通过物料衡算的办法计算。

国家环境保护总局

二○○一年十二月三十一日

关于发布《矿山生态环境保护与污染防治技术政策》的通知

（环发〔2005〕109号）

各省、自治区、直辖市环境保护局（厅），国土资源厅（局），科技厅：

为贯彻《中华人民共和国固体废物污染环境防治法》和《中华人民共和国矿产资源法》，实现矿产资源开发与生态环境保护协调发展，提高矿产资源开发利用效率，避免和减少矿区生态环境破坏和污染，现发布《矿山生态环境保护与污染防治技术政策》，请参照执行。

附件：矿山生态环境保护与污染防治技术政策

国家环保总局
国 土 资 源 部
卫　　生　　部
二〇〇五年九月七日

附件：

矿山生态环境保护与污染防治技术政策

一、总则

（一）目的和依据

为了实现矿产资源开发与生态环境保护协调发展，提高矿产资源开发利用效率，避免和减少矿区生态环境破坏和污染，根据《中华人民共和国固体废物污染环境防治法》《中华人民共和国水污染防治法》《中华人民共和国清洁生产促进法》《中华人民共和国矿产资源法》《全国生态环境保护纲要》等有关的法律、法规和政策文件，制定本技术政策。

（二）适用范围

本技术政策适用于从事固体矿产资源开发的企业，不包括从事放射性矿产、海洋矿产开发的企业。

本技术政策适用于矿产资源开发规划与设计、矿山基建、采矿、选矿和废弃地复垦等阶段的生态环境保护与污染防治。

（三）指导方针和技术原则

1. 矿产资源的开发应贯彻“污染防治与生态环境保护并重，生态环境保护与生态环境建设并举；以及预防为主、防治结合、过程控制、综合治理”的指导方针。

2. 矿产资源的开发应推行循环经济的“污染物减量、资源再利用和循环利用”的技术原则，具体包括：

（1）发展绿色开采技术，实现矿区生态环境无损或受损最小；

（2）发展干法或节水的工艺技术，减少水的使用量；

（3）发展无废或少废的工艺技术，最大限度地减少废弃物的产生；

（4）矿山废物按照先提取有价金属、组分或利用能源，再选择用于建材或其他用途，最后进行无害化处理处置的技术原则。

（四）实现目标

1. 2010 年应达到的阶段性目标

（1）新、扩、改建选煤和黑色冶金选矿的水重复利用率应达到 90%以上；新、扩、改建有色金属系统选矿的水重复利用率应达到 75%以上；

（2）大中型煤矿矿井水重复利用率力求达到 65%以上；

（3）已建立地面永久瓦斯抽放系统的大中型煤矿，其瓦斯利用率应达到当年抽放量的 85%以上；

（4）煤矸石的利用率达到 55%以上，尾矿的利用率达到 10%以上；

（5）历史遗留矿山开采破坏土地复垦率达到 20%以上，新建矿山应做到边开采、边复垦，破坏土地复垦率达到 75%以上。

2. 2015 年应达到的阶段性目标

（1）选煤厂、冶金选矿厂和有色金属选矿厂的选矿水循环利用率在 2010 年基础上分别提高 3%；

（2）大中型煤矿矿井水重复利用率、大中型煤矿瓦斯利用率、煤矸石的利用率、尾矿的利用率在 2010 年基础上分别提高 5%；

（3）历史遗留矿山开采破坏土地复垦率达到 45%以上，新建矿山应做到边开采、边复垦，破坏土地复垦率达到 85%以上。

（五）考核指标体系

政府主管部门应建立和完善矿山生态环境保护与污染防治的考核指标体系，将下述指标纳入考核指标体系：

（1）采矿回采率、贫化率、选矿回收率、综合利用率等矿产资源综合开发利用指标；

（2）固体废物综合利用率、煤矿瓦斯抽放利用率、水重复利用率等废物资源化利用指标；

（3）土地复垦率、矿山次生地质灾害治理率等生态环境修复指标。

（六）清洁生产

鼓励矿山企业开展清洁生产审核，优先选用采、选矿清洁生产工艺，杜绝落后工艺与设备向新开发矿区和落后地区转移。

二、矿产资源开发规划与设计

（一）禁止的矿产资源开发活动

1. 禁止在依法划定的自然保护区（核心区、缓冲区）、风景名胜区、森林公园、饮用水水源保护区、重要湖泊周边、文物古迹所在地、地质遗迹保护区、基本农田保护区等区域内采矿。

2. 禁止在铁路、国道、省道两侧的直观可视范围内进行露天开采。

3. 禁止在地质灾害危险区开采矿产资源。

4. 禁止土法采、选冶金矿和土法冶炼汞、砷、铅、锌、焦、硫、钒等矿产资源开发活动。

5. 禁止新建对生态环境产生不可恢复利用的、产生破坏性影响的矿产资源开发项目。

6. 禁止新建煤层含硫量大于3%的煤矿。

（二）限制的矿产资源开发活动

1. 限制在生态功能保护区和自然保护区（过渡区）内开采矿产资源。

生态功能保护区内的开采活动必须符合当地的环境功能区规划，并按规定进行控制性开采，开采活动不得影响本功能区内的主导生态功能。

2. 限制在地质灾害易发区、水土流失严重区域等生态脆弱区内开采矿产资源。

（三）矿产资源开发规划

1. 矿产资源开发应符合国家产业政策要求，选址、布局应符合所在地的区域发展规划。

2. 矿产资源开发企业应制定矿产资源综合开发规划，并应进行环境影响评价，规划内容包括资源开发利用、生态环境保护、地质灾害防治、水土保持、废弃地复垦等。

3. 在矿产资源的开发规划阶段，应对矿区内的生态环境进行充分调查，建立矿区的水文、地质、土壤和动植物等生态环境和人文环境基础状况数据库。

同时，应对矿床开采可能产生的区域地质环境问题进行预测和评价。

4. 矿产资源开发规划阶段还应注重对矿山所在区域生态环境的保护。

（四）矿产资源开发设计

1. 应优先选择废物产生量少、水重复利用率高，对矿区生态环境影响小的采、选矿生产工艺与技术。

2. 应考虑低污染、高附加值的产业链延伸建设，把资源优势转化为经济优势。

提倡煤—电、煤—化工、煤—焦、煤—建材、铁矿石—铁精矿—球团矿等低污染、高附加值的产业链延伸建设。

3. 矿井水、选矿水和矿山其他外排水应统筹规划、分类管理、综合利用。

4. 选矿厂设计时，应考虑最大限度地提高矿产资源的回收利用率，并同时考虑共、伴生资源的综合利用。

5. 地面运输系统设计时，宜考虑采用封闭运输通道运输矿物和固体废物。

三、矿山基建

1. 对矿山勘探性钻孔应采取封闭等措施进行处理，以确保生产安全。

2. 对矿山基建可能影响的具有保护价值的动、植物资源，应优先采取就地、就近保护措施。

3. 对矿山基建产生的表土、底土和岩石等应分类堆放、分类管理和充分利用。

对表土、底土和适于植物生长的地层物质均应进行保护性堆存和利用，可优先用作废弃地复垦时的土壤重构用土。

4. 矿山基建应尽量少占用农田和耕地，矿山基建临时性占地应及时恢复。

四、采矿

（一）鼓励采用的采矿技术

1. 对于露天开采的矿山，宜推广剥离—排土—造地—复垦一体化技术。

2. 对于水力开采的矿山，宜推广水重复利用率高的开采技术。

3. 推广应用充填采矿工艺技术，提倡废石不出井，利用尾砂、废石充填采空区。

4. 推广减轻地表沉陷的开采技术，如条带开采、分层间隙开采等技术。

5. 对于有色、稀土等矿山，宜研究推广溶浸采矿工艺技术，发展集采、选、冶于一体，直接从矿床中获取金属的工艺技术。

6. 加大煤炭地下气化与开采技术的研究力度，推广煤层气开发技术，提高煤层气的开发利用水平。

7. 在不能对基础设施、道路、河流、湖泊、林木等进行拆迁或异地补偿的情况下，在矿山开采中应保留安全矿柱，确保地面塌陷在允许范围内。

（二）矿坑水的综合利用和废水、废气的处理

1. 鼓励将矿坑水优先利用为生产用水，作为辅助水源加以利用。

在干旱缺水地区，鼓励将外排矿坑水用于农林灌溉，其水质应达到相应标准要求。

2. 宜采取修筑排水沟、引流渠，预先截堵水，防渗漏处理等措施，防止或减少各种水源进入露天采场和地下井巷。

3. 宜采取灌浆等工程措施，避免和减少采矿活动破坏地下水均衡系统。

4. 研究推广酸性矿坑废水、高矿化度矿坑废水和含氟、锰等特殊污染物矿坑水的高效处理工艺与技术。

5. 积极推广煤矿瓦斯抽放回收利用技术，将其用于发电、制造炭黑、民用燃料、制造化工产品等。

6. 宜采用安装除尘装置，湿式作业，个体防护等措施，防治凿岩、铲装、运输等采矿作业中的粉尘污染。

（三）固体废物贮存和综合利用

1. 对采矿活动所产生的固体废物，应使用专用场所堆放，并采取有效措施防止二次环境污染及诱发次生地质灾害。

（1）应根据采矿固体废物的性质、贮存场所的工程地质情况，采用完善的防渗、集排水措施，防止淋溶水污染地表水和地下水；

（2）宜采用水覆盖法、湿地法、碱性物料回填等方法，预防和降低废石场的酸性废水污染；

（3）煤矸石堆存时，宜采取分层压实，黏土覆盖，快速建立植被等措施，防止矸石山氧化自燃。

2. 大力推广采矿固体废物的综合利用技术。

（1）推广表外矿和废石中有价元素和矿物的回收技术，如采用生物浸出—溶剂萃取—电积技术回收废石中的铜等；

（2）推广利用采矿固体废物加工生产建筑材料及制品技术，如生产铺路材料、制砖等；

（3）推广煤矸石的综合利用技术，如利用煤矸石发电、生产水泥和肥料、制砖等。

五、选矿

（一）鼓励采用的选矿技术

1. 开发推广高效无（低）毒的浮选新药剂产品。

2. 在干旱缺水地区，宜推广干选工艺或节水型选矿工艺，如煤炭干选、大块干选抛尾等工艺技术。

3. 推广高效脱硫降灰技术，有效去除和降低煤炭中的硫分和灰分。

4. 采用先进的洗选技术和设备，推广洁净煤技术，逐步降低直接销售、使用原煤的比率。

5. 积极研究推广共、伴生矿产资源中有价元素的分离回收技术，为共、伴生矿产资源的深加工创造条件。

（二）选矿废水、废气的处理

1. 选矿废水（含尾矿库溢流水）应循环利用，力求实现闭路循环。未循环利用的部分应进行收集，处理达标后排放。

2. 研究推广含氰、含重金属选矿废水的高效处理工艺与技术。

3. 宜采用尘源密闭、局部抽风、安装除尘装置等措施，防治破碎、筛分等选矿作业中的粉尘污染。

（三）尾矿的贮存和综合利用

1. 应建造专用的尾矿库，并采取措施防止尾矿库的二次环境污染及诱发次生地质灾害。

（1）采用防渗、集排水措施，防止尾矿库溢流水污染地表水和地下水；

（2）尾矿库坝面、坝坡应采取种植植物和覆盖等措施，防止扬尘、滑坡和水土流失。

2. 推广选矿固体废物的综合利用技术。

（1）尾矿再选和共伴生矿物及有价元素的回收技术；

（2）利用尾矿加工生产建筑材料及制品技术，如作水泥添加剂、尾矿制砖等；

（3）推广利用尾矿、废石作充填料，充填采空区或塌陷地的工艺技术；

（4）利用选煤煤泥开发生物有机肥料技术。

六、废弃地复垦

1. 矿山开采企业应将废弃地复垦纳入矿山日常生产与管理，提倡采用采（选）矿—排土（尾）—造地—复垦一体化技术。

2. 矿山废弃地复垦应做可垦性试验，采取最合理的方式进行废弃地复垦。

对于存在污染的矿山废弃地，不宜复垦作为农牧业生产用地；对于可开发为农牧业用地的矿山废弃地，应对其进行全面的监测与评估。

3. 矿山生产过程中应采取种植植物和覆盖等复垦措施，对露天坑、废石场、尾矿库、矸石山等永久性坡面进行稳定化处理，防止水土流失和滑坡。

废石场、尾矿库、矸石山等固废堆场服务期满后，应及时封场和复垦，防止水土流失及风蚀扬尘等。

4. 鼓励推广采用覆岩离层注浆，利用尾矿、废石充填采空区等技术，减轻采空区上覆岩层塌陷。

5. 采用生物工程进行废弃地复垦时，宜对土壤重构、地形、景观进行优化设计，对物种选择、配置及种植方式进行优化。

关于印发《全面实施燃煤电厂超低排放和节能改造工作方案》的通知

（环发〔2015〕164 号）

各省、自治区、直辖市环境保护厅（局）、发展改革委（经信委、经委、工信厅）、能源局，新疆生产建设兵团环境保护局、发展改革委、能源局，国家电网公司，南方电网公司，华能、大唐、华电、国电、国电投、神华集团公司：

为贯彻落实第 114 次国务院常务会议精神，我们制定了《全面实施燃煤电厂超低排放和节能改造工作方案》，现印发给你们，请认真贯彻执行，并将有关事项通知如下：

一、全面实施燃煤电厂超低排放和节能改造是一项重要的国家专项行动，既有利于节能减排、促进绿色发展、增添民生福祉，也有利于扩大投资、促进煤电产业转型升级、相关装备制造业走出去。各有关部门、地方及企业应高度重视此项工作，尽快制定专项实施计划，做好与本方案的衔接。

二、各相关部门要加大扶持力度，完善政策措施，充分调动地方和企业积极性，同时强化对项目改造和运行的监督管理。

三、煤电企业是实施主体，应主动承担社会责任，积极采用环境污染第三方治理和合同能源管理模式，加快超低排放和节能改造项目实施，确保改造工程按期建成并稳定运行。

四、装备制造企业、电网公司、节能服务公司和环保专业公司应努力保障并优先满足超低排放和节能改造项目的需求。通过各方共同努力，确保超低排放和节能改造目标按期完成。

特此通知。

附件：全面实施燃煤电厂超低排放和节能改造工作方案

环境保护部

发展改革委

能源局

2015 年 12 月 11 日

附件：

全面实施燃煤电厂超低排放和节能改造工作方案
（节选）

全面实施燃煤电厂超低排放和节能改造，是推进煤炭清洁化利用、改善大气环境质量、缓解资源约束的重要举措。《煤电节能减排升级与改造行动计划（2014—2020 年）》（以下简称《行动计划》）实施以来，各地大力实施超低排放和节能改造重点工程，取得了积极成效。根据国务院第 114 次常务会议精神，为加快能源技术创新，建设清洁低碳、安全高效的现代能源体系，实现稳增长、调结构、促减排、惠民生，推动《行动计划》“提速扩围”，特制订本方案。

一、指导思想与目标

（二）主要目标

到 2020 年，全国所有具备改造条件的燃煤电厂力争实现超低排放（即在基准氧含量 6%条件下，烟尘、二氧化硫、氮氧化物排放浓度分别不高于 10 毫克/立方米、35 毫克/立方米、50 毫克/立方米）。全国有条件的新建燃煤发电机组达到超低排放水平。加快现役燃煤发电机组超低排放改造步伐，将东部地区原计划 2020 年前完成的超低排放改造任务提前至 2017 年前总体完成；将对东部地区的要求逐步扩展至全国有条件地区，其中，中部地区力争在 2018 年前基本完成，西部地区在 2020 年前完成。

全国新建燃煤发电项目原则上要采用 60 万千瓦及以上超超临界机组，平均供电煤耗低于 300 克标准煤/千瓦时（以下简称克/千瓦时），到 2020 年，现役燃煤发电机组改造后平均供电煤耗低于 310 克/千瓦时。

二、重点任务

（一）具备条件的燃煤机组要实施超低排放改造。在确保供电安全前提下，将东部地区（北京、天津、河北、辽宁、上海、江苏、浙江、福建、山东、广东、海南等 11 省市）原计划 2020 年前完成的超低排放改造任务提前至 2017 年前总体完成，要求 30 万千瓦及以上公用燃煤发电机组、10 万千瓦及以上自备燃煤发电机组（暂不含 W 型火焰锅炉和循环流化床锅炉）实施超低排放改造。

将对东部地区的要求逐步扩展至全国有条件地区，要求 30 万千瓦及以上燃煤发电机组（暂不含 W 型火焰锅炉和循环流化床锅炉）实施超低排放改造。其中，中部地区（山西、吉林、黑龙江、安徽、江西、河南、湖北、湖南等 8 省）力争在 2018 年前基本完成；西部地区（内蒙古、广西、重庆、四川、贵州、云南、西藏、陕西、甘肃、青海、宁夏、新疆等 12 省区市及新疆生产建设兵团）在 2020 年前完成。力争 2020 年前完成改造 5.8 亿千瓦。

（二）不具备改造条件的机组要实施达标排放治理。燃煤机组必须安装高效脱硫脱硝除尘设施，推动实施烟气脱硝全工况运行。各地要加大执法监管力度，推动企业进行限期治理，一厂一策，逐一明确时间表和路线图，做到稳定达标，改造机组容量约 1.1 亿千瓦。

（三）落后产能和不符合相关强制性标准要求的机组要实施淘汰。进一步提高小火电机组淘汰标准，对经整改仍不符合能耗、环保、质量、安全等要求的，由地方政府予以淘汰关停。优先淘汰改造后仍不符合能效、环保等标准的 30 万千瓦以下机组，特别是运行满 20 年的纯凝机组和运行满 25 年的抽凝热电机组。列入淘汰方案的机组不再要求实施改造。力争“十三五”期间淘汰落后火电机组规模超过 2 000 万千瓦。

（四）要统筹节能与超低排放改造。在推进超低排放改造同时，协同安排节能改造，东部、中部地区现役煤电机组平均供电煤耗力争在 2017 年、2018 年实现达标，西部地区现役煤电机组平均供电煤耗到 2020 年前达标。企业尽可能安排在同一检修期内同步实施超低排放和节能改造，降低改造成本和对电网的影响。2016—2020 年全国实施节能改造 3.4 亿千瓦。

三、政策措施

（一）落实电价补贴政策

对达到超低排放水平的燃煤发电机组，按照《关于实行燃煤电厂超低排放电价支持政策有关问题的通知》（发改价格〔2015〕2835 号）要求，给予电价补贴。2016 年 1 月 1 日前已经并网运行的现役机组，对其统购上网电量每千瓦时加价 1 分钱；2016 年 1 月 1 日后并网运行的新建机组，对其统购上网电量每千瓦时加价 0.5 分钱。2016 年 6 月底前，发展改革委、环境保护部等制定燃煤发电机组超低排放环保电价及环保设施运行监管办法。

（二）给予发电量奖励

综合考虑煤电机组排放和能效水平，适当增加超低排放机组发电利用小时数，原则上奖励 200 小时左右，具体数量由各地确定。落实电力体制改革配套文件《关于有序放开发用电计划的实施意见》要求，将达到超低排放的燃煤机组列为二类优先发电机组予以保障。2016年，发展改革委、国家能源局研究制定推行节能低碳调度工作方案，提高高效清洁煤电机组负荷率。

（三）落实排污费激励政策

督促各地在提高排污费征收标准（二氧化硫、氮氧化物不低于每当量1.2元）同时，对污染物排放浓度低于国家或地方规定的污染物排放限值50%以上的，切实落实减半征收排污费政策，激励企业加大超低排放改造力度。

（四）给予财政支持

中央财政已有的大气污染防治专项资金，向节能减排效果好的省（区、市）适度倾斜。

（五）信贷融资支持

开发银行对燃煤电厂超低排放和节能改造项目落实已有政策，继续给予优惠信贷；鼓励其他金融机构给予优惠信贷支持。支持符合条件的燃煤电力企业发行企业债券直接融资，募集资金用于超低排放和节能改造。

（六）推行排污权交易

对企业通过超低排放改造产生的富余排污权，地方政府可予以收购；企业也可用于新建项目建设或自行上市交易。

（七）推广应用先进技术

制定燃煤电厂超低排放环境监测评估技术规范，修订煤电机组能效标准和能效最低限值标准，指导各地和各发电企业开展改造工作。再授予一批煤电节能减排示范电站，搭建煤电节能减排交流平台，促进成熟先进技术推广应用。

关于坚决遏制固体废物非法转移和倾倒进一步加强危险废物全过程监管的通知

（环办土壤函〔2018〕266号）

各省、自治区、直辖市环境保护厅（局），新疆生产建设兵团环境保护局：

为落实中央领导同志重要批示指示精神，严厉打击固体废物非法转移倾倒违法犯罪行为，坚决遏制固体废物非法转移高发态势，加强危险废物全过程监管，有效防控环境风险，现就有关要求通知如下：

一、深刻认识遏制固体废物非法转移倾倒，加强危险废物全过程监管的重要性

固体废物污染防治是生态环境保护工作的重要领域，是改善生态环境质量的重要环节，是保障人民群众环境权益的重要举措。加强固体废物和垃圾处置是党的十九大要求着力解决的突出环境问题之一，对于决胜全面建成小康社会，打好污染防治攻坚战具有重要意义。当前我国固体废物非法转移、倾倒、处置事件仍呈高发态势，中央领导同志十分重视，社会高度关注。

各级生态环境部门要以习近平新时代中国特色社会主义思想为指导，全面贯彻落实党的十九大精神，提高政治站位，切实增强“四个意识”，深刻认识遏制固体废物非法转移倾倒，加强危险废物全过程监管工作的重要性。按照省级督导、市县落实、严厉打击、强化监管的总体要求，落实市县两级地方人民政府责任及部门监管责任，以有效防控固体废物环境风险为目标，以危险废物污染防治为重点，摸清固体废物特别是危险废物产生、贮存、转移、利用、处置情况；分类科学处置排查发现的各类固体废物违法倾倒问题，依法严厉打击各类固体废物非法转移行为；全面提升危险废物利用处置能力和全过程信息化监管水平，有效防范固体废物特别是危险废物非法转移倾倒引发的突发环境事件。

二、开展固体废物大排查

（一）全面摸排妥善处置非法倾倒固体废物

各省级生态环境部门要督促市县两级地方人民政府以沿江、沿河、沿湖等区域为排查重点，组织开展固体废物非法贮存、倾倒和填埋情况专项排查；对于排查发现的非法倾倒固体废物，督促各地生态环境部门会同相关部门组织开展核查、鉴别和分类等工作，根据环境风险程度确定优先整治清单，做好涉危险废物突发环境事件的防范应对工作；对于危险废物、医疗废物、重量在 100 吨以上的一般工业固体废物和体积在 500 立方米以上的生活垃圾，督促各地生态环境部门会同相关部门按职责分工“一点一策”制定整治工作方案。对排查出的固体废物堆放倾倒点，督导市县两级地方人民政府迅速查明来源，落实相关责任，限期完成处置工作；无法查明来源的，应妥善处置；根据需要组织开展环境损害评估工作。

（二）全面调查危险废物和一般工业固体废物产生源及流向

各级生态环境部门要结合第二次全国污染源普查，会同相关部门按职责全面调查危险废物和一般工业固体废物产生情况，筛选产生量大的重点地区、重点行业和重点企业，分行业、种类建立清单；调查危险废物转移联单执行情况和一般工业固体废物的流向，重点掌握跨省转移的主要固体废物类别、转移量及主要的接收地。对于最终处置去向明确的，抽查核实处置方式的合法性；对于最终处置去向不明确的，严格追查去向，依法追究企业主体责任。

（三）调查评估危险废物和一般工业固体废物处置能力

各级生态环境部门要会同相关部门按职责调查危险废物和一般工业固体废物的处置设施建设和运行情况。重点针对固体废物产生量大、处置能力缺乏、非法转移问题突出的地区，调查评估危险废物和一般工业固体废物处置规划制定及实施情况，以及固体废物处置能力与产生量匹配情况。

三、严厉打击固体废物非法转移违法犯罪活动

（一）建立部门和区域联防联控机制

各省级生态环境部门要加强与公安、交通等部门之间沟通协作，建立多部门信息共享和联动执法机制，及时共享固体废物跨省转移审批情况、危险废物转移联单、危险货物（危险废物）电子运单、危险废物违法转移情报等相关信息，定期通报危险废物转移种类、数量及流向情况。建立区域联防联控机制，加强沟通协调，共同应对固体废物跨界污染事件。

（二）协同相关部门重拳打击固体废物环境违法犯罪活动

地方各级生态环境部门根据本地区产业结构，重点针对本地区内主要危险废物种类，开展危险废物非法转移专项执法行动，处罚一批，移交一批，加大危险废物的环境监管和违法行为的查处力度。

各级生态环境部门要配合公安等部门，以危险废物为重点，持续开展打击固体废物环境违法犯罪活动，对非法收运、转移、倾倒、处置固体废物的企业、中间商、承运人、接收人等，要一追到底，涉嫌犯罪的，依据《中华人民共和国环境保护法》等法律法规及“两高”司法解释有关规定严肃惩处，查处一批，打击一批，对固体废物环境违法犯罪活动形成强有力的震慑，并根据需要开展生态环境损害赔偿工作。

（三）建立健全环保有奖举报制度

各级生态环境部门要对“12369”环保举报热线、信访等渠道涉及固体废物的举报线索逐一排查核实，做到“事事有着落，件件有回音”。鼓励将固体废物非法转移、倾倒、处置等列为重点奖励举报内容，提高公众、社会组织参与积极性，加强对环境违法行为的社会监督；加强舆论引导，提高公众对固体废物污染防治的环境意识；加大对重大案件查处的宣传力度，形成强力震慑，营造良好社会氛围。

四、落实企业和地方责任，强化督察问责

（一）落实产废企业污染防治主体责任

对产生危险废物的，产生一般工业固体废物量大、危害大的，以及垃圾、污水处理等相关行业，各级生态环境部门要会同相关部门要求相关企业，细化管理台账、申报登记，如实申报转移的固体废物实际利用处置途径及最终去向，并依据相关法规要求公开产生固体废物的类别、数量、利用和处置情况等信息。

各省级生态环境部门要鼓励将非法转移、倾倒、处置固体废物企业纳入环境保护领域违法失信名单，实行公开曝光，开展联合惩戒。各级生态环境部门要依法将存在固体废物违法行为的企业相关信息交送税务、证券监管等相关部门。

（二）督促地方保障固体废物集中处置能力

各省级生态环境部门要结合固体废物处置能力调查评估结果，对处置能力建设严重滞后、非法转移问题突出的地区，加大督导、约谈、限批力度，督促市县两级地方人民政府合理规划布局，重点保障危险废物、污泥和生活垃圾等处置设施用地，加快集中处置设施建设，补足处置能力缺口。

（三）持续开展危险废物规范化管理督查考核

各省级生态环境部门应严格组织开展危险废物规范化管理督查考核省级自查，督促企业严格落实危险废物各项法律制度和标准规范；对于抽查发现的问题及时交

办市县两级地方人民政府，督促市县两级地方人民政府及时整改，切实落实危险废物环境监管责任。

（四）开展督察问责，压实地方责任链条

各省级生态环境部门要对固体废物大排查工作进行督导和抽查，对抽查发现的问题及时移交市县两级地方人民政府限期解决。对督办问题整改情况进行现场核查，逐一对账销号；对发现问题集中、整改缓慢的地区，进行通报、约谈。

各省级生态环境部门要将危险废物、污泥和生活垃圾等处置能力建设运行情况纳入省级环保督察内容，重点督察相关能力建设严重滞后、非法转移问题突出、发现问题整治不力的地方，对存在失职失责的，依法依规实施移交问责。

五、建立健全监管长效机制

（一）完善源头严防、过程严管、后果严惩监管体系

地方各级生态环境部门要根据本地区产业结构，对照《国家危险废物名录（2016年版）》，对重点建设项目环评报告书（表）中危险废物种类、数量、污染防治措施等开展技术校核，对环评报告书（表）中存在弄虚作假的环评机构及行政审批人员，依法依规予以惩处，并督促相关责任方采取措施予以整改。

各省级生态环境部门要结合排污许可制度改革工作安排，鼓励有条件的地方和行业开展固体废物纳入排污许可管理试点。

各省级生态环境部门要结合省以下环保机构监测监察执法垂直管理制度改革，落实环境执法机构对固体废物日常执法职责，将固体废物纳入环境执法“双随机”计划，加大抽查力度，严厉打击非法转移、倾倒、处置固体废物行为。

（二）加强固体废物监管能力和信息化建设

各省级生态环境部门要着力强化省、市两级固体废物监管能力建设。加强环评、环境执法和固体废物管理机构人员的技术培训与交流。各地要在 2018 年 6 月 30 日之前实现与全国固体废物管理信息系统的互通互联，提升信息化监管能力和水平。全面推进危险废物管理计划电子化备案，工业固体废物、危险废物产生单位要每年 3 月 31 日之前通过全国固体废物管理信息系统报送产废数据。全面推动危险废物电子转移联单工作。

（三）建立健全督察问责长效机制

各省级生态环境部门要建立固体废物污染环境督察问责长效机制，持续开展打击固体废物非法转移倾倒专项行动，按照督查、交办、巡查、约谈、专项督察“五步法”，落实地方党委和政府责任。对固体废物非法转出转入问题突出、造成环境严重污染并产生恶劣影响的地区，开展点穴式、机动式专项督察，对查实的失职失责

行为实施问责，切实发挥警示震慑作用。

六、有关要求

（一）各省级生态环境部门要在地方党委和政府的统一领导下，将本通知要求与第二次全国污染源普查、省以下环保机构监测监察执法垂直管理制度改革等生态环境领域各项重点工作和改革任务有机结合，强化与工信、住建、交通、水利、卫生等相关部门的沟通协作，明确职责分工，细化工作任务，制定具体方案，强化督查考核，扎实开展有关工作。

（二）长江经济带 11 省市要按照《关于开展长江经济带固体废物大排查行动的通知》要求，按期完成排查任务并报送排查报告、问题台账和整改方案。

其他省份要在 2018 年 8 月 30 日前，将本地区落实本通知的实施方案报送我部备案；每年年底前将落实本通知的进展情况报告报送我部。

（三）我部将对各地落实本通知的情况进行定期调度督导，分期分批组织开展专项督查，并在全国范围内进行通报。对责任不落实、工作不作为的，将通过中央环境保护督察等机制严肃追责问责。

联系人：焦少俊、姜栋栋、张嘉陵
电话：（010）66556293
传真：（010）66556252
邮箱：swmd@mep.gov.cn

生态环境部办公厅
2018 年 5 月 10 日

关于印发《生态环境部贯彻落实〈全国人民代表大会常务委员会关于全面加强生态环境保护 依法推动打好污染防治攻坚战的决议〉实施方案》的通知

（环厅〔2018〕70号）

各省、自治区、直辖市环境保护厅（局），新疆生产建设兵团环境保护局，机关各部门，各派出机构、直属单位：

《生态环境部贯彻落实〈全国人民代表大会常务委员会关于全面加强生态环境保护 依法推动打好污染防治攻坚战的决议〉实施方案》（见附件）已经2018年第八次生态环境部常务会议审议通过，现印发给你们，请结合实际认真贯彻落实。

生态环境部

2018年7月30日

附件：

生态环境部贯彻落实《全国人民代表大会常务委员会关于全面加强生态环境保护 依法推动打好污染防治攻坚战的决议》实施方案

2018年7月9日至10日，十三届全国人民代表大会常务委员会专门加开一次会议，即十三届全国人大常委会第四次会议，审议大气污染防治法执法检查报告和开展专题询问，并表决通过《全国人民代表大会常务委员会关于全面加强生态环境保护 依法推动打好污染防治攻坚战的决议》（以下简称《决议》）。这是十三届全国人大常委会坚决贯彻落实党中央打好污染防治攻坚战决策部署的重大举措和具体行动，充分体现了全国人大常委会深入贯彻习近平新时代中国特色社会主义思想特别是习近平生态文明思想的政治自觉和责任担当，对全面加强生态环境保护、坚决打好污染防治攻坚战必将发挥重要指导、监督和推动作用。

为贯彻落实《决议》，更加自觉地在全国人大及其常委会监督指导支持下，以法律的武器治理污染，用法治的力量保护生态环境，依法推动打好污染防治攻坚战，制定本实施方案。

一、指导思想

深入学习贯彻习近平新时代中国特色社会主义思想和党的十九大精神，以习近平生态文明思想为指导，认真落实全国生态环境保护大会决策部署和中共中央、国务院《关于全面加强生态环境保护坚决打好污染防治攻坚战的意见》，紧紧围绕全面加强生态环境保护、坚决打好污染防治攻坚战，在全国人大及其常委会的监督指导支持下，深入贯彻落实《决议》，加大普法和执法力度，推动生态环境法律制度全面有效实施，用最严格的制度最严密的法治保护生态环境，确保各项工作任务落地见效，推动生态环境质量持续改善，不断满足人民日益增长的优美生态环境需要，为全面建成小康社会、加快建设美丽中国提供坚实保障。

二、落实举措

（一）大力督促落实生态文明建设责任制。严格落实生态环境保护“党政同责、一岗双责”，压实地方各级党委和政府生态环境保护责任。进一步明确生态环境质量“只能更好、不能变坏”的责任底线，督促生态环境质量不达标地区尽快制定实施限期达标规划。加快推动出台中央和国家机关相关部门生态环境保护责任清单。落实县级以上人民政府每年向本级人民代表大会或人民代表大会常务委员会报告环境状况和环境保护目标完成情况，依法接受监督。建立健全并严格落实环境保护目标责任制和考核评价制度，严格责任追究，督促各级党委和政府及有关部门落实生态文明建设和生态环境保护的政治责任。监督指导企业落实污染防治和防止生态破坏的主体责任，做到持证按证（排污许可证）排污，达标排放。制定环境保护督察工作规定。指导推动省级环境保护督察工作，2018 年基本实现地市督察全覆盖。组织开展中央环境保护督察“回头看”。对污染防治攻坚战的一些关键领域，组织机动式、点穴式环境保护专项督察。

（二）积极推动生态环境保护法律制度体系建设。配合立法机关，加快土壤污染防治、固体废物污染防治、噪声污染防治、长江生态环境保护、海洋环境保护，以及生态环境监测、排污许可、碳排放权交易管理等方面的法律法规立法进程，建立健全覆盖保护水、气、土和生物等生态环境要素与管控核、声、光、渣等各种污染要素的法律规范，构建科学严密、系统完备的污染防治法律制度体系。加快制定与生态环境保护法律法规配套的部门规章。加强标准制修订协调工作，及时出台并不断完善生态环境保护标准。抓紧开展生态环境保护法规、规章、司法解释和规范性文件的全面清理工作，对不符合不衔接不适应法律规定、中央精神和形势需要的，及时推动废止或修改。积极支持有立法权的地方人大及其常委会和人民政府加快制定、修改生态环境保护方面的地方性法规和规章，结合本地实际进一步明确细化上位法规定，积极探索在生态环境保护领域先于国家进行立法。

（三）自觉接受和配合做好人大执法检查等法律实施监督。积极配合和支持各级人大及其常委会把生态文明建设作为重点工作领域，通过执法检查、听取审议工作报告、专题询问、质询等监督形式，督促有关方面认真实施生态环境保护法律，抓紧解决突出生态环境问题，进一步加大投入力度，强化科技支撑，加强生态环境保护队伍特别是基层队伍的能力建设，建立健全环境污染治理长效机制。认真落实全国人大常委会执法检查报告和专题询问提出的意见和建议，把执法检查中发现的问题作为中央环境保护督察（及“回头看”）和环境保护专项督察的重点，针对督察整改不力、环境问题突出、环境质量恶化等情况，对地市政府主要负责人开展约谈，并提请有关纪检监察机关依纪依法处理，严肃问责。会同有关部门，针对大气污染防治法执法检查发现的突出问题以及审议提出的意见建议，认真研究整改，确保大气污染防治法各项规定落到实处，以最严密的法治保障打赢蓝天保卫战。会同有关部门，认真研究固体废物污染环境防治法执法检查发现的问题，坚持问题导向，突出重点、立行立改。全力配合全国人大做好海洋环境保护法执法检查工作，推动将海洋环境保护法实施情况纳入沿海地方人大及其常委会常态化监督范围，适时推动“湾长制”纳入中央全面深化改革工作任务，构建陆海统筹、河海兼顾、多方协调的海洋环境治理长效机制，进一步压紧压实地方党委和政府治理责任。

（四）严格执行生态环境保护法律制度。坚持有法必依、执法必严、违法必究，加强环境执法监管，继续强化按日连续处罚、查封扣押、限产停产、移送行政拘留等手段的综合运用，实现环境保护法配套办法在各地得到全面实施的目标，落实污染者必须依法承担责任的原则，依法推动企业主动承担全面履行保护环境、防治污染的主体责任。加快建立健全生态环境保护行政执法和刑事司法衔接机制，继续加强与公安机关、检察机关的衔接配合，建立联席会议制度、重大案件联合挂牌督办制度，强化信息共享机制。积极主动配合最高人民检察院、最高人民法院出台相关司法文件，健全协作机制，推动落实环境公益诉讼制度。

（五）广泛动员和鼓励公众积极参与生态环境保护。加强生态文明法律知识和科学知识宣传普及，推动生态环境保护纳入国民教育体系和党政领导干部培训体系。推动开展好“美丽中国，我是行动者”主题实践活动，倡导简约适度、绿色低碳的生活方式，引导全社会增强法治意识、生态意识、环保意识、节约意识。广泛深入宣传《公民生态环境行为规范（试行）》，引导公众自觉履行生态环境保护法定义务，自觉践行绿色生活。继续完善全国环保举报管理平台功能，加强对各级环保举报工作规范化管理，督促各地做好群众举报受理、查处、反馈工作。完善公众监督、举报反馈机制，保护举报人的合法权益，鼓励有条件的地区实施有奖举报，鼓励群众用法律的武器保护生态环境，形成崇尚生态文明、保护生态环境的社会氛围。

（六）不断强化生态环境保护信息公开。会同有关部门研究制定生态环保信息强制性披露改革文件，健全生态环保信息强制性披露制度，督促上市公司、发债企业等市场主体全面、及时、准确披露环境信息。《政府信息公开条例》修订发布后，及时修订出台《环境信息公开办法（试行）》，继续深入推进生态环境重点领域信息公开，依法公开环境质量信息和环保目标责任，保障人民群众的知情权、参与权、监督权。依法公开企业环境违法处罚信息，将重点排污单位名录公开情况、对企业环境信息公开的检查情况列入对各省级生态环境保护部门的考核范围，督促各地加强对企业环境信息公开情况的监督检查。对不主动公开或不如实公开环境信息的企业依法进行处罚，并予以公开。充分发挥各类媒体的舆论监督作用，以“生态环境部”两微、《中国环境报》等为主要载体，及时曝光突出生态环境问题，报道整改进展情况。针对中央环保督察“回头看”及“清废行动 2018”等生态环境保护专项行动，组织中央主流媒体、重要市场媒体及新媒体进行伴随式采访。

（七）依法扎实推动开展打好污染防治攻坚战的“7+4”组合行动。在全国人大及其常委会监督指导支持下，聚焦重点领域，依法推动打赢蓝天保卫战和打好柴油货车污染治理、城市黑臭水体治理、渤海综合治理、长江保护修复、水源地保护、农业农村污染治理攻坚战等七场标志性重大战役，组织开展落实《禁止洋垃圾入境推进固体废物进口管理制度改革实施方案》、打击固体废物及危险废物非法转移和倾倒、垃圾焚烧发电行业达标排放、“绿盾”自然保护区监督检查等四个专项行动，着力解决突出生态环境问题，加快补齐生态环境短板，不断增强人民群众的获得感、幸福感和安全感。

三、有关要求

（一）提高政治站位。要牢固树立“四个意识”，坚决维护习近平总书记党中央的核心、全党的核心地位，坚决维护党中央权威和集中统一领导，全面贯彻落实党中央决策部署，把贯彻落实《决议》与深入贯彻落实习近平新时代中国特色社会主义思想和党的十九大精神结合起来，作为学习宣传贯彻习近平生态文明思想和全国生态环境保护大会精神的具体行动，切实担负起生态文明建设和生态环境保护的政治责任。

（二）加强组织领导。地方各级生态环境部门和部机关各部门要强化一把手责任制，主要负责同志要高度重视，周密安排、精心组织《决议》各项工作任务落实，统筹安排部署，及时完善措施，在落实落细落小上下功夫，不断推动各项工作取得新进展。

（三）突出工作实效。坚持以改善生态环境质量为核心，以解决人民群众反映强烈的突出生态环境问题为重点，以压实地方党委和政府及其相关部门责任为抓手，加快立法进度，严格执法监管，加大违法惩处，强化法治保障，让法律法规制度在攻坚战中更好发挥刚性约束作用，依法推动污染防治攻坚战取得实效。

四、部门规章

关于印发《煤矸石综合利用技术政策要点》的通知

（国经贸资源〔1999〕1005号）

各省、自治区、直辖市、计划单列市及新疆生产建设兵团经贸委（经委、计经委）、科委、国务院有关部门，国家经贸委管理的国家局：

煤矸石是煤炭开采和洗选加工过程中产生的固体废弃物，是目前排放量最大的工业固体废弃物之一。为进一步推动煤矸石综合利用工作，国家经济委员会、科学技术部制定了《煤矸石综合利用技术政策要点》。现印发你们，请结合本地区、本部门实际参照执行。

国家贸易委

科 技 部

一九九九年十月二十日

煤矸石综合利用技术政策要点

一、煤矸石综合利用是一项长期的技术经济政策

煤矸石是煤炭生产和加工过程中产生的固体废弃物，每年的排放量相当于当年煤炭产量的10%左右，目前已累计堆存30多亿吨，占地约1.2万公顷，是目前我国排放量最大的工业固体废弃物之一。煤矸石长期堆存，占用大量土地，同时造成自燃，污染大气和地下水质。煤矸石又是可利用的资源，其综合利用是资源综合利用的重要组成部分。“八五”以来煤矸石综合利用有了较大的发展，利用途径不断扩大，技术水平不断提高。但我国煤矸石综合利用技术装备水平还比较落后，产品的技术含量不高，综合利用发展也不平衡。大力开展煤矸石综合利用可以增加企业的经济效益，改善煤矿生产结构，分流煤矿富余人员，同时又可以减少土地压占，改善环境质量。因此，煤矸石综合利用是一项长期的技术政策。

煤矸石综合利用要坚持“因地制宜，积极利用”的指导思想，实行“谁排放、谁治理”“谁利用、谁受益”的原则。将资源化利用与企业发展相结合，资源化利用与污染治理相结合，实现经济效益、环境效益、社会效益的统一。

煤矸石综合利用技术以巩固、推广为主，完善、开发并举。巩固已有的技术成果，推广技术成熟、经济合理、有市场前景的技术，逐步完善比较成熟的技术，研究开发新技术，积极引进国外先进技术和装备，在消化吸收的基础上努力创新，不断提高煤矸石综合利用的技术装备水平，促进煤矸石的扩大利用。

二、煤矸石综合利用的主要技术原则

煤矸石综合利用以大宗量利用为重点，将煤矸石发电、煤矸石建材及制品、复垦回填以及煤矸石山无害化处理等大宗量利用煤矸石技术作为主攻方向，发展高科技含量、高附加值的煤矸石综合利用技术和产品。

加强煤矸石资源化利用的评价工作，对煤矸石的分布、积存量、矸石类型、特性等进行系统研究和分析，逐步建立煤矸石资料数据库，为合理有效利用煤矸石提供翔实可靠的基础资料。根据煤矸石的矿物特性和理化性能确定综合利用途径。

煤矸石发电应向大型循环流化床燃烧技术方向发展，逐步改造现有的煤矸石电厂，提高燃烧效率，提高废弃物的综合利用率和利用水平，实现污染物达标排放。

煤矸石建材及制品，以发展高掺量煤矸石烧结制品为主，积极发展煤矸石承重、非承重烧结空心砖、轻骨料等新型建材，逐步替代黏土；鼓励煤矸石建材及制品向多功能、多品种、高档次方向发展。

含有用元素的煤矸石，在技术经济合理的前提下，按照先加工提取、后处置的原则，分采分选；对暂时不能利用的要单独存放，不应随废渣一起弃置。

鼓励利用煤矸石复垦塌陷区，发展种植业，改善生态环境。

新建煤矿（厂）应在矿井建设的同时，制定煤矸石利用和处置方案，不宜设立永久性矸石山。老矿井的矸石山，应因地制宜有计划地治理和利用，让出或减少所压占土地。

三、煤矸石作燃料发电

推广利用煤矸石、煤矸石与煤泥、煤矸石与焦炉煤气、矿井瓦斯等低热值燃料发电。低热值燃料综合利用电厂的建设要靠近燃料产地，避免燃料长途运输；凡有稳定热负荷的地方，经技术经济论证，应实行热电联产联供。

推广适合燃烧煤矸石的（其应用基低位发热量不大于 12 550 千焦/千克）75 吨/小时及以上循环流化床锅炉。在有条件的地方积极推广热、电、冷联产技术和热、电、煤气联供技术。

推广炉内石灰脱硫和静电除尘技术。对燃用高硫煤矸石的电厂，必须采取脱硫措施实现二氧化硫、烟尘等污染物的达标排放。对灰渣要进行综合利用，不应造成二次污染。

推广煤矸石沸腾炉床下风室点火技术和红渣直接点火技术，推广利用发热量较高的煤矸石生产成型燃料技术。

研究开发煤矸石等低热值燃料电厂锅炉高效除尘、脱硫设备，灰渣干法输送、存储及利用技术和设备；燃煤泥锅炉煤泥输送、给料、成型技术和设备。

研究开发煤矸石电厂锅炉的耐磨材料及制造工艺，解决磨损问题，提高锅炉连续运行时间和可靠性；研究开发高效、可靠的冷渣设备和大容量循环流化床锅炉制造技术。

四、煤矸石生产建筑材料及制品

利用煤矸石生产建筑材料及制品前，应对所用煤矸石的化学成分、矿物成分、发热量、物理性能等指标进行综合评价，并做小试；原料成分复杂、波动大时，应进行半工业性试验。

利用煤矸石为原料生产的建材产品，产品质量应符合国家或行业标准；对用于生产建材产品的煤矸石应进行放射性测量，原料符合 GB 9196—88 标准，制品中放射性元素含量符合 GB 6763—86 标准。

1．煤矸石制砖

积极推广使用新型建筑材料，大力发展煤矸石空心砖等新型建筑材料，在煤矸石贮存、排放的周边地区，鼓励现有黏土（页岩）烧结砖生产企业，通过改进生产工艺与装备提高煤矸石的掺加量，限制和逐步淘汰实心黏土砖。

煤矸石砖生产以烧结砖为主，重点推广全煤矸石承重多孔砖和非承重空心砖，要向高技术方向发展，主要是发展高掺量、多孔洞率、高保温性能、高强度的承重多孔砖，或带有外饰面的清水墙砖。为此要加强原料的均化处理，逐步改造软塑成型、自然干燥工艺，利用砖窑余热干燥砖坯，推广有余热利用系统的节能型轮窑和隧道窑；积极发展硬塑、半硬塑成型和隧道窑干燥与焙烧连续作业的全内燃一次码烧工艺，提高机械化和半自动化水平。

鼓励消化吸收国外先进制砖技术和设备，提高利废建材的技术装备水平。改进原料的中、细碎设备，发展高挤出力、高真空度挤出机，配套完善 3 000 万～6 000 万块/年承重多孔砖和非承重空心砖全套设备和工艺；完善开发高质量的外承重装饰砖和广场、道路砖。

煤矸石烧结多孔砖执行 GB 13544—92 标准。煤矸石烧结空心砖和空心砌块执行 GB 13545—92 标准。

2．煤矸石制水泥

推广利用煤矸石为原料，部分或全部代替黏土配制水泥生料，烧制硅酸盐水泥熟料。

推广过火矸等作水泥混合材技术，生产硅酸盐水泥、普通硅酸盐水泥等。用于做水泥混合材的煤矸石应符合有关水泥混合材的标准，水泥应符合有关水泥产品的国家标准。

3．煤种石制其他建材产品

根据煤矸石的矿物组成，可作为硅质原料或铝质原料，应用于许多烧结陶（瓷）类建材产品的生产，并充分利用其所含的发热量。

在建筑陶瓷、建筑卫生陶瓷等陶瓷制品生产中，推广以煤矸石为部分原料替代材料的生产技术。煤矸石排放、贮存地附近的建筑卫生瓷生产企业，在产品质量有保证的前提下，鼓励其通过必要的技术改造利用煤矸石。

推广以煤矸石为主要原料，生产规模大于 3 万立方米/年的烧结陶粒生产技术，以煤矸石烧结陶粒为骨料的混凝土空心砌块生产技术。

推广以过火矸、岩巷矸等低热值煤矸石为骨料的砼空心砌块等砼制品生产技术，煤矸石物化性能应满足砼用骨料标准或《自燃煤矸石轻骨料》标准（JC/T 541—94）。

推广以石灰岩为主要矿物的煤矸石生产石灰技术。

研究开发掺加煤矸石陶（瓷）质建材制品的新技术、新装备。

研究开发掺加煤矸石的新型建材产品的新技术装备。

五、积极推广煤矸石复垦及回填矿井采空区技术

推广利用煤矸石充填采煤塌陷区和露天矿坑复垦造地造田，复垦种植技术。对处于开发早期，尚未形成大面积沉陷区或未终止沉降形成塌陷稳定区的矿区，可采用预排矸复垦。推广利用煤矸石充填沟谷等低洼地作建筑工程用地、筑路等工程填筑技术。矸石复垦土地作为建筑用地时，应采用分层回填，分层镇压方法充填矸石，以获得较高的地基承载能力和稳足性。

推广煤矸石矿井充填技术，采用煤矸石不出井的采煤生产工艺，充填采空区，减少矸石排放量和地表下沉量。

推广在道路等工程建设中，以煤矸石代替黏土作基材技术，凡有条件利用的，必须掺用一定量的煤矸石。

完善利用煤矸石充填废弃矿井技术。

研究开发煤矸石回填塌陷区生物复垦、微生物复垦技术；矸石不出井和地面无矸石山综合处置利用技术和工艺。

研究完善煤矸石充填建筑复垦技术、矸石堆（山）防治污染处理及植被绿化技术。

六、回收有益组分及制取化工产品

推广利用煤矸石制取聚合氯化铝、硫酸铝、合成系列分子筛等化工产品技术，生产岩棉及制品技术。

推广以高岭石质煤矸石（煤系高岭土）为原料的煅烧高岭土深加工技术。

开发利用煤矸石制特种硅铝铁合金、铝合金技术，研究开发利用煤矸石生产铝系列、铁系列超细粉体的生产工艺。

完善利用煤矸石提取五氧化二钒及其他稀有元素技术。

七、煤矸石生产复合肥料

鼓励利用煤矸石改良土壤，提高土壤的酸性和疏松度，增加土壤的肥效。使用煤矸石改良土壤，在未制定污染控制标准前，应参照 GB 8193—89 标准执行。

积极推广煤矸石生产生物肥料和有机复合肥料技术，完善利用煤矸石生产农用肥料活化处理技术，生产质量稳定的合格产品。

综合利用煤矸石生产的生物肥料、复合肥料产品，必须符合国家或行业标准。

附件：煤矸石综合利用技术要求

附件：

煤矸石综合利用技术要求

一、煤矸石资源化利用的评价

煤矸石的性质决定着煤矸石资源化的途径，因此对煤矸石的组分及性质进行分析和评价，将有利于选择最佳的资源化利用途径，更好、更有效地利用煤矸石资源。

按照煤矸石的岩石特征分类，可以分成高岭石泥岩（高岭石含量＞60%）、伊利石泥岩（伊利石含量＞50%）、砂质泥岩、砂岩及石灰岩。主要利用途径为：高岭石泥岩、伊利石泥岩——生产多孔烧结料、煤矸石砖、建筑陶瓷、含铝精矿、硅铝合金、道路建筑材料；砂质泥岩、砂岩——生产建筑工程用的碎石、混凝土密实骨料；石灰岩——生产胶凝材料、建筑工程用的碎石、改良土壤用的石灰。

煤矸石中的铝硅比（三氧化二铝/二氧化硅）也是确定一般煤矸石综合利用途径的因素。铝硅比大于 0.5 的煤矸石，铝含量高，硅含量较低，其矿物成分以高岭石为主，有少量伊利石、石英，质点粒径小，可塑性好，有膨胀现象，可作为制造高级陶瓷、煅烧高岭土及分子筛的原料。

煤矸石中的碳含量是选择其工业利用方向的依据。按煤矸石中碳的含量多少可分为四类：一类＜4%，二类 4%～6%，三类 6%～20%，四类＞20%。四类煤矸石发热量较高（6 270～12 550 千焦/千克），一般宜用作为燃料，三类煤矸石（2 090～6 270 千焦/千克）可用作生产水泥、砖等建材制品，一类、二类煤矸石（2 090 千焦/千克以下）可作为水泥的混合材、混凝土骨料和其他建材制品的原料，也可用于复垦采煤塌陷区和回填矿井采空区。

在煤矸石的化学成分中，全硫含量一是决定了矸石中的硫是否具有回收价值，二是决定了煤矸石的工业利用范围。按硫含量的多少也可将煤矸石分为四类：一类＜0.5%，二类 0.5%～3%，三类 3%～6%，四类＞6%。全硫量达 6%的煤矸石即可回收其中的硫精矿，对于用煤矸石作燃料的要根据环保要求，采取相应的除尘、脱硫措施，减少烟尘和二氧化硫的污染。

二、煤矸石发电

1．煤矸石发电的技术要求

含碳量较高（发热量大于 4 180 千焦/千克）的煤矸石，一般为煤巷掘进矸和洗矸，通过简易洗选，利用跳汰或旋流器等设备可回收低热值煤，供作锅炉燃料。

发热量大于 6 270 千焦/千克的煤矸石可不经洗选就近用作流化床锅炉的燃料。煤矸石发电，其常用燃料热值应在 12 550 千焦/千克以下，可采用循环流化床锅炉，产生的热量既可以发电，也可以用作采暖供热。这部分煤矸石以选煤厂排出的洗矸为主。

煤矸石发电以循环流化床锅炉为主要炉型。加入石灰石或白云石等脱硫剂，可降低烟气中硫氧化物和氮氧化物的产生量。燃烧后的灰渣具有较高的活性，是生产建材的良好原料。今后发展以循环流化床锅炉为主，重点推广 75 吨/小时及以上循环流化床锅炉，并完善、开发大型化的循环流化床锅炉。

2．煤矸石、煤泥混烧发电的技术要求

煤矸石发热量 4 500～12 550 千焦/千克，煤泥发热量 8 360～16 720 千焦/千克，煤泥的水分 25%～70%。混烧方式有煤矸石和煤泥浆、煤矸石和煤泥饼混烧，煤泥加入可以采用机械方式输送、挤压泵与管道混合输送及泵送方式，锅炉采用流化床和循环流化床。

三、煤矸石生产建筑材料及制品

1．煤矸石制砖的技术要求

（1）煤矸石制烧结砖

利用煤矸石全部或部分代替黏土，采用适当烧制工艺生产烧结砖的技术在我国已经成熟，这是大宗利用煤矸石的主要途径。生产烧结砖对煤矸石原料的化学组成要求：二氧化硅为 55%～70%，三氧化二铝为 15%～25%，三氧化二铁为 2%～8%，氧化钙≤2%，氧化镁≤3%，二氧化硫≤1%。可塑性指数 7～15，热值为 2 090～4 180 千焦/千克，煤矸石的放射性符合 GB 9196—88 标准。

煤矸石制烧结砖的工艺比黏土制砖工艺增加了一道粉碎工序。根据矸石的硬度和粒径，可选用颚式或锤式破碎机、球磨机等分别进行粗、中、细碎，并对原料进行陈化，以增加塑性。

煤矸石烧结砖采用内燃型，尽量避免超内燃。煤矸石烧结砖多采用一次码烧隧道窑，也可以采用轮窑等窑炉，并利用窑炉的余热设立干燥室。其产品符合 GB 5101—93、GB 6763—86 标准。

（2）煤矸石制烧结空心砖

以煤矸石为主要原料，煤矸石化学成分同煤矸石制烧结砖，但对粉碎要求较高，水分一般在 13%～17%，利用高压挤出机成型，隧道窑一次码烧即成，产品质量参照 GB 13544—92、GB 13545—92 和 GB 6763—96 标准。

2．煤矸石生产水泥的技术要求

（1）煤矸石代黏土烧制硅酸盐水泥熟料

在烧制硅酸盐水泥熟料时，掺入一定比例的煤矸石，部分或全部代替黏土配制生料。煤矸石主要选用洗矸，岩石类型以泥质岩石为主，砂岩含量尽量少。所配生料的化学成分要满足生产高质量水泥熟料的要求，一些有害成分的含量必须控制在一定范围内，产品应符合 GB 175—92 标准。

（2）以煤矸石作混合材磨制各种水泥

我国大多数过火矸以及经中温活性区煅烧后的煤矸石均属于优质火山灰活性混合材，可掺入 5%～50%的作混合材，以生产不同种类的水泥制品。用作水泥混合材的煤矸石要求是炭质泥岩和泥岩、砂岩、石灰岩（氧化钙含量＞70%）通常选用过火或燃烧过的煤矸石。煤矸石的活性应符合 GB 12957—92 标准，放射性应符合

GB 9196—88 标准，火山灰质硅酸盐水泥应符合 GB 1344—92 标准。

3．煤矸石制轻集料的技术要求

我国积存的煤矸石中有 40%左右适合于烧制轻集料（称为煅烧煤矸石轻集料），有 10%左右的过火煤矸石经破碎筛分即可制得轻集料（称为自燃煤矸石轻集料）。

（1）煅烧煤矸石轻集料

由炭质泥岩或泥岩类煤矸石轻破碎、粉磨、成球、烧胀、筛分而成。在烧制轻集料时，煤矸石中的二氧化硅在含量 55%～65%、三氧化二铝含量在 13%～23%为佳。对于易熔组分，氧化钙加上氧化镁的含量宜在 1%～8%，氧化钠加上氧化钾宜在 2.5%～5%，三氧化二铁和碳是煤矸石中的主要膨胀剂，前者含量宜在 4%～9%，后者含量宜在 2%左右。含碳量过高时，可采用洗选的方法脱碳，或采用配入不含或少含碳的矸石降低碳含量，也可采用在颗粒膨胀前进行脱碳，烧掉多余的碳。

（2）自燃煤田石轻集料

过火的煤矸石经筛分得到轻集料。自燃煤矸石轻集料的生产可按 JC/T 541—94 标准的技术要求进行。自燃煤矸石轻集料的放射性要符合 GB 6763—86 标准的规定。

4．煤矸石轻集料混凝土小型空心砌块的技术要求

以煤矸石轻集料（粗料 25%～30%，细料 40%～45%）为骨料，水泥（8%～16%）为胶结料，加水（10%～15%），并可加入少量外加剂，搅拌均匀后，经振动成型、自然养护后即可制成煤矸石轻集料混凝土小型空心砌块。这种砌块的密度、强度、相对含水率、抗冻性、碳化系数、软化系数等技术要求应符合 GB 15229—94 标准的要求；其放射性应符合 GB 6763—86 标准的规定。

5．煤矸石加气混凝土的技术要求

煤矸石加气混凝土主要是以过火煤矸石等为硅铝质材料、水泥和石灰等钙质材料以及石膏为原料，按一定配比后，加水研磨搅拌成糊状物，再加入铝粉发泡剂，然后注入坯模，待坯体硬化后切割加工成型，再用饱和蒸汽蒸养而成。其产品主要有砌块或板材两种。对过火煤矸石的化学成分要求：二氧化硅≥50%；三氧化二铝≥20%；三氧化二铁≤15%，三氧化硫≤2%，烧失率小于 10%。煤矸石加气混凝土砌块及板材的规格、质量的技术要求要分别符合 GB 11968—89 标准和 JC 351—62 标准的规定。

四、煤矸石复垦及回填矿井采空区

利用煤矸石作为复垦采煤塌陷区的充填材料，既可使采煤破坏的土地得到恢复，又可减少煤矸石占地，减少煤矸石对环境的污染。一般用于复垦的煤矸石以砂岩、石灰岩为主，采用推土机回填、压实，根据不同的用途进行处理，如作为耕种则进

行表面复土，作为建筑用地则要采取分层碾压。

1．复垦种植的技术要求

对停用多年并已逐渐风化的煤矸石，进行复垦后，可针对具体情况进行绿化种植。先以草灌植物为主，然后再种乔木树种，一般选择抗旱、耐盐碱、耐瘠薄的树种。对表层已风化成土的煤矸石复垦后，不需复土，可直接进行植树造林或开垦为农田。但在种植农作物前必须查明矸石中的有害元素含量。

2．煤矸石作工程填筑材料的技术要求

煤矸石作填筑材料主要是指充填沟谷、采煤塌陷区等低洼区的建筑工程用地，或用于填筑铁路、公路路基等，或用于回填煤矿采空区及废弃矿井。

煤矸石工程填筑是以获得高的充填密实度，使煤矸石地基有较高的承载力，并有足够的稳定性。要求煤矸石是砂岩、石灰岩或未经风化的新矸石，施工通常采用分层填筑法，边回填、边压实，并按照《工业与民用建筑地基基础施工规范》对填筑工程进行质量评价。

煤矸石用于矿井回填，通常采用水力和风力充填两种方法。水力充填（也称水沙充填）是利用煤矸石进行矿井回填的常用方法。如果煤矸石的岩石组成以砂岩和石灰岩为主，在进行回填时，需加入适量的黏土、粉煤灰或水泥等胶结材料，以增加充填料的黏结性和惰性；当煤矸石的岩石组成以泥岩和炭质泥岩为主时，则需加入适量的砂子，以增加充填料的骨架结构和惰性。水力充填所需用的水，可采用废矿井中或采煤过程中排出的废水。填充后固液分离渗出的水还可以复用。

在“三下采煤”、煤柱回采时均可采用煤矸石回填技术。

五、回收有益矿产及制取化工产品

1．从煤矸石中回收硫铁矿的技术要求

对于含硫量大于6%的煤矸石（尤其是洗矸），如果其中的硫是以黄铁矿的形式存在，且呈结核状或团块状，则可采用洗选的方法回收其中的硫精矿。粗选设备主要是跳汰机、旋流器等，精选设备有淘汰盘、摇床等。选出硫精矿后的尾矿可用作制砖和水泥的原料。对于煤矸石中的大块硫铁矿石，也可采用手拣回收。对于煤矸石中含硫量较高的矿区，在开采煤炭时，应在可能的条件下，将高硫煤矸石与煤及其他矸石进行分采、分运、分贮。

2．制取铝盐的技术要求

利用煤矸石中含有的大量煤系高岭岩，可制取氯化铝、聚合氯化铝、氢氧化铝及硫酸铝。对煤矸石原料的一般要求是：高岭石含量在80%以上，二氧化硅在30%～50%，三氧化二铝在25%以上，铝硅比大于0.68，三氧化二铝浸出率大于75%，三氧化二铁小于1.5%、氧化钙及氧化镁的含量均小于0.5%。应创造条件对这类煤系高岭岩与煤层进行分采、分运，或从煤矸石中分选出来。

生产铝盐的工艺有酸溶——盐基度调整法、酸溶——结晶氯化铝法，可制得聚合氯化铝、氯化铝、氢氧化铝以及副产品白炭黑、水玻璃等。

利用上述工艺中的酸渣（其主要成分是二氧化硅）与氢氧化钠反应即可生产水玻璃。以水玻璃和盐酸等无机酸为原料，采用沉淀法，在一定温度下完全反应即可制得白炭黑。白炭黑主要用作工业填料。

六、煤矸石生产农肥或改良土壤

1．煤矸石制微生物肥料的技术要求

以煤矸石和廉价的磷矿粉为原料基质，外加添加剂等，可制成煤矸石微生物肥料，这种肥料可作为主施肥应用于种植业。作为微生物肥料载体的煤矸石，其要求是：灰分≤85%，水分＜2%，全汞≤3毫克/千克，全砷≤30毫克/千克，全铅≤100毫克/千克，全镉≤3毫克/千克，全铬≤150毫克/千克；煤矸石中的有机质含量越高越好，磷矿粉的全磷含量应＞25%。

2．煤矸石制备有机复合肥料的技术要求

有机质含量在20%以上、pH值在6左右（微酸性）的碳质泥岩或粉砂岩，经粉碎并磨细后，按一定比例与过磷酸钙混合，同时加入适量添加剂，搅拌均匀并加入适量水，经充分反应活化并堆沤后，即成为一种新型实用肥料。这种肥料中氮、磷、钾元素含量不高，但有机质和微量元素硼、锌、钴、锰等含量丰富，大量的磷酸盐、铵盐被煤矸石保持在分子吸附状态，营养元素更易被农作物吸收，在2～3年内均有一定的肥效。

3．利用煤矸石改良土壤的技术要求

利用煤矸石的酸碱性及其中含有的多种微量元素和营养成分，可将其用于改良土壤，调节土壤的酸碱度和疏松度，并可增加土壤的肥效。具体实施时，要查明土壤的化学成分和性质，并在其中掺入一些有机肥料。在未制定污染控制标准前，应参照GB 8193—89标准执行。

七、其他利用途径

1．生产铸造型砂的技术要求

高岭石含量在40%以上的泥质岩石类煤矸石可作为生产铸造型砂的原料。煅烧是生产铸造型砂的技术关键。煅烧窑炉常采用立窑或倒焰窑。泥岩类煤矸石主要从泥岩含量相对较多的洗煤矸石、煤巷矸石和手选矸石中采用人工手拣的方法获得。

2．冶炼硅铝铁合金的技术要求

对于三氧化二铁含量较高的煤矸石，可采用直流矿热炉冶炼硅铝铁合金。所用煤矸石的化学成分：二氧化硅在 20%～35%，三氧化铝在 35%～55%，三氧化二铁在 15%～30%。入炉粒度在 20～60 毫米。为降低电耗，提高经济效益，煤矸石和铝矾土应以熟料的粉料与烟煤粉制成球团后再入炉冶炼。硅铝铁合金在炼钢生产中主要用作脱氧剂。

关于印发《国家鼓励的资源综合利用认定管理办法》的通知

（发改环资〔2006〕1864号）

各省、自治区、直辖市及计划单列市、副省级省会城市、新疆生产建设兵团发展改革委、经委（经贸委）、财政厅（局）、国家税务局、地方税务局，国务院有关部门：

根据《国务院办公厅关于保留部分非行政许可审批项目的通知》（国办发〔2004〕62号）精神，按照精简效能的原则，将保留的资源综合利用企业认定与资源综合利用电厂认定工作合并。根据《行政许可法》有关精神，结合资源综合利用工作的实际，我们对原国家经贸委等部门发布的《资源综合利用认定管理办法》（国经贸资源〔1998〕716号）和《资源综合利用电厂（机组）认定管理办法》（国经贸资源〔2000〕660号）进行了修订。在此基础上，特制定《国家鼓励的资源综合利用认定管理办法》，现印发你们，请认真贯彻执行。原国家经贸委等部门发布的《资源综合利用认定管理办法》和《资源综合利用电厂（机组）认定管理办法》同时废止。

资源综合利用是我国经济和社会发展中一项长远的战略方针，也是一项重大的技术经济政策，对提高资源利用效率，发展循环经济，建设节约型社会具有十分重要的意义。各地要加强对资源综合利用认定工作的管理，落实好国家对资源综合利用的鼓励和扶持政策，促进资源综合利用事业健康发展。在执行中有何意见和建议，请及时报告我们。

附：《国家鼓励的资源综合利用认定管理办法》

国家发展改革委
财　政　部
税 务 总 局
二〇〇六年九月七日

附：

国家鼓励的资源综合利用认定管理办法

第一章　总　则

第一条　为贯彻落实国家资源综合利用的鼓励和扶持政策，加强资源综合利用管理，鼓励企业开展资源综合利用，促进经济社会可持续发展，根据《国务院办公厅关于保留部分非行政许可审批项目的通知》（国办发〔2004〕62 号）和国家有关政策法规精神，制定本办法。

第二条　本办法所指国家鼓励的资源综合利用认定，是指对符合国家资源综合利用鼓励和扶持政策的资源综合利用工艺、技术或产品进行认定（以下简称资源综合利用认定）。

第三条　国家发展改革委负责资源综合利用认定的组织协调和监督管理。

各省、自治区、直辖市及计划单列市资源综合利用行政主管部门（以下简称省级资源综合利用主管部门）负责本辖区内的资源综合利用认定与监督管理工作；财政行政主管机关要加强对认定企业财政方面的监督管理；税务行政主管机关要加强税收监督管理，认真落实国家资源综合利用税收优惠政策。

第四条　经认定的生产资源综合利用产品或采用资源综合利用工艺和技术的企业，按国家有关规定申请享受税收、运行等优惠政策。

第二章　申报条件和认定内容

第五条　申报资源综合利用认定的企业，必须具备以下条件：

（一）生产工艺、技术或产品符合国家产业政策和相关标准；

（二）资源综合利用产品能独立计算盈亏；

（三）所用原（燃）料来源稳定、可靠，数量及品质满足相关要求，以及水、电等配套条件的落实；

（四）符合环保要求，不产生二次污染。

第六条　申报资源综合利用认定的综合利用发电单位，还应具备以下条件：

（一）按照国家审批或核准权限规定，经政府主管部门核准（审批）建设的电站。

（二）利用煤矸石（石煤、油母页岩）、煤泥发电的，必须以燃用煤矸石（石煤、油母页岩）、煤泥为主，其使用量不低于入炉燃料的 60%（重量比）；利用煤矸石（石煤、油母页岩）发电的入炉燃料应用基低位发热量不大于 12 550 千焦/千克；必须配备原煤、煤矸石、煤泥自动给料显示、记录装置。

（三）城市生活垃圾（含污泥）发电应当符合以下条件：垃圾焚烧炉建设及其运行符合国家或行业有关标准或规范；使用的垃圾数量及品质需有地（市）级环卫主管部门出具的证明材料；每月垃圾的实际使用量不低于设计额定值的 90%；垃圾焚烧发电采用流化床锅炉掺烧原煤的，垃圾使用量应不低于入炉燃料的 80%（重量比），必须配备垃圾与原煤自动给料显示、记录装置。

（四）以工业生产过程中产生的可利用的热能及压差发电的企业（分厂、车间），应根据产生余热、余压的品质和余热量或生产工艺耗气量和可利用的工质参数确定工业余热、余压电厂的装机容量。

（五）回收利用煤层气（煤矿瓦斯）、沼气（城市生活垃圾填埋气）、转炉煤气、高炉煤气和生物质能等作为燃料发电的，必须有充足、稳定的资源，并依据资源量合理配置装机容量。

第七条 认定内容

（一）审定申报综合利用认定的企业或单位是否执行政府审批或核准程序，项目建设是否符合审批或核准要求，资源综合利用产品、工艺是否符合国家产业政策、技术规范和认定申报条件；

（二）审定申报资源综合利用产品是否在《资源综合利用目录》范围之内，以及综合利用资源来源和可靠性；

（三）审定是否符合国家资源综合利用优惠政策所规定的条件。

第三章 申报及认定程序

第八条 资源综合利用认定实行由企业申报，所在地市（地）级人民政府资源综合利用管理部门（以下简称市级资源综合利用主管部门）初审，省级资源综合利用主管部门会同有关部门集中审定的制度。省级资源综合利用主管部门应提前一个月向社会公布每年年度资源综合利用认定的具体时间安排。

第九条 凡申请享受资源综合利用优惠政策的企业，应向市级资源综合利用主管部门提出书面申请，并提供规定的相关材料。市级资源综合利用主管部门在征求同级财政等有关部门意见后，自规定受理之日起在 30 日内完成初审，提出初审意见报省级资源综合利用主管部门。

第十条 市级资源综合利用主管部门对申请单位提出的资源综合利用认定申请，应当根据下列情况分别做出处理：

（一）属于资源综合利用认定范围、申请材料齐全，应当受理并提出初审意见。

（二）不属于资源综合利用认定范围的，应当即时将不予受理的意见告知申请单位，并说明理由。

（三）申请材料不齐全或者不符合规定要求的，应当场或者在五日内一次告知申请单位需要补充的全部内容。

第十一条 省级资源综合利用主管部门会同同级财政等相关管理部门及行业专家，组成资源综合利用认定委员会（以下简称综合利用认定委员会），按照第二章规定的认定条件和内容，在45日内完成认定审查。

第十二条 属于以下情况之一的，由省级资源综合利用主管部门提出初审意见，报国家发展改革委审核。

（一）单机容量在25 MW以上的资源综合利用发电机组工艺；

（二）煤矸石（煤泥、石煤、油母页岩）综合利用发电工艺；

（三）垃圾（含污泥）发电工艺。

以上情况的审核，每年受理一次，受理时间为每年7月底前，审核工作在受理截止之日起60日内完成。

第十三条 省级资源综合利用主管部门根据综合利用认定委员会的认定结论或国家发展改革委的审核意见，对审定合格的资源综合利用企业予以公告，自发布公告之日起10日内无异议的，由省级资源综合利用主管部门颁发《资源综合利用认定证书》，报国家发展改革委备案，同时将相关信息通报同级财政、税务部门。未通过认定的企业，由省级资源综合利用主管部门书面通知，并说明理由。

第十四条 企业对综合利用认定委员会的认定结论有异议的，可向原作出认定结论的综合利用认定委员会提出重新审议，综合利用认定委员会应予受理。企业对重新审议结论仍有异议的，可直接向上一级资源综合利用主管部门提出申诉；上一级资源综合利用主管部门根据调查核实的情况，会同有关部门组织提出论证意见，并有权变更下一级的认定结论。

第十五条 《资源综合利用认定证书》由国家发展改革委统一制定样式，各省级资源综合利用主管部门印制。认定证书有效期为两年。

第十六条 获得《资源综合利用认定证书》的单位，因故变更企业名称或者产品、工艺等内容的，应向市级资源综合利用主管部门提出申请，并提供相关证明材料。市级资源综合利用主管部门提出意见，报省级资源综合利用主管部门认定审查后，将相关信息及时通报同级财政、税务部门。

第四章 监督管理

第十七条 国家发展改革委、财政部、国家税务总局要加强对资源综合利用认定管理工作和优惠政策实施情况的监督检查，并根据资源综合利用发展状况、国家产业政策调整、技术进步水平等，适时修改资源综合利用认定条件。

第十八条 各级资源综合利用主管部门应采取切实措施加强对认定企业的监督管理，尤其要加强大宗综合利用资源来源的动态监管，对综合利用资源无法稳定供应的，要及时清理。在不妨碍企业正常生产经营活动的情况下，每年应对认定企业和关联单位进行监督检查和了解。

各级财政、税务行政主管部门要加强与同级资源综合利用主管部门的信息沟通，尤其对在监督检查过程中发现的问题要及时交换意见，协调解决。

第十九条 省级资源综合利用主管部门应于每年 5 月底前将上一年度的资源综合利用认定的基本情况报告国家发展改革委、财政部和国家税务总局。主要包括：

（一）认定工作情况（包括资源综合利用企业（电厂）认定数量、认定发电机组的装机容量等情况）。

（二）获认定企业综合利用大宗资源情况及来源情况（包括资源品种、综合利用量、供应等情况）。

（三）资源综合利用认定企业的监管情况（包括年检、抽查及处罚情况等）。

（四）资源综合利用优惠政策落实情况。

第二十条 获得资源综合利用产品或工艺认定的企业（电厂），应当严格按照资源综合利用认定条件的要求，组织生产，健全管理制度，完善统计报表，按期上报统计资料和经审计的财务报表。

第二十一条 获得资源综合利用产品或工艺认定的企业，因综合利用资源原料来源等原因，不能达到认定所要求的资源综合利用条件的，应主动向市级资源综合利用主管部门报告，由省级认定、审批部门终止其认定证书，并予以公告。

第二十二条 《资源综合利用认定证书》是各级主管税务机关审批资源综合利用减免税的必要条件，凡未取得认定证书的企业，一律不得办理税收减免手续。

第二十三条 参与认定的工作人员要严守资源综合利用认定企业的商业和技术秘密。

第二十四条 任何单位和个人，有权检举揭发通过弄虚作假等手段骗取资源综合利用认定资格和优惠政策的行为。

第五章 罚 则

第二十五条 对弄虚作假，骗取资源综合利用优惠政策的企业，或违反本办法第二十一条未及时申报终止认定证书的，一经发现，取消享受优惠政策的资格，省级资源综合利用主管部门收回认定证书，三年内不得再申报认定，对已享受税收优惠政策的企业，主管税务机关应当依照《中华人民共和国税收征收管理法》及有关规定追缴税款并给予处罚。

第二十六条 有下列情形之一的，由省级资源综合利用主管部门撤销资源综合利用认定资格并抄报同级财政和税务部门：

（一）行政机关工作人员滥用职权、玩忽职守做出不合条件的资源综合利用认定的；

（二）超越法定职权或者违反法定程序做出资源综合利用认定的；

（三）对不具备申请资格或者不符合法定条件的申请企业予以资源综合利用认定的；

（四）隐瞒有关情况、提供虚假材料或者拒绝提供反映其活动情况真实材料的；以欺骗、贿赂等不正当手段取得资源综合利用认定的；

（五）年检、抽查达不到资源综合利用认定条件，在规定期限不整改或者整改后仍达不到认定条件的。

第二十七条 行政机关工作人员在办理资源综合利用认定、实施监督检查过程中有滥用职权、玩忽职守、弄虚作假行为的，由其所在部门给予行政处分；构成犯罪的，依法追究刑事责任。

第二十八条 对伪造资源综合利用认定证书者，依据国家有关法律法规追究其责任。

第六章 附 则

第二十九条 本办法所称资源综合利用优惠政策是指：经认定具备资源综合利用产品或工艺、技术的企业按规定可享受的国家资源综合利用优惠政策。

第三十条 申请享受资源综合利用税收优惠政策的企业（单位）须持认定证书向主管税务机关提出减免税申请。主管税务机关根据有关税收政策规定，办理减免税手续。

申请享受其他优惠政策的企业，须持认定证书到有关部门办理相关优惠政策手续。

第三十一条 本办法涉及的有关规定及资源综合利用优惠政策如有修订，按修订后的执行。

第三十二条 各地可根据本办法，结合地方具体情况制定实施细则，并报国家发展和改革委员会、财政部和国家税务总局备案。

第三十三条 本办法由国家发展和改革委员会会同财政部、国家税务总局负责解释。

第三十四条 本办法自2006年10月1日起施行。原国家经贸委、国家税务总局发布的《资源综合利用认定管理办法》（国经贸资源〔1998〕716号）和《资源综合利用电厂（机组）认定管理办法》（国经贸资源〔2000〕660号）同时废止。

中华人民共和国国家发展和改革委员会公告

2007 年　第 80 号

为贯彻落实《国务院关于促进煤炭工业健康发展的若干意见》（国发〔2005〕18 号），严格产业准入，转变发展方式，推动产业结构优化升级，提高生产力水平，保障安全生产，提高资源利用率，加强环境保护，促进煤炭工业健康发展，结合相关法律法规，国家发展和改革委员会制定了《煤炭产业政策》，经国务院批准，现予发布，自发布之日起实施。

附件：《煤炭产业政策》

中华人民共和国国家发展和改革委员会

二〇〇七年十一月二十三日

附件：

煤炭产业政策（节选）

煤炭是我国的主要能源和重要工业原料。煤炭产业是我国重要的基础产业，煤炭产业的可持续发展关系国民经济健康发展和国家能源安全。为全面贯彻落实科学发展观，合理、有序开发煤炭资源，提高资源利用率和生产力水平，促进煤炭工业健康发展，根据《中华人民共和国煤炭法》《中华人民共和国矿产资源法》和《国务院关于促进煤炭工业健康发展的若干意见》（国发〔2005〕18 号）等法律和规范性文件，制定本政策。

第一章　发展目标

第七条　加强煤炭资源综合利用，推进清洁生产，发展循环经济，建立矿区生态环境恢复补偿机制，建设资源节约型和环境友好型矿区，促进人与矿区和谐发展。

第二章　产业布局

第十二条　鼓励建设坑口电站，优先发展煤、电一体化项目，优先发展循环经济和资源综合利用项目。新建大中型煤矿应当配套建设相应规模的选煤厂，鼓励在中小型煤矿集中矿区建设群矿选煤厂。

第八章　节约利用与环境保护

第三十四条　实施节约优先的发展战略，加快资源综合利用，减少煤炭加工利用过程中的能源消耗，提高煤炭资源回采率和利用效率。

第三十六条　按照减量化、再利用、资源化的原则，综合开发利用与煤共伴生资源和煤矿废弃物。鼓励企业利用煤矸石、低热值煤发电、供热，利用煤矸石生产建材产品、井下充填、复垦造田和筑路等，综合利用矿井水，发展循环经济。支持煤层气（煤矿瓦斯）长输管线建设，鼓励煤层气（煤矿瓦斯）民用、发电、生产化工产品等。

第三十八条　煤炭采选、贮存、装卸过程中产生的污染物必须达标排放，防止二次污染。加强煤矿瓦斯抽采利用和减少排放。洗煤水应当实现闭路循环。优化巷道布置，减少井下矸石产出量。

第三十九条　建立矿区开发环境承载能力评估制度和评价指标体系。严格执行煤矿环境影响评价、水土保持、土地复垦和排污收费制度。限制在地质灾害高易发区、重要地下水资源补给区和生态环境脆弱区开采煤炭，禁止在自然保护区、重要水源保护区和地质灾害危险区等禁采区内开采煤炭。加强废弃矿井的综合治理。

关于印发《热电联产和煤矸石综合利用发电项目建设管理暂行规定》的通知

（发改能源〔2007〕141号）

各省、自治区、直辖市发展改革委、经委（经贸委）、建设厅（建委）、物价局，国家电网公司、中国南方电网公司、华能集团、大唐集团、国电集团、华电集团、中电投集团、中国国际工程咨询公司、中国电力工程顾问集团、神华集团、国家开发投资公司、华润集团、中国电力企业联合会：

规范热电联产和煤矸石综合利用发电项目建设工作，对促进我国能源的合理和有效利用、转变增长方式、提高经济效益、推进技术进步、减少环境污染等具有十分重要的作用。根据《国务院关于投资体制改革的决定》以及其他相关规定，国家发展改革委和建设部制定了《热电联产和煤矸石综合利用发电项目建设管理暂行规定》，现印发你们，请按照执行。

特此通知。

附件：《热电联产和煤矸石综合利用发电项目建设管理暂行规定》

国家发展和改革委员会
建　设　部
二〇〇七年一月十七日

附件：

热电联产和煤矸石综合利用发电项目建设管理暂行规定（节选）

第二章　规　划

第四条　热电联产和煤矸石综合利用发电专项规划应按照国家电力发展规划和产业政策，依据当地城市总体规划、城市规模、工业发展状况和资源等外部条件，结合现有电厂改造、关停小机组和小锅炉等情况编制。

第五条　热电联产和煤矸石综合利用发电项目专项规划应当实施滚动管理，根据电力规划建设规模确定的周期（一般为三年），统筹确定热电建设规模，必要时可结合地区实际发展情况进行调整。

第六条　煤矸石综合利用发电项目，应优先在大型煤炭矿区内或紧邻大型煤炭洗选设施规划建设，具备集中供热条件的，应考虑热电联产；限制分散建设以煤矸石为燃料的小型资源综合利用发电项目。

第七条　煤矸石综合利用发电项目的设备选型应根据燃料特性确定，按照集约化、规模化和就近消化的原则，优先安排建设大中型循环流化床发电机组，在大型矿区以外的城市近郊区原则上不规划建设燃用煤矸石的热电联产项目。

第三章　核　准

第十七条　热电联产和煤矸石综合利用发电专项规划是项目核准的基本依据。项目核准应当在专项规划指导下进行，拟建项目应当经科学论证和专家评议后予以明确。

第十九条　煤矸石综合利用发电项目在申报核准时，除提交与常规燃煤火电项目相同的支持性文件外，还需提供项目配套选用锅炉设备的订货协议，有关部门对当地燃料来源的论证和批复文件，项目申报单位和当地其他煤矸石综合利用发电项目运行以及近三年核验情况。

第六章　附　则

第三十条　燃用煤矸石和低位发热量小于 12 250 千焦/千克的低热值煤的项目审批核准，应按照燃煤项目进行管理，适用本规定以及其他燃煤项目的有关项目管理规定。

关于印发《新型墙体材料专项基金征收使用管理办法》的通知

（财综〔2007〕77号）

各省、自治区、直辖市财政厅（局）、发展改革委、经委（经贸委）：

为加强和改进新型墙体材料专项基金征收使用管理，加快推广新型墙体材料，根据国务院有关规定，财政部、国家发展改革委重新修订了《新型墙体材料专项基金征收使用管理办法》，现予以发布，请遵照执行。

附件：一、新型墙体材料专项基金征收使用管理办法（略）

二、新型墙体材料目录

财　政　部

国家发展改革委

二〇〇七年十二月十七日

附件二：

新型墙体材料目录（节选）

一、砖类

（一）非黏土烧结多孔砖（符合GB 13544—2000技术要求）和非黏土烧结空心砖（符合GB 13545—2003技术要求）。

（二）混凝土多孔砖（符合JC 943—2004技术要求）。

（三）蒸压粉煤灰砖（符合JC 239—2001技术要求）和蒸压灰砂空心砖（符合JC/T 637—1996技术要求）。

（四）烧结多孔砖（仅限西部地区，符合 GB 13544—2000 技术要求）和烧结空心砖（仅限西部地区，符合 GB 13545—2003 技术要求）。

二、砌块类

（一）普通混凝土小型空心砌块（符合 GB 8239—1997 技术要求）。

（二）轻集料混凝土小型空心砌块（符合 GB 15229—2002 技术要求）。

（三）烧结空心砌块（以煤矸石、江河湖淤泥、建筑垃圾、页岩为原料，符合 GB 13545—2003 技术要求）。

关于公布资源综合利用企业所得税优惠目录（2008 年版）的通知

（财税〔2008〕117 号）

各省、自治区、直辖市、计划单列市财政厅（局）、国家税务局、地方税务局、发展改革委、经贸委（经委），新疆生产建设兵团财务局：

《资源综合利用企业所得税优惠目录（2008 年版）》，已经国务院批准，现予以公布，自 2008 年 1 月 1 日起施行。2004 年 1 月 12 日国家发展改革委、财政部、国家税务总局发布的《资源综合利用目录（2003 年修订）》同时废止。

附件：资源综合利用企业所得税优惠目录（2008 年版）

财　　政　　部
国 家 税 务 总 局
国家发展和改革委员会
二〇〇八年八月二十日

附件：

资源综合利用企业所得税优惠目录（2008 年版）（节选）

类别	序号	综合利用的资源	生产的产品	技术标准
一、共生、伴生矿产资源	1	煤系共生、伴生矿产资源、瓦斯	高岭岩、铝矾土、膨润土，电力、热力及燃气	1. 产品原料 100%来自所列资源 2. 煤炭开发中的废弃物 3. 产品符合国家和行业标准

类别	序号	综合利用的资源	生产的产品	技术标准
二、废水（液）、废气、废渣	2	煤矸石、石煤、粉煤灰、采矿和选矿废渣、冶炼废渣、工业炉渣、脱硫石膏、磷石膏、江河（渠）道的清淤（淤沙）、风积沙、建筑垃圾、生活垃圾焚烧余渣、化工废渣、工业废渣	砖（瓦）、砌块、墙板类产品、石膏类制品以及商品粉煤灰	产品原料 70%以上来自所列资源
	3	转炉渣、电炉渣、铁合金炉渣、氧化铝赤泥、化工废渣、工业废渣	铁、铁合金料、精矿粉、稀土	产品原料 100%来自所列资源
	4	化工、纺织、造纸工业废液及废渣	银、盐、锌、纤维、碱、羊毛脂、聚乙烯醇、硫化钠、亚硫酸钠、硫氰酸钠、硝酸、铁盐、铬盐、木素磺酸盐、乙酸、乙二酸、乙酸钠、盐酸、黏合剂、酒精、香兰素、饲料酵母、肥料、甘油、乙氰	产品原料 70%以上来自所列资源
	5	制盐液（苦卤）及硼酸废液	氯化钾、硝酸钾、溴素、氯化镁、氢氧化镁、无水硝、石膏、硫酸镁、硫酸钾、肥料	产品原料 70%以上来自所列资源
	6	工矿废水、城市污水	再生水	1. 产品原料 100%来自所列资源 2. 达到国家有关标准
	7	废生物质油，废弃润滑油	生物柴油及工业油料	产品原料 100%来自所列资源
	8	焦炉煤气，化工、石油（炼油）化工废气、发酵废气、火炬气、炭黑尾气	硫黄、硫酸、磷铵、硫铵、脱硫石膏，可燃气、轻烃、氢气，硫酸亚铁、有色金属，二氧化碳、干冰、甲醇、合成氨	

关于资源综合利用及其他产品增值税政策的通知
（节选）

（财税〔2008〕156 号）

各省、自治区、直辖市、计划单列市财政厅（局）、国家税务局，财政部驻各省、自治区、直辖市、计划单列市财政监察专员办事处，新疆生产建设兵团财务局：

为了进一步推动资源综合利用工作，促进节能减排，经国务院批准，决定调整和完善部分资源综合利用产品的增值税政策。同时，为了规范对资源综合利用产品的认定管理，需对现行相关政策进行整合。现将有关资源综合利用及其他产品增值税政策统一明确如下：

四、销售下列自产货物实现的增值税实行即征即退 50%的政策：

（四）以煤矸石、煤泥、石煤、油母页岩为燃料生产的电力和热力。煤矸石、煤泥、石煤、油母页岩用量占发电燃料的比重不低于 60%。

附件：1. 享受增值税优惠政策的新型墙体材料目录

2. 享受增值税优惠政策的废渣目录

财　政　部

国家税务总局

二〇〇八年十二月九日

附件 1：

享受增值税优惠政策的新型墙体材料目录

一、砖类

（一）非黏土烧结多孔砖（符合 GB 13544—2000 技术要求）和非黏土烧结空心砖（符合 GB 13545—2003 技术要求）。

（二）混凝土多孔砖（符合 JC 943—2004 技术要求）。

（三）蒸压粉煤灰砖（符合 JC 239—2001 技术要求）和蒸压灰砂空心砖（符合 JC/T 637—1996 技术要求）。

（四）烧结多孔砖（仅限西部地区，符合 GB 13544—2000 技术要求）和烧结空心砖（仅限西部地区，符合 GB 13545—2003 技术要求）。

二、砌块类

（三）烧结空心砌块（以煤矸石、江河湖淤泥、建筑垃圾、页岩为原料，符合 GB 13545—2003 技术要求）。

（六）粉煤灰小型空心砌块（符合 JC 862—2000 技术要求）。

四、符合国家标准、行业标准和地方标准的混凝土砖、烧结保温砖（砌块）、中空钢网内模隔墙、复合保温砖（砌块）、预制复合墙板（体），聚氨酯硬泡复合板及以专用聚氨酯为材料的建筑墙体。

附件 2：

享受增值税优惠政策的废渣目录

本通知所述废渣，是指采矿选矿废渣、冶炼废渣、化工废渣和其他废渣。

一、采矿选矿废渣，是指在矿产资源开采加工过程中产生的废石、煤矸石、碎屑、粉末、粉尘和污泥。

四、其他废渣，是指粉煤灰、江河（湖、海、渠）道淤泥、淤沙、建筑垃圾、城镇污水处理厂处理污水产生的污泥。

关于资源综合利用企业所得税优惠管理问题的通知

（国税函〔2009〕185号）

各省、自治区、直辖市和计划单列市国家税务局、地方税务局：

为贯彻落实资源综合利用的企业所得税优惠政策，现就有关管理问题通知如下：

一、本通知所称资源综合利用企业所得税优惠，是指企业自2008年1月1日起以《资源综合利用企业所得税优惠目录（2008 年版）》（以下简称《目录》）规定的资源作为主要原材料，生产国家非限制和非禁止并符合国家及行业相关标准的产品取得的收入，减按90%计入企业当年收入总额。

二、经资源综合利用主管部门按《目录》规定认定的生产资源综合利用产品的企业（不包括仅对资源综合利用工艺和技术进行认定的企业），取得《资源综合利用认定证书》，可按本通知规定申请享受资源综合利用企业所得税优惠。

三、企业资源综合利用产品的认定程序，按《国家发展改革委 财政部 国家税务总局关于印发〈国家鼓励的资源综合利用认定管理办法〉的通知》（发改环资〔2006〕1864号）的规定执行。

四、2008年1月1日之前经资源综合利用主管部门认定取得《资源综合利用认定证书》的企业，应按本通知第二条、第三条的规定，重新办理认定并取得《资源综合利用认定证书》，方可申请享受资源综合利用企业所得税优惠。

五、企业从事非资源综合利用项目取得的收入与生产资源综合利用产品取得的收入没有分开核算的，不得享受资源综合利用企业所得税优惠。

六、税务机关对资源综合利用企业所得税优惠实行备案管理。备案管理的具体程序，按照国家税务总局的相关规定执行。

七、享受资源综合利用企业所得税优惠的企业因经营状况发生变化而不符合《目录》规定的条件的，应自发生变化之日起15个工作日内向主管税务机关报告，并停止享受资源综合利用企业所得税优惠。

八、企业实际经营情况不符合《目录》规定条件，采用欺骗等手段获取企业所得税优惠，或者因经营状况发生变化而不符合享受优惠条件，但未及时向主管税务机关报告的，按照税收征管法及其实施细则的有关规定进行处理。

九、税务机关应对企业的实际经营情况进行监督检查。税务机关发现资源综合利用主管部门认定有误的，应停止企业享受资源综合利用企业所得税优惠，并及时与有关认定部门协调沟通，提请纠正，已经享受的优惠税额应予追缴。

十、各省、自治区、直辖市和计划单列市国家税务局、地方税务局可根据本通知制定具体管理办法。

十一、本通知自 2008 年 1 月 1 日起执行。

国家税务总局

二〇〇九年四月十日

关于公布第三批限时禁止使用实心黏土砖城市名单的通知

（发改环资〔2009〕485号）

各省、自治区、直辖市发展改革委、经贸委（经委），国土资源厅、住房城乡建设厅、农业厅：

根据国务院办公厅《关于进一步推进墙体材料革新和推广节能建筑的通知》（国办发〔2005〕33号）要求，截止2010年年底，所有城市城区禁止使用实心黏土砖（以下简称“禁实”）。但由于部分城市人口少，建设规模小，经济发展水平相对落后，不具备“禁实”的能力和条件；另有一部分城市已经完成“禁实”任务，不需列入第三批“禁实”名单中。经调整，现将第三批限时“禁实”城市名单印发你们（见附件），请在总结前两批“禁实”工作经验的基础上，稳步推进第三批“禁实”工作。国家有关部门将适时组织对第二批“禁实”城市检查验收。

附件：全国限时第三批禁止使用实心黏土砖城市名单（151个）

国家发展改革委
国 土 资 源 部
住房城乡建设部
农　　业　　部
二〇〇九年二月二十日

附件：

全国限时第三批禁止使用实心黏土砖城市名单（151个）

一、河北省（8个）

藁城市、晋州市、新乐市、南宫市、高碑店市、河间市、黄骅市、霸州市。

二、山西省（10个）

原平市、高平市、霍州市、河津市、永济市、介休市、古交市、汾阳市、孝义市、离石区（已划归吕梁市）。

三、内蒙古自治区（11个）

鄂尔多斯市、霍林郭勒市、牙克石市、扎兰屯市、根河市、额尔古纳市、乌兰察布市、丰镇市、二连浩特市、巴彦淖尔市、巴彦浩特镇（阿拉善盟所在地）。

四、吉林省（16个）

图们市、敦化市、龙井市、珲春市、和龙市、舒兰市、桦甸市、蛟河市、磐石市、公主岭市、双辽市、梅河口市、集安市、临江市、大安市、洮南市。

五、黑龙江省（10个）

尚志市、讷河市、密山市、虎林市、铁力市、宁安市、同江市、北安市、肇东市，阿城区（已划归哈尔滨市）。

六、安徽省（4个）

天长市、明光市、界首市、宁国市。

七、福建省（3个）

武夷山市、建阳市、漳平市。

八、江西省（10个）

乐平市、瑞昌市、贵溪市、瑞金市、南康市、井冈山市、丰城市、樟树市、高安市、德兴市。

九、湖北省（8个）

恩施市、老河口市、丹江口市、石首市、松滋市、宜都市、广水市、利川市。

十、湖南省（10个）

津市市、醴陵市、耒阳市、常宁市、武冈市、临湘市、汨罗市、沅江市、资兴市、洪江市。

十一、广东省（16个）

汕尾市、河源市、清远市、云浮市、从化市、乐昌市、南雄市、开平市、恩平市、廉江市、吴川市、化州市、信宜市、高要市、四会市、连州市。

十二、广西壮族自治区（6个）

防城港市、崇左市、东兴市、宜州市、合山市、凭祥市。

十三、海南省（1个）

琼海市。

十四、四川省（8个）

攀枝花市、泸州市、绵竹市、广汉市、阆中市、华蓥市、简阳市、峨眉山市。

十五、贵州省（3个）

遵义市、安顺市、六盘水市。

十六、云南省（9个）

保山市、丽江市、普洱市思茅区（原思茅市）、临沧市、安宁市、宣威市、景洪市、潞西市、瑞丽市。

十七、陕西省（3个）

兴平市、韩城市、华阴市。

十八、甘肃省（9个）

金昌市、白银市、武威市、张掖市、平凉市、陇南市、敦煌市、临夏市、合作市。

十九、宁夏回族自治区（3个）

固原市、青铜峡市、灵武市。

二十、新疆维吾尔自治区（3个）

克拉玛依市、阿拉尔市、和田市。

关于促进低热值煤发电产业健康发展的通知

（国能电力〔2011〕396 号）

为贯彻党中央、国务院关于加快建设资源节约型、环境友好型社会的战略部署，落实“十二五”规划纲要提出的优先发展煤矸石等综合利用电站要求，实现低热值煤发电产业又好又快发展，现通知如下：

一、发展低热值煤发电产业的重要意义

我国是煤炭生产和消费大国，煤炭生产和洗选过程中产生了大量的煤矸石、煤泥、洗中煤等低热值煤资源。近年来，我国低热值煤发电取得积极进展，总装机已达 2 600 万千瓦，但仍存在规模偏小、机组效率不高、管理基础薄弱、相关标准和政策不适应低热值煤发电产业健康发展需要等问题。进一步完善政策，促进低热值煤发电产业健康发展是构建资源节约型、环境友好型社会的必然要求。

（一）有利于提高能源资源利用效率。我国每年产生可用于发电的煤矸石、煤泥、洗中煤等低热值煤资源 3 亿吨以上，而已建成的低热值煤发电机组，每年仅可消耗低热值煤资源 1 亿多吨，尚有大量现有和每年新增的 2 亿吨未得到合理有效利用，折合标煤 8 500 万吨。加快发展低热值煤发电产业，对实现低热值煤资源就近高效转化，提高煤炭资源利用效率具有重要意义。

（二）有利于减轻矿区生态环境污染。大量未利用的煤矸石、煤泥等长期在矿区堆存，易自燃并释放有害气体，污染大气环境；同时经雨水淋溶，也会污染水体和土壤。加快发展低热值煤发电产业，对多途径利用废弃资源，减少煤矸石、煤泥堆存，保护矿区生态环境具有重要作用。

（三）有利于节约土地和运力资源。初步统计，全国煤矸石、煤泥占用土地已达 1.3 万公顷以上，长期堆存不仅浪费有限的土地资源，且对土壤质量造成很大破坏，加大了土地恢复利用的难度。另外，部分煤矸石、煤泥、洗中煤掺混在优质煤中长距离运输，增加运输能耗，加剧运力紧张矛盾。加快发展低热值煤发电产业，对保护宝贵的土地资源、避免运力浪费具有积极作用。

二、指导方针和目标

（一）指导思想

深入贯彻落实科学发展观，按照“十二五”规划纲要提出的加快构建资源节约、环境友好生产方式的要求，围绕提高能源资源利用效率，科学规划布局，规范准入标准，加大政策支持，强化监督管理，促进低热值煤发电产业健康发展。

（二）基本原则

分类利用、高效环保。根据矿区煤矸石、煤泥和洗中煤等资源的利用价值，选择最佳途径实现综合利用。合理确定低热值煤发电项目的机组选型和入炉燃料热值范围，严格执行环保、用水和灰渣综合利用等相关要求。

合理布局、就近消纳。在科学论证资源总量的基础上，就近布局低热值煤发电项目，尽量减少低热值煤长距离运输，提高外运煤炭质量，避免运力浪费，实现煤炭资源合理分级利用，提高能源综合利用效率。

突出重点、统筹规划。把主要煤炭生产省区和大型矿区作为发展低热值煤发电的重点区域，科学编制低热值煤发电专项规划，做好与所在省区电力发展规划的衔接，统筹推进低热值煤发电项目建设。

政策支持、加强管理。进一步完善支持政策，调动骨干能源企业发展低热值煤发电的积极性。充分发挥地方政府作用，规范低热值煤发电项目前期工作与核准程序，加强生产运行管理，促进低热值煤发电产业又好又快发展。

（三）主要目标

力争到2015年，全国低热值煤发电装机容量达到7 600万千瓦，年消耗低热值煤资源3亿吨左右，形成规划科学、布局合理、利用高效、技术先进、生产稳定的低热值煤发电产业健康发展格局。

三、具体要求

（一）用于发电的低热值煤资源主要包括煤泥、洗中煤和收到基热值不低于5 020千焦（1 200千卡）/千克的煤矸石。收到基热值不足5 020千焦（1 200千卡）/千克的煤矸石等资源，可通过生产建材、筑路、沉陷区回填、井下充填等方式综合利用。

（二）“十二五”期间，重点在主要煤炭生产省区和大型煤炭矿区，紧邻600万吨/年及以上总规模的炼焦煤（无烟煤）洗煤厂（群）或1 000万吨/年及以上总规模的动力煤洗煤厂（群），规划建设2×15万千瓦级及以上的高效低热值煤发电项目，鼓励具备条件的地区建设2×30万千瓦机组。同时，项目布局兼顾热值满足发电要求的存量矸石资源。矿区内洗煤规模不足的，其低热值煤资源应由临近具备条件的大型坑口电厂掺烧实现就近消纳。

（三）低热值煤发电项目所用燃料优先采用皮带输送方式。依托多个洗煤厂的项目，燃料运输距离不应超过30公里。合理运输距离范围内不重复规划建设低热值煤发电项目。

（四）低热值煤发电项目应以煤矸石、煤泥、洗中煤等低热值煤为主要燃料。以煤矸石为主要燃料的，入炉燃料收到基热值不高于14 640千焦（3 500千卡）/千克。

（五）根据燃料特性合理确定低热值煤发电项目的机组选型。以煤矸石为主要燃料的，应结合资源数量，优先选用国产大型循环流化床锅炉；以洗中煤、煤泥为主要燃料的，可考虑采用高效煤粉炉。扩建项目可建设单台机组，新建项目原则上按两台机组考虑。

（六）低热值煤发电项目应尽可能兼顾周边工业企业和居民集中用热需要，采用热电联产或具备一定供热能力的机组。

（七）低热值煤发电项目原则上采用煤矿、洗煤厂、电厂为同一投资主体控股的“煤电一体化”模式。鼓励有低热值煤发电运行管理经验的企业，以及周边符合国家产业政策的电力、热力用户参股建设。

（八）低热值煤发电项目要严格执行国家环保、土地、用水和灰渣综合利用等相关政策规定，确保达标排放和灰渣综合利用，严格控制土地占用量，高度重视节约用水，并优先考虑使用矿井水，水资源匮乏地区要采用空冷机组。

四、支持政策

（一）符合上述条件的低热值煤发电项目，在各省（区、市）自用、外送火电建设规模中优先安排。

（二）对于以煤矸石为主要燃料的低热值煤发电项目，优先于常规燃煤机组调度和安排电量，并结合循环流化床锅炉发电机组负荷跟踪速度慢等特性，降低机组负荷调节速率要求。

（三）支持以煤矸石为主要燃料的低热值煤发电项目作为所在矿区工业园单个或多个符合国家产业政策企业的自备电厂，或参与大用户直供电。

五、监督管理

（一）低热值煤发电专项规划是项目核准的主要依据之一。有关省（区、市）政府能源主管部门要统筹考虑煤炭资源、洗选规模、水资源、环境容量等条件，按照国家电力发展规划和产业政策，抓紧编制本地区低热值煤发电专项规划，合理安排低热值煤发电项目布局和建设时序，经科学论证和专家评议后，统一纳入全省（区、市）电力发展规划。低热值煤发电专项规划在实施过程中，可根据实际情况进行滚动调整。

（二）低热值煤发电项目申报核准时，申报单位除按照有关规定编制并报送项目申请报告，提交与常规燃煤火电项目相同的支持性文件外，还需提供所在省（区、市）低热值煤发电专项规划及其评议审查意见，项目选用锅炉的订货协议，有关部门对项目燃料来源的论证和批复文件，项目申报单位和当地其他低热值煤发电项目运行以及近三年核验情况等。

（三）省级政府能源主管部门要会同有关方面，对运行电厂利用低热值煤资源情况，开展定期年度核验和不定期抽查；具备条件的省（区、市）要适时推进低热值煤发电入炉燃料在线监测系统建设。对不符合项目核准相关要求的，应责令限期整改，整改达不到要求的，取消其享受的优惠政策。

特此通知。

国家能源局

二〇一一年十一月二十五日

关于印发“十二五”资源综合利用指导意见和大宗固体废物综合利用实施方案的通知

（发改环资〔2011〕2919号）

各省、自治区、直辖市及计划单列市、副省级省会城市、新疆生产建设兵团发展改革委、资源综合利用管理部门：

为贯彻《国民经济和社会发展第十二个五年规划纲要》，落实节约资源和保护环境基本国策，深入推进“十二五”时期的资源综合利用工作，促进循环经济发展，我委组织编制了《“十二五”资源综合利用指导意见》和《大宗固体废物综合利用实施方案》，研究提出了“丨二五”资源综合利用工作的指导思想、基木原则、主要目标、重点领域以及政策措施，同时提出了在工业、建筑业和农林业等领域选择产生堆存量大、资源化利用潜力大、环境影响广泛的固体废物编制实施方案。现将两份文件印发你们，请认真贯彻执行。

附件：一、《“十二五”资源综合利用指导意见》

二、《大宗固体废物综合利用实施方案》

国家发展改革委

二〇一一年十二月十日

附件一：

“十二五”资源综合利用指导意见（节选）

四、重点领域

（二）产业“三废”综合利用

（10）煤矸石：继续扩大煤矸石发电及生产建材、复垦绿化、井下充填等利用规模；鼓励利用煤矸石提取有用矿物元素制造化工产品和有机矿物肥料等新型利用。

五、政策措施

（二）加强资源综合利用制度建设

以《循环经济促进法》为核心，逐步建立完善资源综合利用法律法规体系，修订和发布粉煤灰、煤矸石等重点产业废物综合利用管理办法，制定和完善再生资源回收管理的相关规定；推行生产者责任延伸制，落实《废弃电器电子产品回收处理管理条例》，适时调整《废弃电器电子产品处理目录》范围。

（三）实施资源综合利用重点工程

实施资源综合利用“双百”工程，建设共伴生矿产及尾矿、煤矸石、粉煤灰、工业副产石膏、冶炼渣、建筑垃圾、农作物秸秆、废旧轮胎、包装废弃物、废旧纺织品综合利用等重点工程，增强技术支撑能力，加快构建服务体系，建设示范项目，鼓励产业集聚，培育百个示范基地和百家骨干企业。继续推进共伴生矿产及尾矿资源综合利用示范基地建设；加快培育一批产业废物高附加值综合利用示范基地；开展废旧纺织品、废旧轮胎、包装废弃物等再生资源综合利用试点示范，建设一批废旧商品回收体系示范城市。在煤炭、电力、石油石化、钢铁、有色、化工、建材、轻工等行业中选取利用量大、产值高、技术装备先进、引领示范作用突出的资源综合利用骨干企业，予以重点扶持和培育。

附件二：

大宗固体废物综合利用实施方案（节选）

三、实施内容

（二）煤矸石现状

目标：到 2015 年，煤矸石综合利用率提高到 75%，通过实施重点工程新增 9 000 万吨的年利用能力。

主要任务：在大中型矿区，稳步推进煤矸石综合利用发电。扩大煤矸石制砖、水泥等新型建材和筑基铺路的利用规模。探索煤矸石生产增白和超细高岭土、膨润土、聚合氧化铝、陶粒、无机复合肥、特种硅铝铁合金等高附加值利用途径。加大煤矸石用于采空区回填、土地复垦、沉陷区治理力度。鼓励引导大型矿业集团研发适合不同地质条件和矿井开拓方式的井下充填置换煤技术并推广应用。

重点工程

1. 在有条件的矿区建设 4～5 个煤矸石生产铝、硅系精细化工产品，增白和超细高岭土、无机复合肥等示范基地；

2. 建设 15～20 个煤矸石生产砖、砌块等新型建筑材料示范基地；

3. 在稀缺煤种矿区及资源枯竭矿区，扶持建设一批煤矸石井下充填绿色开采示范工程项目。

四、保障措施

（四）推动技术创新。推进粉煤灰提取氧化铝及相关产品，煤矸石制取超细纤维，尾矿、冶炼渣提取有价元素等先进适用技术的研发和产业化；组织对秸秆收储运装备、建筑废物综合利用设备等重大关键共性技术设备进行攻关，增强自主创新能力，提高重大装备的国产化水平。

（五）完善管理体系。适时修订发布《粉煤灰综合利用管理办法》《煤矸石综合利用管理办法》。探索建立生产者责任延伸制，加快建立相关行业标准和重要产品技术标准体系。积极发挥行业协会和中介组织作用，建立大宗固体废物数据统计平台，及时掌握和分析大宗固体废物综合利用产生和利用趋势。

关于印发《大宗工业固体废物综合利用“十二五”规划》的通知

（工信部规〔2011〕600号）

各省、自治区、直辖市及计划单列市、新疆生产建设兵团工业和信息化主管部门，有关中央企业，部属相关单位：

为贯彻落实《中华人民共和国国民经济和社会发展第十二个五年规划纲要》和《工业转型升级规划（2011—2015年）》的总体部署，落实国务院发展节能环保等战略性新兴产业的具体要求，全面推进我国大宗工业固体废物综合利用工作，提高综合利用水平，我部制定了《大宗工业固体废物综合利用“十二五”规划》。现印发你们，请结合实际，认真贯彻落实。

附件：大宗工业固体废物综合利用“十二五”规划

中华人民共和国工业和信息化部

二〇一一年十二月二十七日

附件：

大宗工业固体废物综合利用“十二五”规划（节选）

前　言

本规划中大宗工业固体废物是指我国各工业领域在生产活动中年产生量在1 000万吨以上、对环境和安全影响较大的固体废物，主要包括：尾矿、煤矸石、粉煤灰、冶炼渣、工业副产石膏、赤泥和电石渣。由于电石渣综合利用情况较好，利用率接近100%，故本规划不再涉及电石渣。

三、重点领域

（二）煤矸石

以煤矸石高附加值、规模化利用为目标，以煤矸石胶结充填、煤矸石生产建筑材料、煤矸石发电为重点，推进煤矸石综合利用。

重点研发煤矸石胶结充填专用胶凝材料大规模生产技术、煤矸石代替黏土烧制彩瓦及其他陶瓷制品技术、煤矸石生产复合肥技术、生产复合净水剂等高附加值材料、化工产品。

重点推广示范煤矸石不上井置换煤柱、煤矸石生产硅酸铝纤维、煤矸石烧制空心砖技术、煤矸石烧制陶粒技术、含白矸（硬岩）和黑矸（可燃煤矸石）混杂煤矸石大规模低成本分选技术。以真空硬塑挤砖机、燃煤矸石大型循环流化床锅炉（30万千瓦以上）等核心设备的开发与应用为重点，集成和推广一批成套装备。

在煤矸石产生、堆存集中区域，大力发展煤矸石发电、充填复垦、生产建材，力争在“十二五”末，解决煤矸石产出与综合利用区域不平衡问题。

五、保障措施

（四）建设示范基地，培育专业化企业

在河北承德、山西朔州等大宗工业固体废物产生量大、堆存集中的地区，着重技术创新、体制创新，建设一批以大宗工业固体废物综合利用为主要特色的国家新型工业化产业示范基地。加强技术、资金等方面的引导，鼓励地方政府出台有针对性的扶持政策，支持基地建设。完善大宗工业固体废物综合利用产业链，构建以大宗工业固体废物综合利用为关键节点、以高效利用为核心、具有区域特色的循环经济产业新模式。因地制宜，探索建立符合国情、适合不同行业的工业固体废物综合利用行业管理体制，发挥行业协会等中介组织及专家的作用，形成一套完善的工业固体废物综合利用政策体系和推广机制，促进工业固体废物综合利用实现跨越式发展。

依托核心技术，通过资本纽带、业务整合，培育和发展一批具有较高技术装备水平和较强产业竞争力的专业化资源综合利用企业集团；发挥专业化企业集团在技术创新、成果转化、技术推广、市场引领等方面的带动作用，形成企业集群效应。

关于印发资源综合利用电厂审核认定细化要求等工作规则的通知

（发改办环资〔2012〕584号）

各省、自治区、直辖市及计划单列市、副省级省会城市发展改革委、经信委（经贸委、工信委、工信厅），有关行业协会：

为进一步规范申报资源综合利用电厂审核认定工作，提高管理水平，我们对资源综合利用电厂审核认定要求进行了细化完善，并组织编制了《资源综合利用电厂认定申报范本》（相关表格可从国家发展改革委环资司子网站下载），现印发你们，请遵照执行。各省级资源综合利用主管部门要认真组织好资源综合利用电厂审核认定申报工作，按规定于每年7月底前上报我委（环资司），过期将不予受理。

附件：一、资源综合利用电厂审核认定细化要求
　　　二、资源综合利用电厂认定申报范本

国家发展改革委办公厅
二〇一二年三月十四日

附件一：

资源综合利用电厂审核认定细化要求（节选）

四、10万千瓦等级以下机组（含垃圾电厂）有关要求

（一）必须提供申报国家审核当年近6个月内，地市级或以上环保部门出具的环保监测报告（不仅要有数值，还要有结论性意见，且盖有CMA资质标识章）和近

两年环保达标排放证明（地市级以下级别一律不予受理），其他单位出具的不予认可；垃圾电厂还要提供有资质单位对二噁英的检测报告。

（二）年灰渣综合利用率要达到 85%以上，同时提供周边下游企业的灰渣处理方式及年消耗能力的证明材料；正式合同（或协议）中要标注有效期，且申报年度在合同有效期内。与个人签订的灰渣处理协议（或合同）不予认可。

（三）所用燃料应本着有利于减少二次污染和运输能耗的原则，避免长距离运输，煤矸石、煤泥、油母页岩、石煤运距不应超过 30 公里，且燃料供应合同有效期原则上不少于 2 年，并提供燃料产生量证明。

1．煤矸石等燃料直接由矿区或洗煤厂供应的，要说明近三年的煤炭产量、入洗量等情况。

2．煤矸石等燃料由中间商供应的，还须提供燃料主要来源于哪些矿区（矿井、洗选厂）及矿区产量等情况。近三年的煤炭产量、入洗量等。

省级资源综合利用主管部门在审核过程中，要重点核实企业所用燃料来源的可靠性和稳定性，对燃料来自于同一家煤矿或选煤厂的，必要时进行实地核实。资源综合利用电厂（机组）认定申报表（2012 年版），地市级初审意见和省级审核意见中要证明所用燃料能够有效供应的内容。

3．垃圾电厂应由地方环卫部门提供垃圾数量及品质证明材料。

（四）用于发电的煤矸石（油母页岩、石煤，下同）收到基低位发热量不低于 5 020 千焦（1 200 千卡/千克），入炉混合燃料收到基低位发热量不高于 12 550 千焦（3 000 千卡/千克），煤矸石、煤泥掺烧重量比不低于 60%。

（五）提供工程竣工验收材料，且验收后连续稳定运行 1 年以上。

（六）提供地市级资源综合利用主管部门现场审核报告。

五、10 万千瓦等级及以上煤矸石、煤泥发电机组同时还要具备以下条件

（一）由国家发展改革委（原国家计委、原国家经贸委）批复或核准建设的煤矸石、煤泥综合利用发电机组；

（二）提供工程竣工验收材料，且验收后连续稳定运行 2 年以上；

（三）必须提供申报国家审核当年近 6 个月内，省级或省级以上环保部门出具的环保监测报告（不仅要有数值，还要有结论性意见，且盖有 MA 资质标识章）和近两年环保达标排放证明；

（四）今后新建的综合利用电厂应满足煤矿、洗煤厂、电厂为同一投资主体控股的煤电一体化要求。

产业结构调整指导目录（2011 年本）（修正）（节选）

（2011 年 3 月 27 日国家发展改革委令第 9 号公布　根据 2013 年 2 月 16 日国家发展改革委令第 21 号公布的《国家发展改革委关于修改〈产业结构调整指导目录（2011 年本）〉有关条款的决定》修正）

第一类　鼓励类

三、煤炭

1．煤田地质及地球物理勘探

2．120 万吨/年及以上高产高效煤矿（含矿井、露天）、高效选煤厂建设

3．矿井灾害（瓦斯、煤尘、矿井水、火、围岩、地温、冲击地压等）防治

4．型煤及水煤浆技术开发与应用

5．煤炭共伴生资源加工与综合利用

6．煤层气勘探、开发、利用和煤矿瓦斯抽采、利用

7．煤矸石、煤泥、洗中煤等低热值燃料综合利用

8．管道输煤

9．煤炭高效洗选脱硫技术开发与应用

10．选煤工程技术开发与应用

11．地面沉陷区治理、矿井水资源保护与利用

12．煤电一体化建设

13．提高资源回收率的采煤方法、工艺开发与应用

14．矿井采空区矸石回填技术开发与应用

15．井下救援技术及特种装备开发与应用

16．煤矿生产过程综合监控技术、装备开发与应用

17．大型煤炭储运中心、煤炭交易市场建设

18．矿井进出人员自动监控记录系统开发与应用

19．新型矿工避险自救器材开发与应用

20．建筑物下、铁路等基础设施下、水体下采用煤矸石等物质充填采煤技术开发与应用

四、电力

1．水力发电

2．单机60万千瓦及以上超临界、超超临界机组电站建设

3．采用背压（抽背）型热电联产、热电冷多联产、30 万千瓦及以上热电联产机组

4．缺水地区单机60万千瓦及以上大型空冷机组电站建设

5．重要用电负荷中心且天然气充足地区天然气调峰发电项目

6．30 万千瓦及以上循环流化床、增压流化床、整体煤气化联合循环发电等洁净煤发电

7．单机30万千瓦及以上采用流化床锅炉并利用煤矸石、中煤、煤泥等发电

8．500 千伏及以上交、直流输变电

9．在役发电机组脱硫、脱硝改造

10．电网改造与建设

11．继电保护技术、电网运行安全监控信息技术开发与应用

12．大型电站及大电网变电站集约化设计和自动化技术开发与应用

13．跨区电网互联工程技术开发与应用

14．输变电节能、环保技术推广应用

15．降低输、变、配电损耗技术开发与应用

16．分布式供电及并网技术推广应用

17．燃煤发电机组脱硫、脱硝及复合污染物治理

18．火力发电脱硝催化剂开发生产

19．水力发电中低温水恢复措施工程、过鱼措施工程技术开发与应用

20．大容量电能储存技术开发与应用

21．电动汽车充电设施

22．乏风瓦斯发电技术及开发利用

23．垃圾焚烧发电成套设备

24．分布式电源

第二类　限制类

九、建材

1．2 000 吨/日以下熟料新型干法水泥生产线，60 万吨/年以下水泥粉磨站

2．普通浮法玻璃生产线

3．150 万平方米/年及以下的建筑陶瓷生产线

4．60 万件/年以下的隧道窑卫生陶瓷生产线

5．3 000 万平方米/年以下的纸面石膏板生产线

6．中碱玻璃球生产线、铂金坩埚球法拉丝玻璃纤维生产线

7．黏土空心砖生产线（陕西、青海、甘肃、新疆、西藏、宁夏除外）

8．15 万平方米/年以下的石膏（空心）砌块生产线、单班 2.5 万立方米/年以下的混凝土小型空心砌块以及单班 15 万平方米/年以下的混凝土铺地砖固定式生产线、5 万立方米/年以下的人造轻集料（陶粒）生产线

9．10 万立方米/年以下的加气混凝土生产线

10．3 000 万标砖/年以下的煤矸石、页岩烧结实心砖生产线

11．10 000 吨/年以下岩（矿）棉制品生产线和 8 000 吨/年以下玻璃棉制品生产线

12．100 万米/年及以下预应力高强混凝土离心桩生产线

13．预应力钢筒混凝土管（简称 PCCP 管）生产线：PCCP-L 型：年设计生产能力≤50 千米，PCCP-E 型：年设计生产能力≤30 千米

第三类　淘汰类

注：条目后括号内年份为淘汰期限，淘汰期限为 2011 年是指应于 2011 年年底前淘汰，其余类推；有淘汰计划的条目，根据计划进行淘汰；未标淘汰期限或淘汰计划的条目为国家产业政策已明令淘汰或立即淘汰。

一、落后生产工艺装备

（八）建材

1．窑径 3 米及以上水泥机立窑（2012 年）、干法中空窑（生产高铝水泥、硫铝酸盐水泥等特种水泥除外）、立波尔窑、湿法窑

2．直径 3 米以下水泥粉磨设备

3．无复膜塑编水泥包装袋生产线

4．平拉工艺平板玻璃生产线（含格法）

5．100 万平方米/年以下的建筑陶瓷砖、20 万件/年以下低档卫生陶瓷生产线

6．建筑卫生陶瓷土窑、倒焰窑、多孔窑、煤烧明焰隧道窑、隔焰隧道窑、匣钵装卫生陶瓷隧道窑

7．建筑陶瓷砖成型用的摩擦压砖机

8．陶土坩埚玻璃纤维拉丝生产工艺与装备

9．1 000 万平方米/年以下的纸面石膏板生产线

10．500 万平方米/年以下的改性沥青类防水卷材生产线；500 万平方米/年以下沥青复合胎柔性防水卷材生产线；100 万卷/年以下沥青纸胎油毡生产线

11．石灰土立窑

12．砖瓦 24 门以下轮窑以及立窑、无顶轮窑、马蹄窑等土窑（2011 年）

13．普通挤砖机

14．SJ 1580—3000 双轴、单轴制砖搅拌机

15．SQP 400500—700500 双辊破碎机

16．1000 型普通切条机

17．100 吨以下盘转式压砖机

18．手工制作墙板生产线

19．简易移动式砼砌块成型机、附着式振动成型台

20．单班 1 万立方米/年以下的混凝土砌块固定式成型机、单班 10 万平方米/年以下的混凝土铺地砖固定式成型机

21．人工浇筑、非机械成型的石膏（空心）砌块生产工艺

22．真空加压法和气炼一步法石英玻璃生产工艺装备

23．6×600 吨六面顶小型压机生产人造金刚石

24．手工切割加气混凝土生产线、非蒸压养护加气混凝土生产线

25．非烧结、非蒸压粉煤灰砖生产线

26．装饰石材矿山硐室爆破开采技术、吊索式大理石土拉锯

关于印发《矿产资源节约与综合利用专项资金管理办法》的通知

（财建〔2013〕81号）

中央有关部门，有关中央企业，各省、自治区、直辖市、计划单列市财政厅（局）、国土资源主管部门：

为规范矿产资源节约与综合利用专项资金管理，提高资金使用效益，根据《中华人民共和国预算法》等有关法律、法规规定，我们制定了《矿产资源节约与综合利用专项资金管理办法》。现印发给你们，请遵照执行。

附件：矿产资源节约与综合利用专项资金管理办法

财　政　部

国土资源部

2013年3月26日

附件：

矿产资源节约与综合利用专项资金管理办法

第一章　总　则

第一条　为了加强和规范矿产资源节约与综合利用专项资金（以下简称专项资金）管理，提高资金使用效益，依据《中华人民共和国预算法》《财政部　国土资源部关于将矿产资源专项收入统筹安排使用的通知》（财建〔2010〕925号）等规定制定本办法。

第二条　专项资金由中央财政通过中央分成的矿产资源专项收入安排，主要用于矿产资源综合利用示范基地（以下简称示范基地）建设。

第三条 专项资金安排按照党的十八大提出的全面促进资源节约和加强矿产资源保护、合理开发等有关要求，以加强全过程节约管理，推动资源利用方式根本转变为目的，以“关系全局、意义深远、带动性强”为原则，选择资源分布相对集中、资源潜力大、综合利用前景好、矿产开发布局基本合理的地区，依托大型骨干矿业集团，开展示范基地建设工作。

第四条 专项资金专款专用，任何单位和个人不得截留、挤占和挪用。

第二章 支持重点及条件

第五条 专项资金重点支持提高矿产资源开采回采率、选矿回收率和综合利用率，低品位、共伴生、难选冶及尾矿资源高效利用，以及多矿种兼探兼采和综合开发利用。主要包括以下 7 个领域：

（一）油气及共伴生资源综合利用。重点支持油盐、油钾的综合开发利用，支持稠油、低渗、超低渗油气资源综合利用；积极开展页岩气、致密砂岩气、煤层气、油砂、油页岩、天然气水合物等综合开发利用。

（二）煤炭及共伴生资源综合利用。重点支持煤炭煤层气、煤铝的综合开发利用；支持特厚煤层、缺煤地区极薄和中薄煤层、特殊稀缺煤种及煤系伴生高岭土资源的综合开发利用，“以矸换煤”绿色开采等。

（三）黑色金属综合利用。重点支持钒钛磁铁矿、赤铁矿、褐铁矿、菱铁矿等低品位、难利用铁矿及尾矿资源综合利用，锰、铬矿资源高效利用。

（四）有色金属综合利用。重点支持低品位、难选冶、共伴生铜、铅、锌、钨、钼、镍、锡、锑、铝土矿等资源及尾矿综合利用。

（五）稀有、稀土及贵金属综合利用。重点支持轻、重稀土资源综合利用，稀有金属综合利用，低品位金矿及共伴生、尾矿资源综合利用。

（六）化工及非金属综合利用。重点支持钾盐、中低品位磷矿、硼铁矿、萤石、石墨资源及其他特色非金属资源综合利用。

（七）铀矿及共伴生资源综合利用。重点支持煤铀、硼铀、钼铀等矿床共生组合，北方砂岩型、南方硬岩型铀矿及共伴生铼资源等综合开发利用。

第六条 示范基地建设责任主体为矿山企业，应当具备以下基本条件：

（一）法定证照齐全、有效；

（二）依法履行了采矿权人的法定义务，按时、足额缴纳国家有关税费；

（三）矿山企业在相关领域和专业具有较强的技术优势和创新能力，具备必备的人才条件、技术装备和组织管理能力；管理机构健全，有专门的矿山地质、采矿、选矿管理机构和技术人员；

（四）采选技术方法先进，具有规模效应，示范效应突出，可大幅度提高资源利用水平；

（五）矿产资源节约与综合利用水平达到设计或国土资源行政主管部门核定的标准；

（六）近三年矿产资源开发利用年度检查合格，无违法违规记录；

（七）近三年无重大生产安全事故和环境污染事故；

（八）列入矿产资源开发整合方案的，已完成资源整合，并实现规模化、集约化开发利用；

（九）有关资源节约与综合利用工作已纳入矿山企业发展规划，示范基地建设工作能及时有效开展；

（十）具有较强的资金筹措能力，可以落实配套资金。

第三章 支持方式及使用范围

第七条 专项资金由财政部和国土资源部共同管理。财政部负责确定专项资金年度预算，国土资源部负责确定示范基地名单。

第八条 国土资源部、财政部发布矿产资源综合利用示范基地建设工作安排和要求，省级国土资源部门、财政部门，以及有关中央企业在充分论证的基础上，提出示范基地建议名单。

第九条 国土资源部会同财政部组织专家对各省和有关中央企业提出的建议名单中的示范基地进行论证，确定示范基地名单。

第十条 示范基地所在地省级国土资源部门、财政部门或所属中央企业依据《全国矿产资源规划》《矿产资源节约与综合利用“十二五”规划》，以及国土资源部和财政部有关制度规定和工作要求，负责组织示范基地建设单位编制矿产资源综合利用示范基地建设3～5年实施方案。

实施方案应明确示范基地建设总体目标和建设任务、年度目标和建设任务，以及年度资金投入。目标任务应当可量化、可考核，资金投入应包括自筹资金和财政补助资金。

第十一条 国土资源部、财政部组织专家对示范基地建设实施方案进行审查论证，一次性核定示范基地建设总投资和年度投资，并确定总目标和年度建设目标。

对于实施方案通过审查论证的示范基地，国土资源部、财政部将在向社会公示后，与其所在地省级人民政府或所属中央企业签订示范建设合作协议。财政部、国土资源部将根据财力可能一次性确定总补助资金和各年度补助资金，并按项目进展情况下达补助资金。中央财政补助资金原则上不超过项目总投资的50%。

第十二条 专项资金重点用于以下方面：

（一）综合利用相关技术工艺的科技攻关，工程化、工业化技术研究及生产实验研究；

（二）提高开采回采率、选矿回收率、综合利用率水平，尾矿及固体废弃物综合利用相关的工程建设及设备采购；

（三）成熟先进技术、方法、工艺的转化、推广与应用；

（四）技术标准规范的制定、发布，总结推广相关的技术标准、规范以及生产管理模式的相关支出。

第十三条 专项资金不得用于下列事项：

（一）职工工资、奖金、津补贴及其他福利性支出；投资性支出、捐款及赞助；各种罚款、违约金、滞纳金等支出；缴纳税费等；

（二）支付矿山建设引起的居民搬迁补偿、征地补偿、青苗补偿等相关支出；

（三）购置和修建与项目实施无关的设备、装备、房屋、基础设施等固定资产；

（四）公务车辆、生产辅助材料、低值易耗品、配件及燃料采购等支出；

（五）归还贷款本息；

（六）与矿产资源节约与综合利用工作无关的费用。

第四章 预算及财务管理

第十四条 专项资金支付按照财政国库管理制度的有关规定执行。

第十五条 专项资金实行专账核算，各项支出标准参照国家相关标准执行。

第十六条 示范基地建设单位要严格执行国家有关财务会计制度，及时办理年度资金结算和竣工财务决算。示范基地所在地省级财政、国土资源部门或所属中央企业负责批复竣工财务决算，并做好项目决算审计和竣工验收工作。

第十七条 预算一经下达，原则上不做调整。对于示范基地项目地点、建设内容、建设期限、资金投入确需变更的，由省级国土资源、财政部门或所属中央企业审核后报国土资源部、财政部批准。

第五章 监督检查

第十八条 财政部、国土资源部每年将根据本办法第五条规定及经论证的实施方案对示范基地年度建设情况进行考核。

对考核合格的示范基地，财政部、国土资源部将按计划给予持续支持；对考核不合格的项目，财政部、国土资源部将暂停下一年度预算安排，要求其限期整改，经整改仍不符合要求的，取消示范资格并收回已拨付资金。

第十九条 示范基地所在地省级财政部门、国土资源部门或所属中央企业应当强化专项资金监管，建立专项资金使用约束机制，督促矿山企业完善内部财务管理制度，加强示范基地建设工作的监督检查，确保各项目标任务的实现。督促项目承担单位加快预算执行进度，提高专项资金使用效益，重大事项要及时向财政部和国土资源部报告。

第二十条 示范基地建设单位应严格按照批准下达的预算，合理安排使用资金，不得扩大支出范围，不得用于本办法规定支出范围以外的其他支出，自觉接受、主动配合财政、审计及监察等部门的监督检查。

第二十一条 对在示范建设过程中发生安全生产或环境污染事故，以及有其他违法违规行为的示范基地建设单位，财政部、国土资源部将暂停支持，并责令其整改，对于情节特别严重的将收回示范资金，取消其示范资格。

第二十二条 对违反规定，截留、挤占、挪用等违规使用项目资金的，依照《财政违法行为处罚处分条例》及有关法律法规予以处理。涉嫌犯罪的，移送司法机关处理。

第六章 附 则

第二十三条 本办法由财政部、国土资源部负责解释。

第二十四条 本办法自印发之日起实施，原《矿产资源节约与综合利用专项资金管理办法》（财建〔2010〕312 号）同时废止。

关于印发《煤电节能减排升级与改造行动计划（2014—2020年）》的通知

（发改能源〔2014〕2093号）

各省、自治区、直辖市、新疆生产建设兵团发展改革委（经信委、经委、工信厅）、环保厅、能源局，国家电网公司、南方电网公司，华能、大唐、华电、国电、中电投集团公司，神华集团、中煤集团、国投公司、华润集团，中国国际工程咨询公司、电力规划设计总院：

为贯彻中央财经领导小组第六次会议和国家能源委员会第一次会议精神，落实《国务院办公厅关于印发能源发展战略行动计划（2014—2020年）的通知》（国办发〔2014〕31号）要求，加快推动能源生产和消费革命，进一步提升煤电高效清洁发展水平，特制定了《煤电节能减排升级与改造行动计划（2014—2020年）》，现印发你们，请按照执行。

附件：《煤电节能减排升级与改造行动计划（2014—2020年）》

国家发展改革委
环 境 保 护 部
国 家 能 源 局
2014年9月12日

附件：

煤电节能减排升级与改造行动计划（2014—2020 年）（节选）

为贯彻中央财经领导小组第六次会议和国家能源委员会第一次会议精神，落实《国务院办公厅关于印发能源发展战略行动计划（2014—2020 年）的通知》（国办发〔2014〕31 号）要求，加快推动能源生产和消费革命，进一步提升煤电高效清洁发展水平，制定本行动计划。

一、指导思想和行动目标

（二）行动目标。全国新建燃煤发电机组平均供电煤耗低于 300 克标准煤/千瓦时（以下简称“克/千瓦时”）；东部地区新建燃煤发电机组大气污染物排放浓度基本达到燃气轮机组排放限值，中部地区新建机组原则上接近或达到燃气轮机组排放限值，鼓励西部地区新建机组接近或达到燃气轮机组排放限值。

到 2020 年，现役燃煤发电机组改造后平均供电煤耗低于 310 克/千瓦时，其中现役 60 万千瓦及以上机组（除空冷机组外）改造后平均供电煤耗低于 300 克/千瓦时。东部地区现役 30 万千瓦及以上公用燃煤发电机组、10 万千瓦及以上自备燃煤发电机组以及其他有条件的燃煤发电机组，改造后大气污染物排放浓度基本达到燃气轮机组排放限值。

在执行更严格能效环保标准的前提下，到 2020 年，力争使煤炭占一次能源消费比重下降到 62%以内，电煤占煤炭消费比重提高到 60%以上。

二、加强新建机组准入控制

（三）严格能效准入门槛。新建燃煤发电项目（含已纳入国家火电建设规划且具备变更机组选型条件的项目）原则上采用 60 万千瓦及以上超超临界机组，100 万千瓦级湿冷、空冷机组设计供电煤耗分别不高于 282 克/千瓦时、299 克/千瓦时，60 万千瓦级湿冷、空冷机组分别不高于 285 克/千瓦时、302 克/千瓦时。

30 万千瓦及以上供热机组和 30 万千瓦及以上循环流化床低热值煤发电机组原则上采用超临界参数。对循环流化床低热值煤发电机组，30 万千瓦级湿冷、空冷机组设计供电煤耗分别不高于 310 克/千瓦时、327 克/千瓦时，60 万千瓦级湿冷、空冷机组分别不高于 303 克/千瓦时、320 克/千瓦时。

（四）严控大气污染物排放。新建燃煤发电机组（含在建和项目已纳入国家火电建设规划的机组）应同步建设先进高效脱硫、脱硝和除尘设施，不得设置烟气旁路通道。东部地区（辽宁、北京、天津、河北、山东、上海、江苏、浙江、福建、广东、海南等 11 省市）新建燃煤发电机组大气污染物排放浓度基本达到燃气轮机组排放限值（即在基准氧含量 6%条件下，烟尘、二氧化硫、氮氧化物排放浓度分别不高于 10 毫克/立方米、35 毫克/立方米、50 毫克/立方米），中部地区（黑龙江、吉林、山西、安徽、湖北、湖南、河南、江西等 8 省）新建机组原则上接近或达到燃气轮机组排放限值，鼓励西部地区新建机组接近或达到燃气轮机组排放限值。支持同步开展大气污染物联合协同脱除，减少三氧化硫、汞、砷等污染物排放。

（五）优化区域煤电布局。严格按照能效、环保准入标准布局新建燃煤发电项目。京津冀、长三角、珠三角等区域新建项目禁止配套建设自备燃煤电站。耗煤项目要实行煤炭减量替代。除热电联产外，禁止审批新建燃煤发电项目；现有多台燃煤机组装机容量合计达到 30 万千瓦以上的，可按照煤炭等量替代的原则建设为大容量燃煤机组。

统筹资源环境等因素，严格落实节能、节水和环保措施，科学推进西部地区锡盟、鄂尔多斯、晋北、晋中、晋东、陕北、宁东、哈密、准东等大型煤电基地开发，继续扩大西部煤电东送规模。中部及其他地区适度建设路口电站及负荷中心支撑电源。

（六）积极发展热电联产。坚持“以热定电”，严格落实热负荷，科学制定热电联产规划，建设高效燃煤热电机组，同步完善配套供热管网，对集中供热范围内的分散燃煤小锅炉实施替代和限期淘汰。到 2020 年，燃煤热电机组装机容量占煤电总装机容量比重力争达到 28%。

在符合条件的大中型城市，适度建设大型热电机组，鼓励建设背压式热电机组；在中小型城市和热负荷集中的工业园区，优先建设背压式热电机组；鼓励发展热电冷多联供。

（七）有序发展低热值煤发电。严格落实低热值煤发电产业政策，重点在主要煤炭生产省区和大型煤炭矿区规划建设低热值煤发电项目，原则上立足本地消纳，合理规划建设规模和建设时序。禁止以低热值煤发电名义建设常规燃煤发电项目。

根据煤矸石、煤泥和洗中煤等低热值煤资源的利用价值，选择最佳途径实现综合利用，用于发电的煤矸石热值不低于 5 020 千焦（1 200 千卡）/千克。以煤矸石为主要燃料的，入炉燃料收到基热值不高于 14 640 千焦（3 500 千卡）/千克，具备条件的地区原则上采用 30 万千瓦级及以上超临界循环流化床机组。低热值煤发电项目应尽可能兼顾周边工业企业和居民集中用热需求。

三、加快现役机组改造升级

（八）深入淘汰落后产能。完善火电行业淘汰落后产能后续政策，加快淘汰以下火电机组：单机容量 5 万千瓦及以下的常规小火电机组；以发电为主的燃油锅炉及发电机组；大电网覆盖范围内，单机容量 10 万千瓦级及以下的常规燃煤火电机组、单机容量 20 万千瓦级及以下设计寿命期满和不实施供热改造的常规燃煤火电机组；污染物排放不符合国家最新环保标准且不实施环保改造的燃煤火电机组。鼓励具备条件的地区通过建设背压式热电机组、高效清洁大型热电机组等方式，对能耗高、污染重的落后燃煤小热电机组实施替代。2020 年前，力争淘汰落后火电机组 1 000 万千瓦以上。

（九）实施综合节能改造。因厂制宜采用汽轮机通流部分改造、锅炉烟气余热回收利用、电机变频、供热改造等成熟适用的节能改造技术，重点对 30 万千瓦和 60 万千瓦等级亚临界、超临界机组实施综合性、系统性节能改造，改造后供电煤耗力争达到同类型机组先进水平。20 万千瓦级及以下纯凝机组重点实施供热改造，优先改造为背压式供热机组。力争 2015 年前完成改造机组容量 1.5 亿千瓦，“十三五”期间完成 3.5 亿千瓦。

（十）推进环保设施改造。重点推进现役燃煤发电机组大气污染物达标排放环保改造，燃煤发电机组必须安装高效脱硫、脱硝和除尘设施，未达标排放的要加快实施环保设施改造升级，确保满足最低技术出力以上全负荷、全时段稳定达标排放要求。稳步推进东部地区现役 30 万千瓦及以上公用燃煤发电机组和有条件的 30 万千瓦以下公用燃煤发电机组实施大气污染物排放浓度基本达到燃气轮机组排放限值的环保改造，2014 年启动 800 万千瓦机组改造示范项目，2020 年前力争完成改造机组容量 1.5 亿千瓦以上。鼓励其他地区现役燃煤发电机组实施大气污染物排放浓度达到或接近燃气轮机组排放限值的环保改造。

因厂制宜采用成熟适用的环保改造技术，除尘可采用低（低）温静电除尘器、电袋除尘器、布袋除尘器等装置，鼓励加装湿式静电除尘装置；脱硫可实施脱硫装置增容改造，必要时采用单塔双循环、双塔双循环等更高效率脱硫设施；脱硝可采用低氮燃烧、高效率 SCR（选择性催化还原法）脱硝装置等技术。

（十一）强化自备机组节能减排。对企业自备电厂火电机组，符合第（八）条淘汰条件的，企业应实施自主淘汰；供电煤耗高于同类型机组平均水平 5 克/千瓦时及以上的自备燃煤发电机组，应加快实施节能改造；未实现大气污染物达标排放的自备燃煤发电机组要加快实施环保设施改造升级；东部地区 10 万千瓦及以上自备燃煤发电机组要逐步实施大气污染物排放浓度基本达到燃气轮机组排放限值的环保改造。

在气源有保障的条件下，京津冀区域城市建成区、长三角城市群、珠三角区域到2017年基本完成自备燃煤电站的天然气替代改造任务。

四、提升机组负荷率和运行质量

（十二）优化电力运行调度方式。完善调度规程规范，加强调峰调频管理，优先采用有调节能力的水电调峰，充分发挥抽水蓄能电站、天然气发电等调峰电源作用，探索应用储能调峰等技术。

合理确定燃煤发电机组调峰顺序和深度，积极推行轮停调峰，探索应用启停调峰方式，提高高效环保燃煤发电机组负荷率。完善调峰调频辅助服务补偿机制，探索开展辅助服务市场交易，对承担调峰任务的燃煤发电机组适当给予补偿。

完善电网备用容量管理办法，在区域电网内统筹安排系统备用容量，充分发挥电力跨省区互济、电量短时互补能力。合理安排各类发电机组开机方式，在确保电网安全的前提下，最大限度降低电网旋转备用容量。支持有条件的地区试点实行由“分机组调度”调整为“分厂调度”。

（十三）推进机组运行优化。加强燃煤发电机组综合诊断，积极开展运行优化试验，科学制定优化运行方案，合理确定运行方式和参数，使机组在各种负荷范围内保持最佳运行状态。扎实做好燃煤发电机组设备和环保设施运行维护，提高机组安全健康水平和设备可用率，确保环保设施正常运行。

（十四）加强电煤质量和计量控制。发电企业要加强燃煤采购管理，鼓励通过“煤电一体化”、签订长期合同等方式固定主要煤源，保障煤质与设计煤种相符，鼓励采用低硫分低灰分优质燃煤；加强入炉煤计量和检质，严格控制采制化偏差，保证煤耗指标真实可信。

限制高硫分高灰分煤炭的开采和异地利用，禁止进口劣质煤炭用于发电。煤炭企业要积极实施动力煤优质化工程，按要求加快建设煤炭洗选设施，积极采用筛分、配煤等措施，着力提升动力煤供应质量。

（十五）促进网源协调发展。加快推进“西电东送”输电通道建设，强化区域主干电网，加强区域电网内省间电网互联，提升跨省区电力输送和互济能力。完善电网结构，实现各电压等级电网协调匹配，保证各类机组发电可靠上网和送出。积极推进电网智能化发展。

（十六）加强电力需求侧管理。健全电力需求侧管理体制机制，完善峰谷电价政策，鼓励电力用户利用低谷电力。积极采用移峰、错峰等措施，减少电网调峰需求。引导电力用户积极采用节电技术产品，优化用电方式，提高电能利用效率。

六、完善配套政策措施

（二十）促进节能环保发电。兼顾能效和环保水平，分配上网电量应充分考虑机组大气污染物排放水平，适当提高能效和环保指标领先机组的利用小时数。对大气污染物排放浓度接近或达到燃气轮机组排放限值的燃煤发电机组，可在一定期限内增加其发电利用小时数。对按要求应实施节能环保改造但未按期完成的，可适当降低其发电利用小时数。

（二十一）实行煤电节能减排与新建项目挂钩。能效和环保指标先进的新建燃煤发电项目应优先纳入各省（区、市）年度火电建设方案。对燃煤发电能效和环保指标先进、积极实施煤电节能减排升级与改造并取得显著成效的企业，各省级能源主管部门应优先支持其新建项目建设；对燃煤发电能效和环保指标落后、煤电节能减排升级与改造任务完成较差的企业，可限批其新建项目。

对按煤炭等量替代原则建设的燃煤发电项目，同地区现役燃煤发电机组节能改造形成的节能量（按标准煤量计算）可作为煤炭替代来源。现役燃煤发电机组按照接近或达到燃气轮机组排放限值实施环保改造后，腾出的大气污染物排放总量指标优先用于本企业在同地区的新建燃煤发电项目。

（二十二）完善价格税费政策。完善燃煤发电机组环保电价政策，研究对大气污染物排放浓度接近或达到燃气轮机组排放限值的燃煤发电机组电价支持政策。鼓励各地因地制宜制定背压式热电机组税费支持政策，加大支持力度。

对大气污染物排放浓度接近或达到燃气轮机组排放限值的燃煤发电机组，各地可因地制宜制定税收优惠政策。支持有条件的地区实行差别化排污收费政策。

（二十三）拓宽投融资渠道。统筹运用相关资金，对煤电节能减排重大技术研发和示范项目建设适当给予资金补贴。鼓励民间资本和社会资本进入煤电节能减排领域。引导银行业金融机构加大对煤电节能减排项目的信贷支持。

支持发电企业与有关技术服务机构合作，通过合同能源管理等方式推进燃煤发电机组节能环保改造。对已开展排污权、碳排放、节能量交易的地区，积极支持发电企业通过交易筹集改造资金。

附件：

1．典型常规燃煤发电机组供电煤耗参考值

附件-1

典型常规燃煤发电机组供电煤耗参考值

单位：克/千瓦时

<table>
<tr><th colspan="2" rowspan="2">机组类型</th><th rowspan="2">新建机组
设计供电煤耗</th><th colspan="2">现役机组
生产供电煤耗</th></tr>
<tr><th>平均水平</th><th>先进水平</th></tr>
<tr><td rowspan="2">100 万千瓦级
超超临界</td><td>湿冷</td><td>282</td><td>290</td><td>285</td></tr>
<tr><td>空冷</td><td>299</td><td>317</td><td>302</td></tr>
<tr><td rowspan="2">60 万千瓦级
超超临界</td><td>湿冷</td><td>285</td><td>298</td><td>290</td></tr>
<tr><td>空冷</td><td>302</td><td>315</td><td>307</td></tr>
<tr><td rowspan="2">60 万千瓦
级超临界</td><td>湿冷</td><td>303
（循环流化床）</td><td>306</td><td>297</td></tr>
<tr><td>空冷</td><td>320
（循环流化床）</td><td>325</td><td>317</td></tr>
<tr><td rowspan="2">60 万千瓦级
亚临界</td><td>湿冷</td><td>—</td><td>320</td><td>315</td></tr>
<tr><td>空冷</td><td>—</td><td>337</td><td>332</td></tr>
<tr><td rowspan="2">30 万千瓦级
超临界</td><td>湿冷</td><td>310
（循环流化床）</td><td>318</td><td>313</td></tr>
<tr><td>空冷</td><td>327
（循环流化床）</td><td>338</td><td>335</td></tr>
<tr><td rowspan="2">30 万千瓦级
亚临界</td><td>湿冷</td><td>—</td><td>330</td><td>320</td></tr>
<tr><td>空冷</td><td>—</td><td>347</td><td>337</td></tr>
</table>

注：不含燃用无烟煤的 W 火焰锅炉机组。

关于印发《矿产资源节约与综合利用鼓励、限制和淘汰技术目录（修订稿）》的通知

（国土资发〔2014〕176 号）

各省、自治区、直辖市国土资源主管部门，部机关各司局、各有关单位：

为促进矿产资源节约与综合利用，加快转变资源利用方式和矿业发展方式，部组织修订了《矿产资源节约与综合利用鼓励、限制和淘汰技术目录》（以下简称《技术目录》），现予以印发。有关事项通知如下：

一、充分发挥《技术目录》的政策导向作用。各级国土资源主管部门要认真执行《技术目录》，采用经济、行政、法律、技术等多种手段，督促企业认真执行《技术目录》，提高矿产资源开发利用的效率和水平。

二、切实加强矿产资源开发利用的监督管理。各级国土资源主管部门应按要求加强矿产资源开发利用的准入管理，新建矿产资源开发项目不得采用限制类和淘汰类技术，已采用限制类技术的，应督促企业加大改造力度，逐步淘汰落后产能。

三、国土资源部将根据宏观调控需要，依据国家产业政策、资源利用技术发展状况，适时调整修订《技术目录》。

四、本通知自发布之日起施行。《国土资源部关于印发〈矿产资源节约与综合利用鼓励、限制和淘汰技术目录〉的通知》（国土资发〔2010〕146 号）同时废止。

附件：矿产资源节约与综合利用鼓励、限制和淘汰技术目录（修订稿）

国土资源部

2014 年 12 月 26 日

附件：

矿产资源节约与综合利用鼓励、限制和淘汰技术目录（修订稿）（节选）

一、鼓励类技术

序号	技术名称	技术类别	技术特点	应用条件
（一）高效采矿技术				
3. 煤炭、油气等能源矿产开采技术				
33*	“三下”压煤矸石充填开采技术与成套装备	煤炭地下矿山高效开采技术	利用矿井开采的废弃物——煤矸石及其他固体废弃物充填到井下采空区，减少地表下沉、提高煤炭资源采出率，延长矿井服务年限	埋深小于 400 m，厚度≤3.5 m，倾角≤12°的中厚缓倾斜煤层
（二）矿产资源高效利用技术				
3. 能源矿产高效利用技术				
57*	高硫煤选煤技术	煤炭高效洗选技术	利用黄铁矿与煤矸石（或中煤）的密度不同，采用重力分选工艺（跳汰—摇床联合流程和水介质旋流器—摇床联合流程）回收黄铁矿。其工艺简单，易操作和调控，同时可回收煤矸石及处理电站所用劣质煤	硫主要为黄铁矿（粒度 2～3 mm）的高硫煤
（三）矿业固体废弃物、废水、废气利用技术				
14*	煤矸石制砖技术	矿业废渣利用技术	煤矸石（包括掘进矸石和洗选矸石）粉碎后，经多道强力搅拌机均匀混合，再经陈化增塑处理、成型、干燥、焙烧后得到煤矸石多孔砖和非承重实心砖等新型建筑材料成品。节约能源，保护了农田，实现了余热资源的综合利用	热值 1 672～2 508 kJ/kg、塑性指数≥7 的煤矸石
19*	石墨尾矿作充填剂制煤矸石多孔砖技术	非金属矿固体废弃物利用技术	煤矸石、石墨尾矿按比例混合，经加水搅拌后，物料陈化不少于 72 h，二次搅拌后直接进入双级真空挤砖机成型，干燥、烧成。节约耕地、节能利废	石墨选矿尾矿
35	煤矿塌陷地充填复垦土壤重构技术	矿山生态恢复技术	采用粉煤灰、煤矸石等固体废弃物充填、水工余土回填地面采煤沉陷区，恢复地表形貌，采用土地平整、疏排和水土、肥力重构技术，实现了煤矿塌陷地复垦和生态保护	煤矿开采造成的地面塌陷治理和复垦，尤其适宜东部平原矿区

注：*为新增技术。

关于印发《京津冀及周边地区工业资源综合利用产业协同发展行动计划（2015—2017年)》的通知

（工信部节〔2015〕229号）

北京市、天津市、河北省、山西省、内蒙古自治区、山东省工业和信息化主管部门：

为贯彻落实《中共中央 国务院关于加快推进生态文明建设的意见》《京津冀协同发展规划纲要》，推进京津冀及周边地区工业资源综合利用产业和生态协同发展，探索资源综合利用产业区域协同发展新模式，按照《2015年工业绿色发展专项行动实施方案》要求，现将《京津冀及周边地区工业资源综合利用产业协同发展行动计划（2015—2017年)》印发给你们，请认真贯彻执行。

附件：京津冀及周边地区工业资源综合利用产业协同发展行动计划（2015—2017年）

工业和信息化部

2015年7月3日

附件：

京津冀及周边地区工业资源综合利用产业协同发展行动计划（2015—2017年）（节选）

为贯彻落实《中共中央 国务院关于加快推进生态文明建设的意见》《京津冀协同发展规划纲要》，探索京津冀及周边地区资源综合利用产业协同发展新模式，促进区域工业资源综合利用产业与生态协调发展，按照工业和信息化部《2015年工业绿色发展专项行动实施方案》的要求，特制定本行动计划。

二、总体思路和主要目标

力争到 2017 年，建设 10 个工业固体废物综合利用协同发展示范基地，15 个再生资源综合利用协同发展示范园区，50 个能够支撑京津冀及周边地区工业资源综合利用协同发展格局的重点示范项目（具体园区和示范项目见附表），培育 30 家龙头企业，建设一批工业资源综合利用技术创新平台，形成跨区域工业资源综合利用协同发展新模式，建成全国工业资源综合利用协同创新发展的先行示范区。实现年消纳工业固体废物 4 亿吨，加工利用再生资源 2 000 万吨，总产值达到 2 200 亿元，年减少二氧化碳排放 400 万吨，减少细颗粒物排放 2 000 吨，减少化学需氧量 7 000 吨，节水 7 000 万立方米，减排氨氮及其他水体污染物 3 000 吨，减少京津冀及周边地区植被破坏和土地占用 5 万亩。

三、主要任务

（一）推动工业固体废物综合利用产业区域协同发展

协同利用钢渣、矿渣、煤矸石、粉煤灰和脱硫石膏。推动京津地区高校、科研院所与河北、山西、内蒙古、山东的企业对接合作，在河北邢台、沧州、邯郸、唐山、承德、山西朔州、大同、阳泉、内蒙古锡林郭勒、乌兰察布等地建设 10 个钢渣、矿渣、粉煤灰、脱硫石膏协同利用生产高性能胶凝材料和节能建筑部品，发展煤矸石综合利用热电联产、煤电建材一体化，支持煤矸石综合利用电厂实施超低排放和清洁生产改造。实现年消纳工业固体废物 9 000 万吨，替代水泥 800 万吨。完善工业固体废物协同利用标准体系，推动跨行业跨产业链协同利用，实现钢铁、电力、建材等产业之间耦合，促进转型升级和绿色发展。

中华人民共和国国家发展和改革委员会
中华人民共和国科学技术部
中华人民共和国工业和信息化部
中华人民共和国财政部
中华人民共和国国土资源部 令
中华人民共和国环境保护部
中华人民共和国住房和城乡建设部
国家税务总局
国家质量监督检验检疫总局
国家安全生产监督管理总局

第 18 号

为引导和规范煤矸石综合利用行为，减少其对土地资源占用和环境影响，促进循环经济发展，推进生态文明建设。我们对《煤矸石综合利用管理办法》进行了修订，现予发布，自 2015 年 3 月 1 日起施行。1998 年原国家经贸委等八部门联合发布的煤矸石综合利用管理办法（国经贸资〔1998〕80 号）同时废止。

国家发展改革委主任：徐绍史
科技部部长：万钢
工业和信息化部部长：苗圩
财政部部长：楼继伟
国土资源部部长：姜大明
环境保护部部长：周生贤
住房和城乡建设部部长：陈政高

税务总局局长：王军
质检总局局长：文树平
安全监管总局局长：杨栋梁
2014 年 12 月 22 日

煤矸石综合利用管理办法

（2014 年修订版）

第一章 总 则

第一条 为深入推进煤矸石综合利用健康有序发展，发展循环经济，减少其对土地资源占用和环境影响，提高资源利用效率，促进煤矿安全生产，根据《清洁生产促进法》《固体废物污染环境防治法》《循环经济促进法》《煤炭法》等法律，制定本办法。

第二条 中华人民共和国境内对煤矸石综合利用的管理活动，适用本办法。

本办法所称煤矸石，是指煤矿在开拓掘进、采煤和煤炭洗选等生产过程中排出的含碳岩石，是煤矿生产过程中的废弃物。

本办法所称煤矸石综合利用，是指利用煤矸石进行井下充填、发电、生产建筑材料、回收矿产品、制取化工产品、筑路、土地复垦等。

第三条 煤矸石综合利用应当坚持减少排放和扩大利用相结合，实行就近利用、分类利用、大宗利用、高附加值利用，提升技术水平，实现经济效益、社会效益和环境效益有机统一，加强全过程管理，提高煤矸石利用量和利用率。

第二章 综合管理

第四条 国家发展改革委会同科技部、工业和信息化部、财政部、国土资源部、环境保护部、住房和城乡建设部、税务总局、质检总局、安全监管总局、能源局、煤矿安监局等负责起草、拟订、发布煤矸石综合利用相关规划、产业和扶持政策、技术规范等，并在各自职责范围内开展煤矸石综合利用管理工作。

第五条 省、自治区、直辖市人民政府资源综合利用主管部门负责本办法的贯彻实施，以及本行政区域内煤矸石综合利用活动的监督、管理和协调工作。省、自治区、直辖市人民政府其他相关部门在各自职责范围内支持配合煤矸石综合利用工作。

第六条 设区的市级环境保护部门、资源综合利用主管部门会同煤炭行业管理部门负责统计和发布本地区煤矸石产生、贮存、流向、利用、处置等数据信息。

省、自治区、直辖市环境保护部门和资源综合利用主管部门应于每年 3 月底前，将本地区上年度统计数据报环境保护部、国家发展改革委。

第七条 有关行业协会、社会中介组织要积极发挥在技术指导、市场推广和信息咨询服务等方面的作用，加强行业自律。

第八条 主要产煤省份（内蒙古、山西、陕西、河南、山东、新疆、贵州、安徽、云南等）资源综合利用主管部门，要会同有关部门根据煤炭工业发展规划、矿区总体规划和矿产资源规划等组织编制本行政区域煤矸石综合利用发展规划（或实施方案），并将控制煤矸石利用碳排放纳入当地控制温室气体排放总体工作方案（或低碳发展规划）。

第九条 煤炭开发项目（包括选煤厂项目）的项目核准申请报告中资源开发及综合利用分析篇章中须包括煤矸石综合利用和治理方案，明确煤矸石综合利用途径和处置方式。对未提供煤矸石综合利用方案的煤炭开发项目，有关主管部门不得予以核准。

煤矸石综合利用方案中涉及煤矸石产生单位自行建设的工程，要与煤矿（选煤厂）工程同时设计、同时施工、同时投产使用；涉及为其他单位提供煤矸石的工程，煤矸石利用单位应当具备符合国家产业政策和环境保护要求的生产与处置能力。

第十条 新建（或扩建）煤矿及选煤厂应节约土地、防止环境污染，禁止建设永久性煤矸石堆放场（库）。确需建设临时性堆放场（库）的，其占地规模应当与煤炭生产和洗选加工能力相匹配，原则上占地规模按不超过 3 年储矸量设计，且必须有后续综合利用方案。煤矸石临时性堆放场（库）选址、设计、建设及运行管理应当符合《一般工业固体废物贮存、处置场污染控制标准》《煤炭工程项目建设用地指标》等相关要求。

第十一条 煤炭生产企业要因地制宜，采用合理的开采方式，煤炭和耕地复合度高的地区应当采用煤矸石井下充填开采技术，其他具备条件的地区也要优先和积极推广应用此项技术，有效控制地面沉陷、损毁耕地，减少煤矸石排放量。煤炭行业主管部门会同国土资源主管部门制订煤矸石井下充填开采技术标准体系，编制煤矸石井下充填开采方案。

第十二条 利用煤矸石进行土地复垦时，应严格按照《土地复垦条例》和国土、环境保护等相关部门出台的有关规定执行，遵守相关技术规范、质量控制标准和环保要求。

第十三条 煤矸石发电项目应当按照国家有关部门低热值煤发电项目规定进行规划建设，煤矸石使用量不低于入炉燃料的60%（重量比），且收到基低位发热量不低于5 020千焦（1 200千卡）/千克，应根据煤矸石资源量合理配备循环流化床锅炉及发电机组，并在煤矸石的使用环节配备准确可靠的计量器具。鼓励能量梯级利用，满足周边用户热（冷）负荷需要。对申报资源综合利用认定的发电项目（机组），其入炉混合燃料收到基低位发热量应不高于12 550千焦（3 000千卡）/千克。

第十四条 煤矸石综合利用要符合国家环境保护相关规定，达标排放。煤矸石发电企业应严格执行《火电厂大气污染物排放标准》等相关标准规定的限值要求和总量控制要求，应建立环保设施管理制度，并实行专人负责；发电机组烟气系统必须安装烟气自动在线监控装置，并符合《固定污染源烟气排放连续监测技术规范》要求，同时保留好完整的脱硫脱硝除尘系统数据，且保存一年以上；煤矸石发电产生的粉煤灰、脱硫石膏、废烟气脱硝催化剂等固体废弃物应按照有关规定进行综合利用和妥善处置。

第十五条 煤矸石产生单位应对既有的煤矸石堆场（库）的安全和环保负责，应制定治理方案，明确整改期限，采取有效综合利用措施消纳煤矸石、消除矸石山；对确难以综合利用的，须采取安全环保措施，并进行无害化处置，按照矿山生态环境保护与恢复治理技术规范等要求进行煤矸石堆场的生态保护与修复，防治煤矸石自燃对大气及周边环境的污染，鼓励对煤矸石山进行植被绿化。

第十六条 下列产品和工程项目，应当符合国家或行业有关质量、环境、节能和安全标准：

（一）利用煤矸石生产的建筑材料或其他与煤矸石综合利用相关的产品；

（二）煤矸石井下充填置换工程；

（三）利用煤矸石或制品的建筑、道路等工程；

（四）其他与煤矸石综合利用相关的工程项目。

第三章 鼓励措施

第十七条 国家鼓励煤矸石大宗利用和高附加值利用：

（一）煤矸石井下充填；

（二）煤矸石循环流化床发电和热电联产；

（三）煤矸石生产建筑材料；

（四）从煤矸石中回收矿产品；

（五）煤矸石土地复垦及矸石山生态环境恢复；

（六）其他大宗、高附加值利用方式。

第十八条 通过国家科技计划（基金、专项）等对煤矸石高附加值利用关键共性技术的自主创新研究和产业化推广给予一定支持。

第十九条 煤矸石利用单位可按照《国家鼓励的资源综合利用认定管理办法》有关要求和程序申报资源综合利用认定。符合条件的，可根据国家有关规定申请享受并网运行、财税等资源综合利用鼓励扶持政策。对符合燃煤发电机组环保电价及环保设施运行管理的煤矸石综合利用发电（含热电联产）企业，可享受环保电价政策。

第二十条 对符合国家或行业质量标准的煤矸石及其制品，设计、施工单位应在设计、建筑施工中优先选用。

第二十一条 各级资源综合利用主管部门应会同相关部门，根据本地区实际情况制定相应的引导、扶持、监管措施。

第四章　监督检查

第二十二条 煤炭开发项目（包括选煤厂项目）正式运行后，煤矸石综合利用未按照项目核准申请报告中的综合利用方案实施的，项目核准部门应监督其限期整改，整改合格后方可进行综合验收。

第二十三条 违反本办法第十条规定，新建（改扩建）煤矿或煤炭洗选企业建设永久性煤矸石堆场的或不符合《煤炭工程项目建设用地指标》要求的，由国土资源等部门监督其限期整改。

违反本办法第十条、第十二条、第十四条、第十六条有关规定对环境造成污染的，由环境保护部门依法处罚；煤矸石发电企业超标排放的，由所在地价格主管部门依据环境保护部门提供的环保设施运行情况，按照燃煤发电机组环保电价及环保设施运行监管办法有关规定罚没其环保电价款，同时环境保护部门每年向社会公告不达标企业名单。

违反本办法第十六条（一）项的，由质量技术监督部门依据《产品质量法》进行处罚；违反本办法第十五条、第十六条（二）（三）（四）项造成安全事故的，由安监部门依据有关规定进行处罚。

对达不到本办法第十三条、第十四条、第十五条、第十六条规定，弄虚作假、不符合质量标准和安全要求、超标排放的，有关部门应及时取消其享受国家相关鼓励扶持政策资格，并限期整改；对已享受国家鼓励扶持政策的，将按照有关法律和相关规定予以处罚和追缴。

第二十四条 任何单位和个人在煤矸石堆场取矸时，要明确安全责任主体，制定安全技术措施，不得影响煤矿生产安全，造成财产损失或引发生产安全事故的，安全监管等部门要依法追究相关单位和人员责任。

第二十五条 对获得国家和地方资金支持的煤矸石综合利用项目，所在地区科技、投资、环保等部门应当对项目进展、资金使用、环境影响情况进行监督检查，并进行资源综合利用效果的后评估。

第五章 附 则

第二十六条 本办法自 2015 年 3 月 1 日起施行。原国家经贸委等八部门联合发布的《煤矸石综合利用管理办法》（国经贸资〔1998〕80 号）同时废止。

关于印发《煤炭清洁高效利用行动计划（2015—2020年）》的通知

（国能煤炭〔2015〕141号）

各省、区、市、新疆生产建设兵团发展改革委、能源局、煤炭行业管理部门：

为贯彻中央财经领导小组第六次会议和新一届国家能源委员会首次会议精神，落实《国务院办公厅关于印发能源发展战略行动计划（2014—2020年）的通知》（国办发〔2014〕31号）和《关于促进煤炭安全绿色开发和清洁高效利用的意见》（国能煤炭〔2014〕571号）要求，加快推动能源消费革命，进一步提高煤炭清洁高效利用水平，有效缓解资源环境压力，特制定《煤炭清洁高效利用行动计划（2015—2020年）》，现印发你们，请按照执行。

国家能源局

2015年4月27日

附件：

煤炭清洁高效利用行动计划（2015—2020年）（节选）

二、主要任务和行动目标

加强煤炭质量管理，加快先进的煤炭优质化加工、燃煤发电技术装备攻关及产业化应用，稳步推进相关产业升级示范，建立政策引导与市场推动相结合的煤炭清洁高效利用推进机制，构建清洁、高效、低碳、安全、可持续的现代煤炭清洁利用体系。主要目标：全国新建燃煤发电机组平均供电煤耗低于300克标准煤/千瓦时；到2017年，全国原煤入选率达到70%以上；现代煤化工产业化示范取得初步成效，燃煤工业锅炉平均运行效率比 2013 年提高 5 个百分点。到 2020 年，原煤入选率达到 80%以上；现役燃煤发电机组改造后平均供电煤耗低于 310 克/千瓦时，电煤占煤炭消费比重提高到 60%以上；现代煤化工产业化示范取得阶段性成果，形成更加完整的自主技术和装备体系；燃煤工业锅炉平均运行效率比 2013 年提高 8 个百分点；稳步推进煤炭优质化加工、分质分级梯级利用、煤矿废弃物资源化利用等的示范，建设一批煤炭清洁高效利用示范工程项目。

三、重点工作

（七）推进废弃物资源化利用，减少污染物排放

加大煤矸石、煤泥、煤矿瓦斯、矿井水等资源化利用的力度。推广矸石井下充填技术，推进井下模块式选煤系统开发及其示范工程建设，实现废弃物不出井；支持低热值煤（煤泥、煤矸石）循环流化床燃烧技术及锅炉的研发及应用；鼓励开展煤矿瓦斯防治利用重大技术攻关，实施瓦斯开发利用示范工程；有条件的矿区实施保水开采或煤水共采，实现矿井突水控制与水资源保护一体化；推进煤炭地下气化示范工程建设，探索适合我国国情的煤炭地下气化发展路线。开发脱硫石膏、粉煤灰大宗量规模化利用及精细化利用技术，积极推广粉煤灰和脱硫石膏在建筑材料、土壤改良等方面的综合利用。建设与煤共伴生的铝、锗等资源精细化利用示范工程，促进矿区循环经济发展。

到 2020 年，煤矸石综合利用率不低于 80%；煤矿瓦斯抽采利用率达到 60%，在水资源短缺矿区、一般水资源矿区、水资源丰富矿区，矿井水或露天矿矿坑水利用率分别不低于 95%、80%、75%；煤矿塌陷土地治理率达到 80%以上，排矸场和露天矿排土场复垦率达到 90%以上；煤炭地下气化技术取得突破。

四、保障措施

（一）完善标准体系

提高煤炭清洁高效利用项目建设标准。通过项目建设规模、能源转化效率、综合能耗、新鲜水耗、资源综合利用率、污废产排率等具体指标进行调控和引导，促进集约化发展，防止盲目投资和低水平重复建设。

关于印发工业绿色发展规划（2016—2020 年）的通知

（工信部规〔2016〕225 号）

各省、自治区、直辖市及计划单列市、新疆生产建设兵团工业和信息化主管部门，各省、自治区、直辖市通信管理局，有关中央企业，部属有关事业单位：

为贯彻落实《中华人民共和国国民经济和社会发展第十三个五年规划纲要》和《中国制造 2025》，加快推进生态文明建设，促进工业绿色发展，我部制定了《工业绿色发展规划（2016—2020 年）》。现印发你们，请结合实际认真贯彻落实。

工业和信息化部

2016 年 6 月 30 日

工业绿色发展规划（2016—2020 年）（节选）

二、总体要求

（三）发展目标

到 2020 年，绿色发展理念成为工业全领域全过程的普遍要求，工业绿色发展推进机制基本形成，绿色制造产业成为经济增长新引擎和国际竞争新优势，工业绿色发展整体水平显著提升。

——能源利用效率显著提升。工业能源消耗增速减缓，六大高耗能行业占工业增加值比重继续下降，部分重化工业能源消耗出现拐点，主要行业单位产品能耗达到或接近世界先进水平，部分工业行业碳排放量接近峰值，绿色低碳能源占工业能源消费量的比重明显提高。

——资源利用水平明显提高。单位工业增加值用水量进一步下降，大宗工业固体废物综合利用率进一步提高，主要再生资源回收利用率稳步上升。

——清洁生产水平大幅提升。先进适用清洁生产技术工艺及装备基本普及，钢铁、水泥、造纸等重点行业清洁生产水平显著提高，工业二氧化硫、氮氧化物、化学需氧量和氨氮排放量明显下降，高风险污染物排放大幅削减。

——绿色制造产业快速发展。绿色产品大幅增长，电动汽车及太阳能、风电等新能源技术装备制造水平显著提升，节能环保装备、产品与服务等绿色产业形成新的经济增长点。

——绿色制造体系初步建立。绿色制造标准体系基本建立，绿色设计与评价得到广泛应用，建立百家绿色示范园区和千家绿色示范工厂，推广普及万种绿色产品，主要产业初步形成绿色供应链。

专栏 1 “十三五”时期工业绿色发展主要指标

指标	2015 年	2020 年	累计降速
(2) 单位工业增加值二氧化碳排放下降（%）	—	—	22
(3) 单位工业增加值用水量下降（%）	—	—	23
(4) 重点行业主要污染物排放强度下降（%）	—	—	20
(5) 工业固体废物综合利用率（%）	65	73	
其中：尾矿（%）	22	25	
煤矸石（%）	68	71	
注：本专栏均为指导性指标，大多为全国平均值，各地区可结合实际设置目标。			

三、主要任务

（三）加强资源综合利用，持续推动循环发展

按照减量化、再利用、资源化原则，加快建立循环型工业体系，促进企业、园区、行业、区域间链接共生和协同利用，大幅度提高资源利用效率。

大力推进工业固体废物综合利用。以高值化、规模化、集约化利用为重点，围绕尾矿、废石、煤矸石、粉煤灰、冶炼渣、冶金尘泥、赤泥、工业副产石膏、化工废渣等工业固体废物，推广一批先进适用技术装备，推进深度资源化利用。深入推进承德、朔州、贵阳等资源综合利用基地建设，选择有基础、有潜力、产业集聚和示范效应明显的地区，合理布局，突出特色，加强体制机制和运行管理模式创新，打造完整的工业固体废物综合利用产业链。探索资源综合利用产业区域协同发展新模式，发挥各地优势，推动区域资源综合利用协同发展，实施京津冀

地区资源综合利用产业协同发展行动计划，建立若干工业固体废物综合利用跨省界协同发展示范区。

全面推行循环生产方式。推进钢铁、有色、石化、化工、建材等行业拓展产品制造、能源转换、废弃物处理-消纳及再资源化等行业功能，强化行业间横向耦合、生态链接、原料互供、资源共享。因地制宜推进水泥窑协同处置固体废物，鼓励造纸行业利用林业废物及农作物秸秆等制浆。推进各类园区进行循环化改造，实现生产过程耦合和多联产，提高园区资源产出率和综合竞争力。

专栏4　资源高效循环利用工程
大宗工业固体废物综合利用行动。重点推进冶炼渣及尘泥、化工废渣、尾矿、煤电废渣等综合利用。到2020年，大宗工业固体废物综合利用量达到21亿吨，磷石膏利用率40%，粉煤灰利用率75%。 区域资源综合利用行动。在京津冀及周边、长江经济带、珠三角地区、东北等老工业基地，建立10个冶炼渣与矿业废弃物、煤电废弃物、报废机电设备等协同利用示范基地，建设5个共伴生钒钛、稀土、盐湖等资源深度利用示范项目。

关于印发煤炭工业发展“十三五”规划的通知

（发改能源〔2016〕2714号）

各省（自治区、直辖市）发展改革委（能源局）、煤炭行业管理部门、新疆生产建设兵团发展改革委，各有关中央企业：

为加快推进煤炭领域供给侧结构性改革，推动煤炭工业转型发展，建设集约、安全、高效、绿色的现代煤炭工业体系，依据《国民经济和社会发展第十三个五年规划纲要》和《能源发展“十三五”规划》，我们制订了《煤炭工业发展“十三五”规划》。现印发你们，请遵照执行。

附件：《煤炭工业发展“十三五”规划》

国家发展改革委
国 家 能 源 局
2016年12月22日

附件：

煤炭工业发展“十三五”规划（节选）

第一章 发展基础和形势

二、主要问题

清洁发展水平亟待提高。煤炭开采引发土地沉陷、水资源破坏、瓦斯排放、煤矸石堆存等，破坏矿区生态环境，恢复治理滞后。煤炭利用方式粗放，大量煤炭分散燃烧，污染物排放严重，大气污染问题突出，应对气候变化压力大。

三、主要目标

到2020年，煤炭开发布局科学合理，供需基本平衡，大型煤炭基地、大型骨干企业集团、大型现代化煤矿主体地位更加突出，生产效率和企业效益明显提高，安全生产形势根本好转，安全绿色开发和清洁高效利用水平显著提升，职工生活质量改善，国际合作迈上新台阶，煤炭治理体系和治理能力实现现代化，基本建成集约、安全、高效、绿色的现代煤炭工业体系。

——绿色：生态文明矿区建设取得积极进展，最大程度减轻煤炭生产开发对环境的影响。资源综合利用水平提升，煤层气（煤矿瓦斯）产量240亿立方米，利用量160亿立方米；煤矸石综合利用率75%左右，矿井水利用率80%左右，土地复垦率60%左右。原煤入选率75%以上，煤炭产品质量显著提高，清洁煤电加快发展，煤炭深加工产业示范取得积极进展，煤炭清洁利用水平迈上新台阶。

第五章　推进煤炭清洁生产

牢固树立绿色发展理念，推行煤炭绿色开采，发展煤炭洗选加工，发展矿区循环经济，加强矿区生态环境治理，推动煤炭供给革命。

一、推行煤炭绿色开采

研究制定矿区生态文明建设指导意见，建立清洁生产评价体系，建设一批生态文明示范矿区。在煤矿设计、建设、生产等环节，严格执行环保标准，采用先进环保理念和技术装备，减轻对生态环境影响。以煤矿掘进工作面和采煤工作面为重点，实施粉尘综合治理，降低粉尘排放。因地制宜推广充填开采、保水开采、煤与瓦斯共采、矸石不升井等绿色开采技术。限制开发高硫、高灰、高砷、高氟等对生态环境影响较大的煤炭资源。加强生产煤矿回采率管理，对特殊和稀缺煤类实行保护性开发。

三、发展矿区循环经济

以经济效益、社会效益、生态效益协同提高为目标，促进煤炭与共伴生资源的综合开发与循环利用。坚持统一规划和集中高效管理，统筹矿区综合利用项目及相关产业建设布局，提升循环经济园区建设水平。支持煤炭企业按等容量置换原则建设洗矸煤泥综合利用电厂，发挥综合利用发电在废弃物消纳处置、矿区供热、供暖、供冷等方面作用。发展煤矸石和粉煤灰制建材，提高煤矸石新型建材的市场竞争力。推进矿井排水产业化利用，提高矿井水资源利用率和利用水平。加强科研创新，探索与煤共伴生的铝、镓、锗等资源利用价值。

四、加强矿区生态环境治理

按照不欠新账、快还旧账的原则，全面推进矿区损毁土地复垦和植被恢复。推进采煤沉陷区综合治理，探索利用采煤沉陷区、废弃煤矿工业场地及周边地区，发展风电、光伏、现代农业、林业等产业。加强统筹规划和资金支持，推进新疆等地区煤田火区治理。构建政府主导、政策扶持、社会参与、开发式治理、市场化运作的治理新模式，加大历史遗留矿山地质环境问题治理力度。

第十三章　环境影响评价

一、煤炭开发对环境的影响

煤炭开发对环境的影响主要是煤矸石、煤矿瓦斯和矿井水排放，以及采煤引起的地表沉陷和水土流失。

东部地区。人口稠密、土地资源稀缺，多数煤矿位于平原地区，主要环境影响是地表沉陷。2020 年，预计东部地区产生煤矸石 0.56 亿吨、煤泥 1 490 万吨、矿井水 4.52 亿立方米，新形成沉陷土地面积 0.42 万公顷。

中部和东北地区。山西、内蒙古煤炭开发强度大，生态环境较脆弱，主要环境影响是地下水径流破坏、潜水位下降和地表水减少，煤矸石和煤矿瓦斯产生量大。吉林、湖北、湖南、江西煤炭产量逐渐减少，主要环境影响是地表沉陷、水土流失和瓦斯排放。2020 年，预计中部和东北地区产生煤矸石 3.36 亿吨、煤泥 8 760 万吨、矿井水 20.05 亿立方米，新形成沉陷土地面积 2.8 万公顷。

西部地区。除西南地区外，均处于干旱半干旱地区，水资源缺乏，植被稀少，生态环境脆弱，主要环境影响是地下水径流破坏、地下潜水位下降和地表水减少，引起地表干旱、水土流失、荒漠化和植被枯萎，煤矸石和瓦斯产生量大。2020 年，预计西部地区产生煤矸石 4.03 亿吨、煤泥 9 120 万吨、矿井水 35.47 亿立方米，新形成沉陷土地面积 3.34 万公顷。

二、预防和减轻环境影响的对策

（一）顶层设计，推进煤炭清洁高效开发利用。优化煤炭产业结构、消费结构，支持和鼓励煤炭生产企业通过多种技术途径，从源头减少煤矸石、矿井水和煤矿瓦斯等排放，继续推进矿区节能减排，加强商品煤质量管控，大幅度提高煤炭集中转化、废弃资源和污染物集中治理的比重。扶持企业立足资源和区位特点，积极开拓煤炭使用新领域，推进煤炭清洁高效利用。

三、环境治理的预期效果

通过实施以上措施，到2020年基本实现规划提出的环境保护目标，煤炭清洁高效生产体系基本建立，矿区生态环境显著改善。

（一）全国环境治理预期效果。到2020年，煤矸石综合利用率75%左右；矿井水综合利用率80%；煤矿稳定沉陷土地治理率80%以上，排矸场和露天矿排土场复垦率达到90%以上；瓦斯综合利用水平显著提高，煤层气（煤矿瓦斯）抽采量达到240亿立方米，利用率67%左右；新增沉陷土地面积6.56万公顷，复垦面积约3.91万公顷，土地复垦率60%左右。

（二）地区环境治理预期效果。东部地区采取煤矸石发电、井下充填、土地复垦和立体开发等措施，煤矸石利用率达到100%，矿井水利用率92%，沉陷土地复垦率68%，煤层气（煤矿瓦斯）利用率 53%。中部和东北地区采取煤矸石发电、井下充填、地表土地复垦和立体开发、植被绿化等措施，煤矸石利用率76%，矿井水利用率77%，沉陷土地复垦率63%，煤层气（煤矿瓦斯）利用率64%。西部地区采取煤矸石发电、井下充填、地表土地复垦和立体开发、植被绿化、保水充填开采等措施，煤矸石利用率70%，矿井水利用率80%，沉陷土地复垦率55%，煤层气（煤矿瓦斯）利用率72%。

关于印发能源发展“十三五”规划的通知

（发改能源〔2016〕2744 号）

各省、自治区、直辖市发展改革委（能源局），新疆生产建设兵团发展改革委（能源局），各有关中央企业，有关行业协会、学会：

经国务院同意，现将《能源发展“十三五”规划》印发给你们，请认真贯彻执行。

附件：能源发展“十三五”规划

国家发展改革委
国 家 能 源 局
2016 年 12 月 26 日

附件：

能源发展“十三五”规划
（节选）

第三章 主要任务

三、多元发展，推动能源供给革命

——煤炭深加工。

鼓励煤矸石、矿井水、煤矿瓦斯等煤炭资源综合利用，提升煤炭资源附加值和综合利用效率。采用先进煤化工技术，推进低阶煤中低温热解、高铝粉煤灰提取氧化铝等煤炭分质梯级利用示范项目建设。积极推广应用清洁煤技术，大力发展煤炭洗选加工，2020 年原煤入选率达到 75%以上。

关于印发《新型墙材推广应用行动方案》的通知

（发改办环资〔2017〕212号）

各省、自治区、直辖市及计划单列市、新疆生产建设兵团发展改革委、工业和信息化主管部门，墙材革新主管部门：

为贯彻落实《中共中央 国务院关于加快推进生态文明建设的意见》和《国务院办公厅关于促进建材工业稳增长调结构增效益的指导意见》，优化建筑材料供给结构，大力推广新型墙材，深化墙材革新，提高资源综合利用效率，促进循环经济发展，保护耕地和生态环境，支撑建筑业节能降耗和建造方式创新，改善城乡人居环境，我们制定了《新型墙材推广应用行动方案》。现印发你们，请结合实际，认真贯彻落实。

附件：新型墙材推广应用行动方案

国家发展改革委办公厅
工业和信息化部办公厅
2017年2月6日

附件：

新型墙材推广应用行动方案
（节选）

一、总体要求

（一）指导思想

以党的十八大和十八届三中、四中、五中、六中全会精神为指导，牢固树立创新、协调、绿色、开放、共享的发展理念，以提高建筑质量和改善建筑功能为动力，以节约资源和治污减排为中心，以信息技术和智能制造为支撑，以供给侧结构性改革为重点，以试点示范为引领，因地制宜推进“城市限粘、县城禁实、农村推新”，发展绿色新型墙材，提升墙材行业绿色发展、循环发展、低碳发展水平，促进建材行业转型升级。

（二）总体目标

到 2020 年，全国县级（含）以上城市禁止使用实心黏土砖，地级城市及其规划区（不含县城）限制使用黏土制品，副省级（含）以上城市及其规划区禁止生产和使用黏土制品；新型墙材产量在墙材总量中占比达 80%，其中装配式墙板部品占比达 20%；新建建筑中新型墙材应用比例达 90%。

初步建成基于“互联网+”的墙材革新信息化系统，行业信用评价体系基本建立，政策标准体系进一步完善，产品质量和功能明显提升，墙材生产基本实现绿色化智能化，东部地区农村新型墙材得到规模化普遍应用。

三、推动绿色发展

（六）提升利用水平。进一步提高资源综合利用水平，继续推进煤矸石、粉煤灰、尾矿、河（湖）淤（污）泥、工业副产石膏、陶瓷渣粉等固废在墙材中的综合利用，扩大资源综合利用范围，增加资源综合利用总量。研究利用新型墙材隧道窑协同处置建筑垃圾、城镇污泥和河道淤泥等，并制修订窑炉废气排放和相关产品质量标准。支持建设大宗固废综合利用示范基地，推进利废新型墙材企业示范。

（九）淘汰落后产能。落实《产业结构调整指导目录》，加快淘汰落后产品、技术和设备。立足行业技术进步，适时制修订墙材行业污染物排放、产品能源消耗限额标准，提高墙材行业规范经营要求，对达不到环保、能耗等要求的落后窑炉产能，履行社会责任不到位的，依法依规关停淘汰。研究建立投资准入负面清单制度，提高行业准入门槛，遏制低水平建设，健全墙材落后产能退出机制。

关于推进供给侧结构性改革
防范化解煤电产能过剩风险的意见

（发改能源〔2017〕1404 号）

各省、自治区、直辖市人民政府，国务院各部委、各直属机构，各有关中央企业：

为贯彻落实党中央、国务院关于推进供给侧结构性改革的决策部署，有力有序有效推进防范化解煤电产能过剩风险工作，经国务院同意，现将《关于推进供给侧结构性改革　防范化解煤电产能过剩风险的意见》印发给你们，请认真贯彻执行。

附件：关于推进供给侧结构性改革　防范化解煤电产能过剩风险的意见

国家发展改革委　工业和信息化部　财政部
人力资源社会保障部　国土资源部　环境保护部
住房城乡建设部　交通运输部　水利部
人民银行　国资委　质检总局　安全监管总局
统计局　银监会　能源局
2017 年 7 月 26 日

附件：

关于推进供给侧结构性改革
防范化解煤电产能过剩风险的意见（节选）

煤电是保障我国电力供应的基础性电源。近年来，我国煤电行业的装机结构不断优化，技术装备水平大幅提升，节能减排改造效果显著，为经济社会发展做出了重要贡献。但是，受经济增速放缓、电力供需形势变化等因素影响，煤电利用小时数持续下降，规划和在建煤电项目规模较大，违规建设问题仍然存在，多个地区将会出现电力供应过剩情况，防范化解煤电产能过剩风险刻不容缓。为贯彻落实党中央、国务院关于推进供给侧结构性改革的决策部署，有力有序有效推进防范化解煤电产能过剩风险工作，经国务院同意，现提出以下意见：

一、总体要求

（二）基本原则

淘汰落后，严控增量。加快淘汰落后产能，依法依规关停不符合强制性标准的机组，进一步优化煤电结构。强化规划引领约束作用，完善风险预测预警机制，严控新增煤电规模，坚决清理违规项目，遏制未核先建等违法违规行为。

优化存量，转型升级。继续推进煤电超低排放、节能改造和灵活性改造，规范整顿企业燃煤自备电厂，全面促进煤电行业转型升级、绿色发展，加快建设国际领先的高效清洁煤电体系。

（三）工作目标

“十三五”期间，全国停建和缓建煤电产能1.5亿千瓦，淘汰落后产能0.2亿千瓦以上，实施煤电超低排放改造4.2亿千瓦、节能改造3.4亿千瓦、灵活性改造2.2亿千瓦。到2020年，全国煤电装机规模控制在11亿千瓦以内，具备条件的煤电机组完成超低排放改造，煤电平均供电煤耗降至310克/千瓦时。

二、主要任务

（四）从严淘汰落后产能。严格执行环保、能耗、安全、技术等法律法规标准和产业政策要求，依法依规淘汰关停不符合要求的30万千瓦以下煤电机组（含燃煤自备机组）。有关地区、企业可结合实际情况进一步提高淘汰标准，完善配套政策措施，及时制定关停方案并组织实施。

（五）清理整顿违规项目。按照《企业投资项目核准和备案管理条例》（国务院令第673号）、《国务院关于印发清理规范投资项目报建审批事项实施方案的通知》（国发〔2016〕29号）等法律法规要求，全面排查煤电项目的规划建设情况，对未核先建、违规核准、批建不符、开工手续不全等违规煤电项目一律停工、停产，并根据实际情况依法依规分类处理。

（六）严控新增产能规模。强化燃煤发电项目的总量控制，所有燃煤发电项目都要纳入国家依据总量控制制定的电力建设规划（含燃煤自备机组）。及时发布并实施年度煤电项目规划建设风险预警，预警等级为红色和橙色省份，不再新增煤电规划建设规模，确需新增的按“先关后建、等容量替代”原则淘汰相应煤电落后产能；

除国家确定的示范项目首台（套）机组外，一律暂缓核准和开工建设自用煤电项目（含燃煤自备机组）；国务院有关部门、地方政府及其相关部门同步暂停办理该地区自用煤电项目核准和开工所需支持性文件。

落实分省年度投产规模，缓建项目可选择立即停建或建成后暂不并网发电。严控煤电外送项目投产规模，原则上优先利用现役机组，2020年年底前已纳入规划基地外送项目的投产规模原则上减半。

（七）加快机组改造提升。统筹推进煤电机组超低排放和节能改造，东部、中部、西部地区分别在2017年、2018年、2020年年底前完成具备条件机组的改造工作，进一步提高煤电高效清洁发展水平。积极实施灵活性改造（提升调峰能力等）工程，深入挖掘煤电机组调节能力，提高系统调节运行效率。

（八）规范自备电厂管理。燃煤自备电厂要纳入国家电力建设规划，不得以任何理由在国家规划之外审批燃煤自备电厂，京津冀、长三角、珠三角等区域禁止新建燃煤自备电厂。燃煤自备电厂要严格执行国家节能和环保排放标准，公平承担社会责任，履行相应的调峰义务。

（九）保障电力安全供应。加强电力预测预警分析，定期监测评估电力规划实施情况，并适时进行调整。要及时做好电力供需动态平衡，采取跨省区电力互济、电量短时互补等措施，合理安排电网运行方式，确保电力可靠供应和系统安全稳定运行。

三、政策措施

（十）落实产业支持政策。建立完善电力容量市场、辅助服务市场等电力市场机制，研究通过电量补贴、地方财政补贴等支持政策，对承担调峰任务的煤电机组、非供暖季停发的背压机组给予合理补偿。在确保按时完成淘汰、停建、缓建煤电产能任务目标的前提下，列入关停计划的机组容量可跨省（区、市）统筹使用，按等容量原则与暂缓核准、建设项目的恢复挂钩，或按一定比例与在建项目挂钩。列入关停计划且不参与等容量替代的煤电机组，关停后可享受最多不超过5年的发电权，并可通过发电权交易转让获得一定经济补偿，具体办法由各省结合电力体制改革自行制定。

（十一）积极推进重组整合。鼓励和推动大型发电集团实施重组整合，鼓励煤炭、电力等产业链上下游企业发挥产业链协同效应，加强煤炭、电力企业中长期合作，稳定煤炭市场价格；支持优势企业和主业企业通过资产重组、股权合作、资产置换、无偿划转等方式，整合煤电资源。

（十二）实施差别化金融政策。鼓励金融机构按照风险可控、商业可持续的原则，加大对煤电企业结构调整、改造提升的信贷支持。对未核先建、违规核准和批建不符等违规煤电项目，一律不得通过贷款、发债、上市等方式提供融资。对纳入暂缓范围的在建煤电项目，金融机构要加强信贷风险管控，通过债权人委员会有效保护金融债权。

（十三）盘活土地资源。煤电机组关停拆除后的用地，可依法转让或由地方政府收回，也可在符合城乡规划的前提下转产发展第三产业。其中，转产为生产性服务业等国家鼓励发展行业的，可在5年内继续按原用途和土地权利类型使用土地。

（十四）做好职工安置。参照钢铁煤炭行业去产能工作的职工安置政策，对符合条件职工实行内部退养，依法依规变更、解除、终止劳动合同，以及做好再就业帮扶等措施，维护职工合法权益，切实做好职工安置工作。挖掘企业内部潜力，优先在发电企业集团内部安置解决分流职工，煤电改造和新建、扩建项目应优先招用关停机组分流人员。地方人民政府要指导督促企业制定并落实职工安置方案，依法依规妥善处理好经济补偿、社会保险等问题，维护社会大局稳定。

关于加快推进环保装备制造业发展的指导意见

（节选）

（工信部节〔2017〕250 号）

各省、自治区、直辖市及计划单列市、新疆生产建设兵团工业和信息化主管部门：

环保装备制造业是节能环保产业的重要组成部分，是保护环境的重要技术基础，是实现绿色发展的重要保障。近年来，环保装备制造业规模迅速扩大，发展模式不断创新，服务领域不断拓宽，技术水平大幅提升，部分装备达到国际领先水平，2016 年实现产值 6 200 亿元，比 2011 年翻一番。随着绿色发展理念深入人心，工业绿色转型步伐进一步加快，为环保装备制造业发展带来了巨大的市场空间、提出了新的更高要求。但同时，环保装备制造业创新能力还不强，产品低端同质化竞争严重，先进技术装备应用推广困难等问题依然突出。为贯彻落实《中国制造 2025》和《"十三五"国家战略性新兴产业发展规划》，全面推行绿色制造，提升环保装备制造业水平，促进环保产业持续健康发展，实现有效供给，提出以下意见：

三、重点领域

（三）土壤污染修复装备。重点研发土壤生物修复、强化气相抽提（SVE）、重金属电动分离等技术装备。重点推广热脱附、化学淋洗、氧化还原等技术装备。研究石油、化工、冶炼、矿山等污染场地对人居环境和生态安全影响，开展农田土壤污染、工业用地污染、矿区土壤污染等治理和修复示范。

（五）资源综合利用装备。在尾矿、赤泥、煤矸石、粉煤灰、工业副产石膏、冶炼渣等大宗工业固废领域研发推广高值化、规模化、集约化利用技术装备。

四、保障措施

（二）加大财税金融支持力度。充分利用绿色制造、工业转型升级、节能减排、技术改造等现有资金渠道，发挥节能节水环保专用设备所得税优惠政策和首台（套）重大技术装备保险补偿机制，支持先进环保技术装备产业化示范和推广应用。积极推动绿色信贷、绿色债券、融资租赁、知识产权质押贷款、信用保险保单质押贷款等金融产品，加大对环保装备制造业的支持力度。鼓励社会资本按市场化原则设立产业基金，投资环保装备制造业。

工业和信息化部
2017 年 10 月 17 日

关于发布《高污染燃料目录》的通知

（国环规大气〔2017〕2号）

各省、自治区、直辖市环境保护厅（局），新疆生产建设兵团环境保护局：

为改善城市大气环境质量，根据全国人大常委会2015年8月29日修订通过的《中华人民共和国大气污染防治法》第三十八条规定，我部组织编制了《高污染燃料目录》（见附件），现予发布。本目录自发布之日起实施。原国家环境保护总局2001年发布的《关于划分高污染燃料的规定》（环发〔2001〕37号）同时废止。

附件：高污染燃料目录

环境保护部

2017年3月27日

附件：

高污染燃料目录

一、为改善城市大气环境质量，根据全国人大常委会2015年8月29日修订通过的《中华人民共和国大气污染防治法》第三十八条规定，制定本目录。

二、本目录所指燃料是根据产品品质、燃用方式、环境影响等因素确定的需要强化管理的燃料，仅适用于城市人民政府依法划定的高污染燃料禁燃区（以下简称禁燃区）的管理，不作为禁燃区外燃料的禁燃管理依据。

三、按照控制严格程度，将禁燃区内禁止燃用的燃料组合分为Ⅰ类（一般）、Ⅱ类（较严）和Ⅲ类（严格）。城市人民政府根据大气环境质量改善要求、能源消费结构、经济承受能力，在禁燃区管理中，因地制宜选择其中一类（见表1）。

表 1　禁燃区内禁止燃用的燃料组合类别

<table>
<tr><th>类别</th><th colspan="3">燃料种类</th></tr>
<tr><td>Ⅰ类</td><td>单台出力小于 20 蒸吨/小时的锅炉和民用燃煤设备燃用的含硫量大于 0.5%、灰分大于 10%的煤炭及其制品（其中，型煤、焦炭、兰炭的组分含量大于表 2 中规定的限值）</td><td rowspan="3">石油焦、油页岩、原油、重油、渣油、煤焦油</td><td rowspan="2">—</td></tr>
<tr><td>Ⅱ类</td><td>除单台出力大于等于 20 蒸吨/小时锅炉以外燃用的煤炭及其制品</td></tr>
<tr><td>Ⅲ类</td><td>煤炭及其制品</td><td>非专用锅炉或未配置高效除尘设施的专用锅炉燃用的生物质成型燃料</td></tr>
</table>

表 2　部分煤炭制品的组分含量限值

燃料种类	含硫量（$S_{t,d}$）	灰分（A_d）	挥发分（V_{daf}）
型煤	0.5%	—	12.0%
焦炭	0.5%	10.0%	5.0%
兰炭	0.5%	10.0%	10.0%

（一）Ⅰ类

1．单台出力小于 20 蒸吨/小时的锅炉和民用燃煤设备燃用的含硫量大于 0.5%、灰分大于 10%的煤炭及其制品（其中，型煤、焦炭、兰炭的组分含量大于表 2 中规定的限值）。

2．石油焦、油页岩、原油、重油、渣油、煤焦油。

（二）Ⅱ类

1．除单台出力大于等于 20 蒸吨/小时锅炉以外燃用的煤炭及其制品。

2．石油焦、油页岩、原油、重油、渣油、煤焦油。

（三）Ⅲ类

1．煤炭及其制品。

2．石油焦、油页岩、原油、重油、渣油、煤焦油。

3．非专用锅炉或未配置高效除尘设施的专用锅炉燃用的生物质成型燃料。

四、本目录规定的是生产和生活使用的煤炭及其制品（包括原煤、散煤、煤矸石、煤泥、煤粉、水煤浆、型煤、焦炭、兰炭等）、油类等常规燃料。

五、本目录由环境保护部负责解释。

六、本目录自发布之日起实施，原国家环境保护总局 2001 年发布的《关于划分高污染燃料的规定》（环发〔2001〕37 号）同时废止。

中华人民共和国国家发展和改革委员会
中华人民共和国商务部 令

第4号

《外商投资产业指导目录（2017年修订）》已经党中央、国务院同意，现予以发布，自2017年7月28日起施行。2015年3月10日国家发展和改革委员会、商务部发布的《外商投资产业指导目录（2015年修订）》同时废止。

国家发展和改革委员会主任　何立峰
商务部部长　钟　山
2017年6月28日

外商投资产业指导目录（2017年修订）

（节选）

鼓励外商投资产业目录

三、制造业

（二十四）废弃资源综合利用业

283. 煤炭洗选及粉煤灰（包括脱硫石膏）、煤矸石等综合利用

四、电力、热力、燃气及水生产和供应业

290. 单机30万千瓦及以上采用流化床锅炉并利用煤矸石、中煤、煤泥等发电项目的建设、经营

备注：《外商投资产业指导目录（2017年修订）》所称的“及以上”“及以下”，包括本数。

中华人民共和国工业和信息化部公告

（2018 年　第 26 号）

为贯彻落实《中华人民共和国固体废物污染环境防治法》《中华人民共和国循环经济促进法》《中华人民共和国清洁生产促进法》《中华人民共和国环境保护税法》《中华人民共和国环境保护税法实施条例》等法律法规，建立科学规范的工业固体废物资源综合利用评价制度，推动工业固体废物资源综合利用，促进工业绿色发展，工业和信息化部制定了《工业固体废物资源综合利用评价管理暂行办法》和《国家工业固体废物资源综合利用产品目录》，现予公告。

附件：1. 工业固体废物资源综合利用评价管理暂行办法
　　　2. 国家工业固体废物资源综合利用产品目录

工业和信息化部
2018 年 5 月 15 日

附件 1：

工业固体废物资源综合利用评价管理暂行办法

第一章　总　则

第一条　为促进工业绿色发展，推动工业固体废物资源综合利用，依据《中华人民共和国固体废物污染环境防治法》《中华人民共和国循环经济促进法》《中华人民共和国清洁生产促进法》《中华人民共和国环境保护税法》《中华人民共和国环境保护税法实施条例》等法律法规，制定本办法。

第二条　本办法旨在建立科学规范的工业固体废物资源综合利用评价机制，引导企业积极主动开展工业固体废物资源综合利用。

第三条 在中华人民共和国境内开展工业固体废物资源综合利用评价，适用于本办法。

第四条 本办法所指工业固体废物资源综合利用评价是指对开展工业固体废物资源综合利用的企业所利用的工业固体废物种类、数量进行核定，对综合利用的技术条件和要求进行符合性判定的活动。

第五条 评价工作按照自愿原则，公平、公正、公开地开展评价活动。

第六条 工业和信息化主管部门依据本办法管理工业固体废物资源综合利用评价，促进工业固体废物资源综合利用产业规范化、绿色化、规模化发展。

第七条 开展工业固体废物资源综合利用评价的企业，可依据评价结果，按照《财政部 税务总局 生态环境部关于环境保护税有关问题的通知》和有关规定，申请暂予免征环境保护税，以及减免增值税、所得税等相关产业扶持优惠政策。

第二章 管理机制

第八条 国家建立统一的工业固体废物资源综合利用评价制度，实行统一的国家工业固体废物资源综合利用产品目录（以下简称目录）。

第九条 工业和信息化部负责制定发布目录。通过目录引导企业不断提高资源综合利用技术水平，提升综合利用产品质量，促进绿色生产和绿色消费。

目录包括工业固体废物种类、综合利用产品、综合利用技术条件和要求等内容。

工业和信息化部根据工业固体废物资源综合利用技术发展水平、综合利用产品市场应用情况、产品目录的实施情况等适时调整目录。

第十条 工业固体废物资源综合利用评价机构（以下简称评价机构）依据目录开展工业固体废物资源综合利用评价。

第十一条 评价机构是指开展工业固体废物资源综合利用评价的第三方机构。列入推荐名单的评价机构应具备以下条件：

（一）独立法人，在资源综合利用评估、评价、技术服务等相关领域具有一年以上业务经验，熟悉相关产业政策、标准和规范；

（二）从事资源综合利用的专职人员不少于 8 人，从事专业包括资源、环境、财会等，评价机构人员遵守国家法律法规，有良好的职业道德；

（三）建立严格的管理制度，包括机构管理制度、评价工作规程、评价人员管理制度、专家审议制度等；

（四）与委托评价的单位在产品技术开发、生产、销售等方面不存在利益关系；

（五）省级工业和信息化主管部门规定的其他条件。

第十二条 省级工业和信息化主管部门负责发布评价机构推荐名单，并建立动态调整机制。各地应根据本区域工业固体废物种类和数量，严格评价机构推荐程序，合理确定评价机构数量，并将评价机构推荐名单报工业和信息化部备案。

第十三条 评价机构依据本办法及省级工业和信息化主管部门发布的实施细则等开展工业固体废物资源综合利用评价，出具工业固体废物资源综合利用评价报告。评价机构对评价报告负责，并承担责任，接受监督。

第十四条 工业和信息化部组织成立由行业有关专家组成的工业固体废物资源综合利用技术委员会（以下简称技术委员会）。

技术委员会负责协调工业固体废物资源综合利用评价过程中的重大技术问题，提出目录调整建议，对相关标准制订、信息统计等工作提供技术支撑。

第三章 评价程序

第十五条 企业自愿开展工业固体废物资源综合利用评价。

第十六条 开展工业固体废物资源综合利用评价的企业应向评价机构提交以下资料：

（一）企业营业执照复印件；

（二）企业近两年生产经营情况说明（包括但不限于企业基本情况、经营规模、综合利用工业固体废物种类、产品产量、年产值等）；

（三）工业固体废物产生、采购（或接收）、消耗、库存及产品生产、出库、外销的相关报表；

（四）工业固体废物原料掺量证明材料；

（五）产品标准及工艺技术说明；

（六）产品质量检测报告；

（七）质量、环境管理体系，物质计量统计体系等相关管理体系建设情况；

（八）需要的其他证明材料。

第十七条 评价机构对企业提交的资料进行完整性和准确性审查，对企业生产过程与提交资料的一致性进行现场核查，确定综合利用工业固体废物的种类和数量。

第十八条 评价机构的评价内容包括：

（一）企业生产工艺、技术是否符合产业政策、技术规范；

（二）企业综合利用的工业固体废物种类、产品是否符合目录要求；

（三）企业是否建立质量保证体系、环境管理体系；

（四）企业物质计量统计体系建设情况是否满足对工业固体废物资源综合利用量的核算要求；

（五）工业固体废物资源综合利用量的物料衡算过程是否准确；

（六）需要评价的其他情况。

第十九条 评价机构根据资料审查和现场核查情况向企业出具评价报告，作为企业工业固体废物资源综合利用的评价结果。

评价报告内容主要包括企业基本情况，工艺技术介绍，计量统计体系建设情况，产品质量控制情况，企业自身产生的工业固体废物分种类的综合利用量、企业接收的工业固体废物分种类的综合利用量及相关的物料衡算过程，存在问题及建议等。

第二十条 列入推荐名单的评价机构应按照相关政策制定并公开工业固体废物资源综合利用评价收费标准。

第二十一条 评价机构应在评价报告完成后三十日内，将评价报告报被评价企业所在地县级以上工业和信息化主管部门备案。

县级以上工业和信息化主管部门在其网站上按下列项目予以公布：企业名称，工业固体废物综合利用的种类与数量，综合利用产品名称，评价机构名称。

第四章 监督管理

第二十二条 工业和信息化部负责对全国工业固体废物资源综合利用评价工作进行指导和管理。

第二十三条 省级工业和信息化主管部门负责监督管理本辖区工业固体废物资源综合利用评价工作，依据本办法制定实施细则。

第二十四条 省级工业和信息化主管部门加强对评价机构的监督管理。有下列情况之一的，应从评价机构推荐名单中予以删除：

（一）申请列入评价机构推荐名单时提供虚假资料、信息的；

（二）评价过程中提供虚假资料、信息，造成评价报告严重失实的；

（三）不能保证评价工作质量的；

（四）不接受监督管理的；

（五）其他违背诚实信用原则的。

第二十五条 省级工业和信息化主管部门应建立统一的省级信息管理系统，并逐步接入工业和信息化部信息管理系统。按季度对本辖区综合利用的工业固体废物种类、综合利用量、综合利用产值、减免税额等进行汇总，自季度终了三十日内报工业和信息化部。每年 3 月 31 日前将上一年度综合利用情况形成报告报工业和信息化部。

第二十六条 任何组织和个人发现工业固体废物资源综合利用评价中的违法违

规行为，有权向当地工业和信息化主管部门或相关部门举报。

第二十七条 对工业固体废物资源综合利用评价活动中的违法行为依照相关法律、行政法规和部门规章等予以处罚。

第五章 附 则

第二十八条 本办法自发布之日起施行。

附件 2：

国家工业固体废物资源综合利用产品目录（节选）

工业固体废物种类	序号	综合利用产品	综合利用技术条件和要求
一、煤矸石	1.1	水泥、水泥熟料	1. 煤矸石综合利用符合《煤矸石综合利用管理办法》（2014 年修订版）和《煤矸石利用技术导则》（GB/T 29163）的要求； 2. 产品符合《通用硅酸盐水泥》（GB 175）、《硅酸盐水泥熟料》（GB/T 21372）等标准； 3. 产品符合《建筑材料放射性核素限量》（GB 6566）
	1.2	建筑砂石骨料（含机制砂）	1. 煤矸石综合利用符合《煤矸石综合利用管理办法》（2014 年修订版）和《煤矸石利用技术导则》（GB/T 29163）的要求； 2. 产品符合《建设用砂》（GB/T 14684）、《建设用卵石、碎石》（GB/T 14685）、《混凝土和砂浆用再生细骨料》（GB/T 25176）、《混凝土用再生粗骨料》（GB/T 25177）等标准； 3. 产品符合《建筑材料放射性核素限量》（GB 6566）； 4. 企业建设符合《机制砂石骨料工厂设计规范》（GB 51186）等要求
	1.3	砖瓦、砌块、陶粒制品、板材、管材（管桩）、混凝土、砂浆、井盖、防火材料、耐火材料（镁铬砖除外）、保温材料、微晶材料、泡沫陶瓷、高岭土	1. 煤矸石综合利用符合《煤矸石综合利用管理办法》（2014 年修订版）和《煤矸石利用技术导则》（GB/T 29163）的要求； 2. 产品符合《烧结普通砖》（GB/T 5101）、《烧结空心砖和空心砌块》（GB/T 13545）、《烧结保温砖和砌块》（GB 26538）、《烧结多孔砖和烧结多孔砌块》（GB/T 13544）、《烧结装饰砖》（GB/T 32982）、《烧结路面砖》（GB/T 26001）、《建筑用轻质隔墙条板》（GB/T 23451—2009）、《烧结瓦》（GB/T 21149）、《烧结装饰板》（GB/T 30018）、《轻集料及其试验方法》（GB/T 17431.1）、《复合保温砖和复合保温砌块》（GB/T 29060）、《轻集料混凝土小型空

工业固体废物种类	序号	综合利用产品	综合利用技术条件和要求
一、煤矸石	1.3		心砌块》（GB/T 15229）、《蒸压加气混凝土砌块》（GB 11968）、《蒸压加气混凝土板》（GB 15762）、《粉煤灰混凝土小型空心砌块》（JC/T 862）、《混凝土实心砖》（GB/T 21144）、《非承重混凝土空心砖》（GB/T 24492）、《承重混凝土多孔砖》（GB 25779）、《混凝土路面砖》（GB 28635）、《透水路面砖和透水路面板》（GB/T 25993）、《干垒挡土墙用混凝土砌块》（JC/T 2094）、《钢筋陶粒混凝土轻质墙板》（JC/T 2214）、《先张法预应力混凝土管桩》（GB/T 13476）、《预拌混凝土》（GB/T 14902）、《预拌砂浆》（GB/T 25181）、《建筑保温砂浆》（GB/T 20473）、《钢纤维混凝土检查井盖》（GB/T 26537）、《防火封堵材料》（GB 23864）、《耐磨耐火材料》（GB/T 23294）、《烧结保温砖和保温砌块》（GB/T 26538）、《微晶玻璃陶瓷复合砖》（JC/T 994）、《外墙外保温泡沫陶瓷》（GB/T 33500）、《高岭土及其试验方法》（GB/T 14563）等标准； 3. 产品符合《建筑材料放射性核素限量》（GB 6566）
	1.4	矿（岩）棉	1. 煤矸石综合利用符合《煤矸石综合利用管理办法》（2014 年修订版）和《煤矸石利用技术导则》（GB/T 29163—2012）的要求； 2. 产品符合《绝热用岩棉、矿渣棉及其制品》（GB/T 11835）、《建筑用岩棉绝热制品》（GB/T 19686）、《矿物棉装饰吸声板》（GB/T 25998）、《建筑外墙外保温用岩棉制品》（GB/T 25975）、《矿物棉喷涂绝热层》（GB/T 26746）、《吸声板用粒状棉》（JC/T 903）等标准； 3. 产品符合《建筑材料放射性核素限量》（GB 6566）
	1.5	电力、热力	煤矸石综合利用符合《煤矸石综合利用管理办法》（2014 年修订版）和《煤矸石利用技术导则》（GB/T 29163）的要求。
	1.6	陶瓷及陶瓷制品	1. 煤矸石综合利用符合《煤矸石综合利用管理办法》（2014 年修订版）和《煤矸石利用技术导则》（GB/T 29163）的要求； 2. 产品符合《外墙外保温泡沫陶瓷》（GB/T 33500）、《卫生陶瓷》（GB/T 6952）、《陶瓷砖》（GB/T 4100）、《电子元器件结构陶瓷材料》（GB/T 5593）等标准； 3. 建材产品符合《建筑材料放射性核素限量》（GB 6566）
	1.7	土壤调理剂	1. 煤矸石综合利用符合《煤矸石综合利用管理办法》（2014 年修订版）和《煤矸石利用技术导则》（GB/T 29163）的要求； 2. 产品符合《土壤调理剂 通用要求》（NY/T 3034）、《高尔夫球场草坪专用肥和土壤调理剂》（HG/T 4136）等标准
	1.8	人工鱼礁	1. 煤矸石综合利用符合《煤矸石综合利用管理办法》（2014 年修订版）和《煤矸石利用技术导则》（GB/T 29163）的要求； 2. 产品建设符合《人工鱼礁建设技术规范》

五、国家标准

中华人民共和国国家标准

煤炭工业污染物排放标准

GB 20426—2006

部分代替：GB 8978—1996

GB 16297—1996

前　言

为控制原煤开采、选煤及其所属煤炭贮存、装卸场所的污染物排放，保障人体健康，保护生态环境，促进煤炭工业可持续发展，根据《中华人民共和国环境保护法》《中华人民共和国水污染防治法》《中华人民共和国大气污染防治法》和《中华人民共和国固体废物污染环境防治法》，制定本标准。

本标准主要包括如下内容：

——规定了采煤废水和选煤废水污染物排放限值；

——规定了煤炭工业地面生产系统大气污染物排放限值和无组织排放限值；

——规定了煤矸石堆置场管理技术要求；

——规定了煤炭矿井水资源化利用指导性技术要求。

新建生产线自 2006 年 10 月 1 日起、现有生产线自 2007 年 10 月 1 日起，煤炭工业水污染物排放按本标准执行，不再执行 GB 8978—1996《污水综合排放标准》；煤炭工业大气污染物排放按本标准执行，不再执行 GB 16297—1996《大气污染物综合排放标准》；煤矸石堆置场污染物控制和管理按本标准规定的技术要求执行。

按有关法律规定，本标准具有强制执行的效力。

本标准为首次发布。

本标准由国家环境保护总局科技标准司提出。

本标准起草单位：国家环境保护总局环境标准研究所、中国矿业大学（北京）、煤炭科学研究总院杭州环境保护研究所、兖矿集团有限公司、煤炭科学研究总院唐山分院。

本标准国家环境保护总局 2006 年 9 月 1 日批准。

本标准自 2006 年 10 月 1 日起实施。

本标准由国家环境保护总局解释。

1 适用范围

本标准规定了原煤开采、选煤水污染物排放限值，煤炭地面生产系统大气污染物排放限值，以及煤炭采选企业所属煤矸石堆置场、煤炭贮存、装卸场所污染物控制技术要求。

本标准适用于现有煤矿（含露天煤矿）、选煤厂及其所属煤矸石堆置场、煤炭贮存、装卸场所污染防治与管理，以及煤炭工业建设项目环境影响评价、环境保护设施设计、竣工环境保护验收及其投产后的污染防治与管理。

本标准适用于法律允许的污染物排放行为，新设立生产线的选址和特殊保护区域内现有生产线的管理，按《中华人民共和国大气污染防治法》第十六条、《中华人民共和国水污染防治法》第二十条和第二十七条、《中华人民共和国海洋环境保护法》第三十条、《饮用水水源保护区污染防治管理规定》的相关规定执行。

2 规范性引用文件

下列标准的条款通过本标准的引用而成为本标准的条文，与本标准同效。凡未注明日期的引用文件，其最新版本适用于本标准。

GB 3097　海水水质标准

GB 3838　地表水环境质量标准

GB 5084　农田灌溉水质标准

GB 5086.1～2　固体废物　浸出毒性浸出方法

GB/T 6920　水质　pH 值的测定　玻璃电极法

GB/T 7466　水质　总铬的测定

GB/T 7467　水质　六价铬的测定　二苯碳酰二肼分光光度法

GB/T 7468　水质　总汞的测定　冷原子吸收分光光度法

GB/T 7470　水质　铅的测定　双硫腙分光光度法

GB/T 7471　水质　镉的测定　双硫腙分光光度法

GB/T 7472　水质　锌的测定　双硫腙分光光度法

GB/T 7475　水质　铜、锌、铅、镉的测定　原子吸收分光光度法

GB/T 7484　水质　氟化物的测定　离子选择电极法

GB/T 7485　水质　总砷的测定　二乙基二硫代氨基甲酸银分光光度法

GB/T 8970　空气质量　二氧化硫的测定　四氯汞盐—盐酸副玫瑰苯胺比色法

GB/T 11901　水质　悬浮物的测定　重量法

GB/T 11911　水质　铁、锰的测定　火焰原子吸收分光光度法

GB/T 11914　水质　化学需氧量的测定　重铬酸盐法

GB/T 15432　环境空气　总悬浮颗粒物的测定　重量法

GB/T 16157　固定污染源排气中颗粒物测定与气态污染物采样方法

GB/T 16488　水质　石油类和动植物油的测定　红外光度法

GB 18599　一般工业固体废物贮存、处置场污染控制标准

HJ/T 55　大气污染物无组织排放监测技术导则

HJ/T 91　地表水和污水监测技术规范

3　术语和定义

下列术语与定义适用于本标准。

3.1　煤炭工业　coal industry

指原煤开采和选煤行业。

3.2　煤炭工业废水　coal industry waste water

煤炭开采和选煤过程中产生的废水，包括采煤废水和选煤废水。

3.3　采煤废水　mine drainage

煤炭开采过程中，排放到环境水体的煤矿矿井水或露天煤矿疏干水。

3.4　酸性采煤废水　acid mine drainage

在未经处理之前，pH 值小于 6.0 或者总铁浓度大于或等于 10.0 mg/L 的采煤废水。

3.5　高矿化度采煤废水　mine drainage of high mineralization

矿化度（无机盐总含量）大于 1 000 mg/L 的采煤废水。

3.6　选煤　coal preparation

利用物理、化学等方法，除掉煤中杂质，将煤按需要分成不同质量、规格产品的加工过程。

3.7　选煤厂　coal preparation plant

对煤炭进行分选，生产不同质量、规格产品的加工厂。

3.8　选煤废水　coal preparation waste water

在选煤厂煤泥水处理工艺中，洗水不能形成闭路循环，需向环境排放的那部分废水。

3.9　大气污染物排放浓度　air pollutants emission concentration

指在温度 273 K，压力为 101 325 Pa 时状态下，排气筒中污染物任何 1 小时的平均浓度，单位为：mg/m^3（标）或 mg/Nm^3。

3.10　煤矸石　coal slack

采掘煤炭生产过程中从顶、底板或煤夹矸混入煤中的岩石和选煤厂生产过程中

排出的洗矸石。

3.11 煤矸石堆置场 waste heap

堆放煤矸石的场地和设施。

3.12 现有生产线 existing facility

本标准实施之日前已建成投产或环境影响报告书已通过审批的煤矿矿井、露天煤矿、选煤厂以及所属贮存、装卸场所。

3.13 新（扩、改）建生产线 new facility

本标准实施之日起环境影响报告书通过审批的新、扩、改煤矿矿井、露天煤矿、选煤厂以及所属贮存、装卸场所。

4 煤炭工业水污染物排放限值和控制要求

4.1 煤炭工业废水有毒污染物排放限值

煤炭工业[包括现有及新（扩、改）建煤矿、选煤厂]废水有毒污染物排放浓度不得超过表 1 规定的限值。

表 1 煤炭工业废水有毒污染物排放限值

序号	污染物	日最高允许排放浓度/（mg/L）
1	总汞	0.05
2	总镉	0.1
3	总铬	1.5
4	六价铬	0.5
5	总铅	0.5
6	总砷	0.5
7	总锌	2.0
8	氟化物	10
9	总α放射性	1Bq/L
10	总β放射性	10Bq/L

4.2 采煤废水排放限值

现有采煤生产线自 2007 年 10 月 1 日起，执行表 2 规定的现有生产线排放限值；在此之前过渡期内仍执行 GB 8978—1996《污水综合排放标准》。自 2009 年 1 月 1 日起执行表 2 规定的新（扩、改）建生产线排放限值。

表 2 采煤废水污染物排放限值

序号	污染物	日最高允许排放浓度/（mg/L）（pH 值除外）	
		现有生产线	新建（扩、改）生产线
1	pH 值	6～9	6～9
2	总悬浮物	70	50
3	化学需氧量（COD_{Cr}）	70	50
4	石油类	10	5
5	总铁	7	6
6	总锰[(1)]	4	4

注（1）：总锰限值仅适用于酸性采煤废水。

新（扩、改）建采煤生产线自本标准实施之日 2006 年 10 月 1 日起，执行表 2 规定的新（扩、改）建生产线排放限值。

4.3 选煤废水排放限值

现有选煤厂自 2007 年 10 月 1 日起，执行表 3 规定的现有生产线排放限值；在此之前过渡期内仍执行 GB 8978—1996《污水综合排放标准》。自 2009 年 1 月 1 日起，应实现水路闭路循环，偶发排放应执行表 3 规定新（扩、改）建生产线排放限值。

新（扩、改）建选煤厂，自本标准实施之日起，应实现水路闭路循环，偶发排放应执行表 3 规定新（扩、改）建生产线排放限值。

表 3 选煤废水污染物排放限值

序号	污染物	日最高允许排放浓度/（mg/L）（pH 值除外）	
		现有生产线	新（扩、改）建生产线
1	pH 值	6～9	6～9
2	悬浮物	100	70
3	化学需氧量（COD_{Cr}）	100	70
4	石油类	10	5
5	总铁	7	6
6	总锰	4	4

4.4 煤炭开采（含露天开采）水资源化利用技术规定

4.4.1 对于高矿化度采煤废水，除执行表 2 限值外，还应根据实际情况深度处理和综合利用。高矿化度采煤废水用作农田灌溉时，应达到 GB 5084 规定的限值要求。

4.4.2 在新建煤矿设计中应优先选择矿井水作为生产水源，用于煤炭洗选、井下生产用水、消防用水和绿化用水等。

4.4.3 建设坑口燃煤电厂、低热值燃料综合利用电厂，应优先选择矿井水作为供水水源优选方案。

4.4.4 建设和发展其他工业用水项目，应优先选用矿井水作为工业用水水源；可以利用的矿井水未得到合理、充分利用的，不得开采和使用其他地表水和地下水水源。

5 煤炭工业地面生产系统大气污染物排放限值和控制要求

5.1 现有生产线自 2007 年 10 月 1 日起，排气筒中大气污染物不得超过表 4 规定的限值；在此之前过渡期内仍执行 GB 16297—1996《大气污染物综合排放标准》。新（扩、改）建生产线，自本标准实施之日起，排气筒中大气污染物不得超过表 4 规定的限值。

表 4 煤炭工业大气污染物排放限值

污染物	生产设备	
	原煤筛分、破碎、转载点等除尘设备	煤炭风选设备通风管道、筛面、转载点等除尘设备
颗粒物	80 mg/Nm^3 或 设备去除效率＞98%	80 mg/Nm^3 或 设备去除效率＞98%

5.2 煤炭工业除尘设备排气筒高度应不低于 15 m。

5.3 煤炭工业作业场所无组织排放限值

现有生产线在 2007 年 10 月 1 日起，煤炭工业作业场所污染物无组织排放监控点浓度不得超过表 4 规定的限值。在此之前过渡期内仍执行 GB 16297—1996《大气污染物综合排放标准》。新（扩、改）建生产线，自本标准实施之日起，作业场所颗粒物无组织排放监控点浓度不得超过表 5 规定的限值。

表 5 煤炭工业无组织排放限值

污染物	监控点	作业场所	
		煤炭工业所属装卸场所	煤炭贮存场所、煤矸石堆置场
		无组织排放限值/（mg/Nm^3） （监控点与参考点浓度差值）	无组织排放限值/（mg/Nm^3） （监控点与参考点浓度差值）
颗粒物	周界外浓度最高点[(1)]	1.0	1.0
二氧化硫		—	0.4

注（1）：周界外浓度最高点一般应设置于无组织排放源下风向的单位周界外 10 m 范围内，若预计无组织排放的最大落地浓度点越出 10 m 范围，可将监控点移至该预计浓度最高点。

6 煤矸石堆置场污染控制和其他管理规定

6.1 煤矿煤矸石应集中堆置，每个矿井宜设立一个煤矸石堆置场。煤矸石堆置场选址应符合 GB 18599 的有关要求。

6.2 煤矸石应因地制宜，综合利用，如可用于修筑路基、平整工业场地、烧结煤矸石砖、充填塌陷区、采空区等。不宜利用的煤矸石堆置场应在停用后三年内完成覆土、压实稳定化和绿化等封场处理。

6.3 建井期间排放的煤矸石临时堆置场，自投产之日起不得继续使用。临时堆置场停用后一年内完成封场处理。临时堆置场关闭与封场处理应符合 GB 18599 的有关要求。

6.4 煤矸石堆置场应采取有效措施，防止自燃。已经发生自燃的煤矸石堆场应及时灭火。

6.5 煤矸石堆置场应构筑堤、坝、挡土墙等设施，堆置场周边应设置排洪沟、导流渠等，防止降水径流进入煤矸石堆置场，避免流失、坍塌的发生。

6.6 按照 GB 5086 规定的方法进行浸出试验，煤矸石属于 GB l8599 所定义Ⅱ类一般工业固体废物的煤矸石堆置场，应采取防渗透的技术措施。

6.7 露天煤矿采场、排土场使用期间，应通过定期喷洒水或化学剂等措施，抑制粉尘的产生。

7 监测

7.1 水污染物监测

7.1.1 煤炭工业废水采样点应设置在排污单位废水处理设施排放口（有毒污染物在车间或车间处理设施排放口采样），按规定设置标志。采样口应设置废水计量装置，宜设置废水在线监测设备。

7.1.2 采样频率

采煤废水和选煤废水，采样应在正常生产条件下进行，每 3 h 采样一次；每次监测至少采样 3 次。任何一次 pH 值测定值不得超过标准规定的限值范围，其他污染物浓度排放限值以测定均值计。

7.1.3 监测频率

采煤废水和选煤废水应每月监测一次。

如发现煤炭工业废水超过表 1 中所列的任何一项有毒污染物限值指标，应报告县级以上人民政府环境保护行政主管部门，并持续进行监测，监测频率每月至少 1 次。

7.1.4 监督性监测参照 HJ/T 91 执行。

7.1.5 水样在采用重铬酸钾法测定 COD_{Cr} 值之前，采用中速定量滤纸去除水样中煤粉的干扰。

7.1.6 本标准采用的污染物测定方法按表 6 执行。

表 6 污染物项目测定方法

序号	项目	测定方法	最低检出浓度（量）	方法来源
1	pH 值	玻璃电极法	0.1（pH 值）	GB/T 6920
2	悬浮物	重量法	4 mg/L	GB/T 11901
3	化学需氧量（COD_{Cr}）	重铬酸盐法（过滤后）	5 mg/L	GB/T 11914
4	石油类	红外光度法	0.1 mg/L	GB/T 16488
5	总铁、总锰	火焰原子吸收分光光度法	0.03 mg/L、0.01 mg/L	GB/T 11911
6	总α放射性、总β放射性	物理法	0.05 Bq/L	《环境监测技术规范（放射性部分）》，国家环境保护总局
7	总汞	冷原子吸收分光光度法	0.1 μg/L	GB/T 7468
8	镉	双硫腙分光光度法	1 μg/L	GB/T 7471
9	总铬	高锰酸钾氧化－二苯碳酰二肼分光光度法	0.004 mg/L	GB/T 7466
10	六价铬	二苯碳酰二肼分光光度法	0.004 mg/L	GB/T 7467
11	总铅	原子吸收分光光度法 双硫腙分光光度法	10 μg/L 0.01 mg/L	GB/T 7475 GB/T 7470
12	总砷	二乙基二硫代氨基甲酸银分光光度法	0.007 mg/L	GB/T 7485
13	总锌	原子吸收分光光度法 双硫腙分光光度法	0.02 mg/L 0.005 mg/L	GB/T 7475 GB/T 7472
14	氟化物	离子选择电极法	0.05 mg/L	GB/T 7484

7.2 大气污染物监测

7.2.1 排气筒中大气污染物的采样点数目及采样点位置的设置，按 GB/T 16157 规定执行。

7.2.2 对于大气污染物日常监督性监测，采样期间的工况应为正常工况。排污单位和实施监测人员不得随意改变当时的运行工况。以连续 1 h 的采样获得平均值，或在 1 h 内，以等时间间隔采集 4 个或以上样品，计算平均值。

建设项目环境保护竣工验收监测的工况要求和采样时间频次按国家环境保护主管部门制定的建设项目环境保护设施竣工验收监测办法和规范执行。

7.2.3 无组织排放监测按 HJ/T 55 的规定执行。

7.2.4 颗粒物测定方法采用 GB/T 15432；二氧化硫测定方法采用 GB/T 8970。

8 标准实施监督

8.1 本标准 2006 年 10 月 1 日起实施。

8.2 本标准由县级以上人民政府环境保护行政主管部门负责监督实施。

中华人民共和国国家环境保护标准

清洁生产标准　煤炭采选业

HJ 446—2008

前　言

为贯彻《中华人民共和国环境保护法》和《中华人民共和国清洁生产促进法》，保护环境，为煤炭采选业开展清洁生产提供技术支持和导向，制定本标准。

本标准规定了在达到国家和地方环境标准的基础上，根据当前的行业技术、装备水平和管理水平，煤炭采选业清洁生产的一般要求。本标准分为三级，一级代表国际清洁生产先进水平，二级代表国内清洁生产先进水平，三级代表国内清洁生产基本水平。随着技术的不断进步和发展，本标准也将不断修订，一般每三到五年修订一次。

本标准为首次发布。

本标准由环境保护部科技标准司组织制订。

本标准起草单位：太原市环境科学研究设计院、中国环境科学研究院。

本标准环境保护部 2008 年 11 月 21 日批准。

本标准自 2009 年 2 月 1 日起实施。

本标准由环境保护部解释。

1　适用范围

本标准规定了煤炭采选业清洁生产的一般要求。本标准将清洁生产标准指标分为七类，即生产工艺与装备要求、资源能源利用指标、产品指标、污染物产生指标（末端处理前）、废物回收利用指标、矿山生态保护、环境管理要求。

本标准适用于煤炭采选业的清洁生产审核、清洁生产潜力与机会的判断，以及清洁生产绩效评定和清洁生产绩效公告制度，也适用于环境影响评价和排污许可证等环境管理制度。

2　规范性引用文件

本标准内容引用了下列文件中的条款。凡是未注明日期的引用文件，其有效版本适用于本标准。

GB 11914—89 水质 化学需氧量的测定 重铬酸盐法

GB 18599 一般工业固体废物贮存、处置场污染控制标准

GB 20426 煤炭工业污染物排放标准

GB 50197 煤炭工业露天矿设计规范

GB/T 16488—1996 水质 石油类和动植物油类的测定 红外光度法

GB/T 24001 环境管理体系 要求及使用指南

HJ/T 91 地表水和污水监测技术规范

MT/T 5014 煤炭工业给水排水设计规范

3 术语和定义

下列术语和定义适用于本标准。

3.1 清洁生产

指不断采取改进设计、使用清洁的能源和原料、采用先进的工艺技术与设备、改善管理、综合利用等措施，从源头削减污染，提高资源利用效率，减少或者避免生产、服务和产品使用过程中污染物的产生和排放，以减轻或者消除对人类健康和环境的危害。

3.2 煤炭采选业

指开采地下煤炭资源并进行物理加工的行业，可以划分为煤炭开采和煤炭洗选加工两个子行业。煤炭开采业的产品是原煤（露天煤矿称为毛煤），煤炭洗选业的产品是不同粒径和灰分等级的商品煤。

3.3 综合机械化采煤工艺

指落煤、装煤、运输、支护、采空区处理等工序全部实现机械化。

3.4 选煤水闭路循环

指选煤水中的煤泥全部厂内机械回收，洗水全部复用。

3.5 煤炭工业废水

指煤炭开采和选煤过程中产生的废水，包括采煤废水和选煤废水。其中，采煤废水指煤炭开采过程中，排放到环境水体的煤矿矿井水或露天煤矿疏干水。选煤废水指在选煤厂煤泥水处理工艺中，洗水不能形成闭路循环，需向环境排放的那部分废水。

3.6 煤矸石

是煤炭生产过程中产生的岩石的统称，包括混入煤中的岩石，巷道掘进排出的岩石，采空区垮落的岩石，工作面冒落的岩石，以及选煤过程中排出的碳质岩石。

3.7 煤层

煤层：含煤岩系中赋存的层状煤体，它是泥炭沼泽中植物遗体经泥碳化作用转变成的泥炭层，被埋藏后又经煤化作用而形成。

厚煤层：地下开采时厚度 3.5 m 以上的煤层，露天开采时厚度 10 m 以上的煤层；

中厚煤层：地下开采时厚度 1.3～3.5 m 的煤层，露天开采时厚度 3.5～10 m 的煤层；

薄煤层：地下开采时厚度 1.3 m 以下的煤层，露天开采时厚度 3.5 m 以下的煤层。

4 规范性技术要求

4.1 指标分级

本标准给出了煤炭采选业生产过程清洁生产水平的三级技术指标：

一级：国际清洁生产先进水平；

二级：国内清洁生产先进水平；

三级：国内清洁生产基本水平。

4.2 指标要求

煤炭采选业清洁生产的指标要求见表 1。

表 1 煤炭采选业清洁生产指标要求

清洁生产指标等级		一级	二级	三级
一、生产工艺与装备要求				
（一）采煤生产工艺与装备要求				
1. 总体要求		符合国家环保、产业政策要求，采用国内外先进的煤炭采掘、煤矿安全、煤炭储运生产工艺和技术设备。有降低开采沉陷和矿山生态恢复措施及提高煤炭回采率的技术措施		
2. 井工煤矿工艺与装备	煤矿机械化掘进比例/%	≥95	≥90	≥70
	煤矿综合机械化采煤比例/%	≥95	≥90	≥70
	井下煤炭输送工艺及装备	长距离井下至井口带式输送机连续运输（实现集控） 立井采用机车牵引矿车运输	采区采用带式输送机，井下大巷采用机车牵引矿车运输	采用以矿车为主的运输方式

<table>
<tr><th colspan="3">清洁生产指标等级</th><th>一级</th><th>二级</th><th>三级</th></tr>
<tr><td>2. 井工煤矿工艺与装备</td><td colspan="2">井巷支护工艺及装备</td><td>井筒岩巷采用光爆锚喷、锚杆、锚索等支护技术，煤巷采用锚网喷或锚网、锚索支护；斜井明槽开挖段及立井井筒采用砌壁支护</td><td>大部分井筒岩巷采用光爆锚喷、锚杆、锚索等支护技术，煤巷采用锚网喷或锚网支护，部分井筒及大巷采用砌壁支护，采区巷道金属棚支护</td><td>部分井筒岩巷采用光爆锚喷、锚杆、锚索等支护技术，煤巷采用锚网喷或锚网支护，大部分井筒及大巷采用砌壁支护，采区巷道金属棚支护</td></tr>
<tr><td>3. 露天煤矿工艺与装备</td><td colspan="2">开采工艺要求</td><td colspan="3">按照 GB 50197 的要求，露天开采工艺的选择应结合地质条件、气候条件、开采规模等因素，本着因矿制宜的原则，通过多方案比较确定选择间断开采工艺、连续开采工艺、半连续开采工艺、拉斗铲倒堆开采工艺、综合开采工艺。并应遵循下列原则：保证剥、采系统的稳定性，力求生产过程简单化，具有先进性、适应性和经济性；设备选型规格尽量大型化、通用化、系列化</td></tr>
<tr><td rowspan="2">4. 储煤装运系统</td><td colspan="2">储煤设施工艺及装备</td><td colspan="2">筒仓或全封闭的储煤场</td><td>筒仓或全封闭的储煤场及挡风抑尘措施和洒水喷淋装置的储煤场</td></tr>
<tr><td colspan="2">煤炭装运</td><td>有铁路专用线，铁路快速装车系统、汽车公路外运采用全封闭车厢，矿山到公路运输线必须硬化</td><td>有铁路专用线，铁路一般装车系统、汽车公路外运采用全封闭车厢，矿山到公路运输线必须硬化</td><td>公路外运采用全封闭车厢或加遮苫汽车运输，矿山到公路运输线必须硬化</td></tr>
<tr><td colspan="3">5. 原煤入选率/%</td><td colspan="2">100</td><td>≥80</td></tr>
<tr><td colspan="6">（二）选煤生产工艺与装备要求</td></tr>
<tr><td colspan="3">1. 总体要求</td><td colspan="3">符合国家环保、产业政策要求，采用国内外先进的煤炭洗选、选煤水闭路循环、煤炭储运生产工艺和技术设备</td></tr>
<tr><td rowspan="2">2. 备煤工艺及装备</td><td rowspan="2">原煤运输</td><td>矿井选煤厂</td><td colspan="2">由封闭皮带运输机将原煤直接运进矿井选煤厂的储煤设施</td><td>由厢车或矿车将原煤运进矿井选煤厂的储煤设施</td></tr>
<tr><td>群矿选煤厂</td><td>由铁路专用线将原煤运进群矿选煤厂的储煤设施，选煤厂到公路间道路必须硬化</td><td>由厢式货运汽车将原煤运进群矿选煤厂的储煤设施，选煤厂到公路间道路必须硬化</td><td>由汽车加遮苫将原煤运进群矿选煤厂的储煤设施。选煤厂到公路间道路必须硬化</td></tr>
</table>

<table>
<tr><th colspan="3">清洁生产指标等级</th><th>一级</th><th>二级</th><th>三级</th></tr>
<tr><td rowspan="3">2. 备煤工艺及装备</td><td colspan="2">原煤储存</td><td>筒仓或全封闭的储煤场</td><td>筒仓或全封闭的储煤场及挡风抑尘措施和洒水喷淋装置的储煤场</td><td>挡风抑尘措施和洒水喷淋装置的储煤场</td></tr>
<tr><td rowspan="2">原煤破碎筛分分级</td><td>防噪声措施</td><td colspan="3">破碎机、筛分机采用先进的减振技术，橡胶筛板溜槽转载部位采用橡胶铺垫，设立隔音操作间</td></tr>
<tr><td>除尘措施</td><td>破碎机、筛分机、皮带运输机、转载点全部封闭作业，并设有除尘机组，车间设机械通风措施</td><td>破碎机、筛分机加集尘罩并设有除尘机组，带式运输机、转载点设喷雾降尘系统</td><td>破碎机、筛分机、带式运输机、转载点设喷雾降尘系统</td></tr>
<tr><td colspan="3">3. 精煤、中煤、矸石、煤泥贮存</td><td colspan="2">精煤、中煤、矸石分别进入封闭的精煤仓、中煤仓、矸石仓或封闭的储场，多余矸石进入排矸场处置，煤泥经压滤处理后进入封闭的煤泥储存场</td><td>精煤、中煤、矸石和经压滤处理后的煤泥分别进入设有挡风抑尘措施的储存场。多余矸石进入排矸场处置</td></tr>
<tr><td colspan="3">4. 选煤工艺装备</td><td colspan="2">全过程均实现数量、质量自动监测控制，并设有自动机械采样系统，洗炼焦煤配备浮选系统</td><td>由原煤的可选性确定采用成熟的选煤工艺设备，实现单元作业操作程序自动化，设有全过程自动控制手段</td></tr>
<tr><td colspan="3">5. 选煤水处理</td><td colspan="2">选煤水处理系统采用高效浓缩机，并添加絮凝剂，尾煤采用压滤机回收，并设有相同型号的事故浓缩池，吨入洗原煤补充水量＜0.10 m^3，煤泥水达到闭路循环，不外排</td><td>选煤水处理系统采用普通浓缩机，并添加絮凝剂，尾煤采用压滤机回收，并设有相同型号的事故浓缩池，吨入洗原煤补充水量＜0.15 m^3，煤泥水达到闭路循环，不外排</td></tr>
</table>

清洁生产指标等级		一级	二级	三级
二、资源能源利用指标				
1. 原煤生产电耗/（kW·h/t）		≤15	≤20	≤25
2. 露天煤矿采煤油耗/（kg/t）		≤0.5	≤0.8	≤1.0
3. 原煤生产水耗/（m^3/t）	井工煤矿（不含选煤厂）	≤0.1	≤0.2	≤0.3
	露天煤矿（不含选煤厂）	≤0.2	≤0.3	≤0.4
4. 原煤生产坑木消耗/(m^3/万 t)	大型煤矿	≤5	≤10	≤15
	中小型煤矿	≤10	≤25	≤30
5. 选煤补水量/（m^3/t）		≤0.1		≤0.15
6. 选煤电耗/（kW·h/t）	洗动力煤	≤5	≤6	≤8
	洗炼焦煤	≤7	≤8	≤10
7. 选煤浮选药剂消耗/（kg/t）		≤1	≤1.5	≤1.8
8. 选煤重介质消耗/（kg/t）		≤1.5	≤2.0	≤3
9. 采区回采率/%	厚煤层	≥77		≥75
	中厚煤层	≥82		≥80
	薄煤层	≥87		≥85
10. 工作面回采率/%	厚煤层	≥95		≥93
	中厚煤层	≥97		≥95
	薄煤层	≥99		≥97
11. 露天煤矿煤层综合资源回采率/%		厚煤层综合机械化采煤 ≥97 中厚煤层综合机械化采煤 ≥95 薄煤层综合机械化采煤 ≥93		
12. 土地资源占用/（hm^2/万 t）	井工煤矿	无选煤厂 0.1，有选煤厂 0.12		
	露天煤矿	无选煤厂 0.3，有选煤厂 0.5		
三、产品指标				
1. 选炼焦精煤	硫分/%	≤0.5	≤0.8	≤1
	灰分/%	≤8	≤10	≤12
2. 选动力煤	硫分/%	≤0.5	≤1.5	≤2.0
	灰分/%	≤12	≤15	≤22
四、污染物产生指标（末端处理前）				
1. 矿井废水化学需氧量产生量/（g/t）		≤100	≤200	≤300
2. 矿井废水石油类产生量/（g/t）		≤6	≤8	≤10
3. 选煤废水化学需氧量产生量/（g/t）		≤25	≤30	≤40

<table>
<tr><th colspan="2">清洁生产指标等级</th><th>一级</th><th>二级</th><th>三级</th></tr>
<tr><td colspan="2">4. 选煤废水石油类产生量/（g/t）</td><td>≤1.5</td><td>≤2.0</td><td>≤3.0</td></tr>
<tr><td colspan="2">5. 采煤煤矸石产生量/（t/t）</td><td>≤0.03</td><td>≤0.05</td><td>≤0.1</td></tr>
<tr><td colspan="2">6. 原煤筛分、破碎、转载点前含尘质量浓度/（mg/m^3）</td><td colspan="3">≤4 000</td></tr>
<tr><td colspan="2">7. 煤炭风选设备通风管道、筛面、转载点等除尘设备前的含尘质量浓度/（mg/m^3）</td><td colspan="3">≤4 000</td></tr>
<tr><td colspan="5">五、废物回收利用指标</td></tr>
<tr><td colspan="2">1. 当年抽采瓦斯利用率/%</td><td>≥85</td><td>≥70</td><td>≥60</td></tr>
<tr><td colspan="2">2. 当年产生的煤矸石综合利用率/%</td><td>≥80</td><td>≥75</td><td>≥70</td></tr>
<tr><td rowspan="4">3. 矿井水利用率/%[①]</td><td>水资源短缺矿区</td><td>100</td><td>≥95</td><td>≥90</td></tr>
<tr><td>一般水资源矿区</td><td>≥90</td><td>≥80</td><td>≥70</td></tr>
<tr><td>水资源丰富矿区
（其中工业用水）</td><td>≥80
（100）</td><td>≥75
（≥80）</td><td>≥70
（≥80）</td></tr>
<tr><td>水质复杂矿区</td><td colspan="3">≥70</td></tr>
<tr><td colspan="2">4. 露天煤矿疏干水利用率/%</td><td>100</td><td>≥80</td><td>≥70</td></tr>
<tr><td colspan="5">六、矿山生态保护指标</td></tr>
<tr><td colspan="2">1. 塌陷土地治理率/%</td><td>≥90</td><td>≥80</td><td>≥60</td></tr>
<tr><td colspan="2">2. 露天煤矿排土场复垦率/%</td><td>≥90</td><td>≥80</td><td>≥60</td></tr>
<tr><td colspan="2">3. 排矸场覆土绿化率/%</td><td>100</td><td>≥90</td><td>≥80</td></tr>
<tr><td colspan="2">4. 矿区工业广场绿化率/%</td><td colspan="3">≥15</td></tr>
<tr><td colspan="5">七、环境管理要求</td></tr>
<tr><td colspan="2">1. 环境法律法规标准</td><td colspan="3">符合国家、地方和行业有关法律、法规、规范、产业政策、技术标准要求，污染物排放达到国家、地方和行业排放标准，满足污染物总量控制和排污许可证管理要求</td></tr>
<tr><td colspan="2">2. 环境管理审核</td><td>通过GB/T 24001环境管理体系认证</td><td>按照GB/T 24001建立并运行环境管理体系，环境管理手册、程序文件及作业文件齐全</td><td>环境管理制度健全，原始记录及统计数据齐全、真实</td></tr>
<tr><td>3. 生产过程环境管理</td><td>岗位培训</td><td>所有岗位人员进行过岗前培训，取得本岗位资质证书，有岗位培训记录</td><td colspan="2">主要岗位人员进行过岗前培训，取得本岗位资质证书，有岗位培训记录</td></tr>
</table>

<table>
<tr><th colspan="2">清洁生产指标等级</th><th>一级</th><th>二级</th><th>三级</th></tr>
<tr><td rowspan="6">3. 生产过程环境管理</td><td>原辅材料、产品、能源、资源消耗管理</td><td colspan="3">采用清洁原料和能源，有原材料质检制度和原材料消耗定额管理制度，对能耗、物耗有严格定量考核，对产品质量有考核</td></tr>
<tr><td>资料管理</td><td colspan="3">生产管理资料完整、记录齐全</td></tr>
<tr><td>生产管理</td><td colspan="3">有完善的岗位操作规程和考核制度，实行全过程管理，有量化指标的项目实施定量管理</td></tr>
<tr><td>设备管理</td><td>有完善的管理制度，并严格执行，由技术检测部门定期对主要设备进行检测，并限期改造，对国家明令淘汰的高耗能、低效率的设备进行淘汰，采用节能设备和技术设备无故障率达100%</td><td>主要设备有具体的管理制度，并严格执行，由技术检测部门定期对主要设备进行检测，并限期改造，对国家明令淘汰的高耗能、低效率的设备进行淘汰，采用节能设备和技术设备无故障率达98%</td><td>主要设备有基本的管理制度，并严格执行，由技术检测部门定期对主要设备进行检测，并限期改造，对国家明令淘汰的高耗能、低效率的设备进行淘汰，采用节能设备和技术设备无故障率达95%</td></tr>
<tr><td>生产工艺用水、用电管理</td><td>所有用水、用电环节安装计量仪表，并制定严格定量考核制度</td><td colspan="2">对主要用水、用电环节进行计量，并制定定量考核制度</td></tr>
<tr><td>煤矿事故应急处理</td><td colspan="3">有具体的矿井冒顶、塌方、通风不畅、透水、煤尘爆炸、瓦斯气中毒等事故状况下的应急预案并通过环境风险评价，建立健全应急体制、机制、法制（三制一案），并定期进行演练。有安全设施“三同时”审查、验收、审查合格文件</td></tr>
<tr><td colspan="2">4. 废物处理处置</td><td colspan="3">设有矿井水、疏干水处理设施，并达到回用要求。对不能综合利用的煤矸石设专门的煤矸石处置场所，并按GB 20426、GB 18599的要求进行处置</td></tr>
<tr><td rowspan="3">5. 环境管理</td><td>环境保护管理机构</td><td colspan="3">有专门环保管理机构，配备专职管理人员</td></tr>
<tr><td>环境管理制度</td><td colspan="3">环境管理制度健全、完善，并纳入日常管理</td></tr>
<tr><td>环境管理计划</td><td colspan="3">制定近、远期计划，包括煤矸石、煤泥、矿井水、瓦斯气处置及综合利用，矿山生态恢复及闭矿后的恢复措施计划，具备环境影响评价文件的批复和环境保护设施“三同时”验收合格文件</td></tr>
</table>

清洁生产指标等级		一级	二级	三级
5. 环境管理	环保设施的运行管理	记录运行数据并建立环保档案和运行监管机制		
	环境监测机构	有专门环境监测机构，对废水、废气、噪声主要污染源、污染物均具备监测手段	有专门环境监测机构，对废水、废气、噪声主要污染源、污染物具备部分监测手段，其余委托有资质的监测部门进行监测	对废水、废气、噪声主要污染源、污染物的监测，委托有资质的监测部门进行监测
	相关方环境管理	服务协议中应明确原辅材料的供应方、协作方、服务方的环境管理要求		
6. 矿山生态恢复管理措施		具有完整的矿区生产期和服务期满时的矿山生态恢复计划，并纳入日常生产管理，且付诸实施		具有较完整的矿区生产期和服务期满时的矿山生态恢复计划，并纳入日常生产管理

注：①根据 MT/T 5014，水资源短缺矿区是指现有水源供水能力（不含可利用矿井水量）小于最高日用水量 60%的矿区；水资源丰富矿区是指现有水源供水能力（含可利用矿井水量）大于最高日用水量 2.0 倍的矿区；一般水资源矿区是指现有水源供水能力（含可利用矿井水量）为最高日用水量 0.6～2.0 倍的矿区。

5 数据采集和计算方法

5.1 采样和监测

本标准各项指标的采样和监测按照国家标准方法执行，详见表 2。

表 2 废水污染物各项指标监测采样及分析方法

污染源类型	监测项目	测点位置	监测采样及分析方法	监测及采样
水污染源	化学需氧量	末端治理设施入口	水质 化学需氧量的测定 重铬酸盐法（GB/T 11914—89）	监测采样按照《地表水和污水监测技术规范》（HJ/T 91）执行
	石油类		水质 石油类和动植物油类的测定 红外光度法（GB/T 16488—1996）	

注：采用计算的污染物平均浓度应为每次实测浓度的废水流量的加权平均值。

5.2　相关指标的计算方法

本标准所规定的各项指标均采用煤炭采选业和环境保护部门最常用的指标，易于理解和执行。

5.2.1　采区回采率

（1）单采区回采率

$$R_i=\frac{W_i}{S_i}\times100\%$$

式中：R_i——i 采区回采率，%；

W_i——i 采区内的煤炭采出量，t；

S_i——i 采区内的动用煤炭资源储量，t。

（2）多采区回采率

有多个采区开采同一个煤层的，实际回采率是指全矿井的采区总回采率，测算公式为：

$$R_{总}=\frac{\sum_{i=1}^{n}R_i}{n}\times100\%$$

式中：$R_{总}$——多采区回采率，%；

R_i——i 采区回采率，%；

n——采区内采区数量，个。

（3）工作面回采率

$$R_{\mathrm{g}}=\frac{W_{\mathrm{g}}}{S_{\mathrm{g}}}\times100\%$$

式中：R_{g}——工作面回采率，%；

W_{g}——工作面煤炭采出量，t；

S_{g}——工作面动用煤炭资源储量，t。

注：工作面动用煤炭资源储量是指工作面采出煤量与损失煤量之和。

（4）露天煤矿煤层综合资源回采率

$$R_{\mathrm{l}}=\frac{W_{\mathrm{l}}}{S_{\mathrm{l}}}\times100\%$$

式中：R_{l}——露天煤矿煤层综合资源回采率，%；

W_{l}——采出量，t；

S_{l}——动用可采储量，t。

5.2.2 原煤入选率

$$F=\frac{M}{R}\times100\%$$

式中：F——原煤入选率，%；

M——年入选原煤量，t；

R——年原煤产量，t。

5.2.3 资源能源利用相关指标

（1）原煤生产电耗

$$D=\frac{d}{R}$$

式中：D——原煤生产电耗，kW·h/t；

d——年原煤生产用电量，kW·h；

R——年原煤产量，t。

注：原煤生产电耗，不包含生产办公区、生活区等用电。

（2）露天煤矿采煤油耗

$$Y=\frac{y}{R}$$

式中：Y——露天煤矿采煤油耗，kg/t；

y——年原煤生产耗油量，kg；

R——年原煤产量，t。

（3）原煤生产水耗

$$S_s=\frac{h}{R}$$

式中：S_s——原煤生产水耗，m^3/t ；

h——年原煤生产耗水量，m^3；

R——年原煤产量，t。

注：原煤生产水耗，不包含生产办公区、生活区等用水。

（4）原煤生产坑木消耗

$$K=\frac{m}{R}$$

式中：K——原煤生产坑木消耗，m^3/万 t；

m——年原煤生产坑木消耗量，m^3；

R——年原煤产量，万 t。

（5）选煤补水量

$$S_b=\frac{B}{M}$$

式中：S_b——选煤补水量，m^3/t；

B——年选原煤补水量，m^3；

M——年入选原煤量，t。

（6）选煤电耗

$$D_d=\frac{d_h}{M}$$

式中：D_d——选煤电耗，kW·h/t；

d_h——年入选原煤耗电量，kW·h；

M——年入选原煤量，t。

注：选煤电耗，不包含生产办公区、生活区等用电。

（7）选煤浮选药剂消耗

$$D_y=\frac{F_y}{M}$$

式中：D_y——选煤浮选药剂消耗，kg/t；

F_y——年入选原煤耗药剂量，kg；

M——年入选原煤量，t。

（8）选煤重介质消耗

$$D_j=\frac{j}{M}$$

式中：D_j——选煤重介质消耗，kg/t；

j——年入选原煤耗重介质量，kg；

M——年入选原煤量，t。

5.2.4 矿井水利用率

$$S_k=\frac{k}{K_Z}\times100\%$$

式中：S_k——矿井水利用率，%；

k——年矿井水利用总量，m^3；

K_z——年矿井水产生总量，m^3。

5.2.5 当年抽采瓦斯利用率

$$C=\frac{P}{Q}\times 100\%$$

式中：C——当年抽采瓦斯利用率，%；

P——当年矿井抽采瓦斯利用量，m^3；

Q——当年矿井抽采瓦斯量，m^3。

5.2.6 当年产生的煤矸石综合利用率

$$\eta=\frac{g}{G}\times 100\%$$

式中：η——当年煤矸石综合利用率，%；

g——当年产生煤矸石的利用总量，t；

G——当年煤矸石产生总量，t。

5.2.7 露天煤矿排土场复垦率

$$L=\frac{L_t}{L_f}\times 100\%$$

式中：L——露天煤矿排土场复垦率，%；

L_t——露天煤矿排土场复垦面积，m^2；

L_f——露天煤矿排土场面积，m^2。

注：露天煤矿排土场是指已填满终止的排土场。

5.2.8 排矸场覆土绿化率

$$G_g=\frac{G_f}{G_m}\times 100\%$$

式中：G_g——排矸场覆土绿化率，%；

G_f——排矸场覆土绿化面积，m^2；

G_m——排矸场面积，m^2。

注：排矸场是指已填满终止的排矸场。

6 标准的实施

本标准由各级人民政府环境保护行政主管部门负责监督实施。

中华人民共和国国家标准

煤矸石分类

GB/T 29162—2012

2012-12-31 发布　　2013-10-01 实施

前　言

本标准按照 GB/T 1.1—2009 给出的规则起草。

本标准由中国煤炭工业协会提出。

本标准由全国煤炭标准化技术委员会（SAC/TC 42）归口。

本标准起草单位：重庆地质矿产研究院、抚顺矿业集团有限责任公司工程技术研究中心、山西省煤炭地质研究所。

本标准主要起草人：李大华、鲍明福、浮爱青、刘晋芳、梁玉杰、程静。

1　范围

本标准规定了煤矸石的分类类别和命名表述。

本标准适用于煤矸石的产出与资源化利用。

2　规范性引用文件

下列文件对于本文件的应用是必不可少的。凡是注日期的引用文件，仅注日期的版本适用于本文件。凡是未注日期的引用文件，其最新版本（包括所有的修改单）适用于本文件。

GB/T 212　煤的工业分析方法

GB/T 214　煤中全硫的测定方法

GB/T 1574　煤灰成分分析方法

3　术语和定义

下列术语和定义适用于本文件。

3.1　煤矸石　Gangue

在煤矿建井、开拓掘进、采煤和煤炭洗选过程中产生的干基灰分＞50%的岩石。

4 分类类别

4.1 按全硫含量分类

煤矸石按全硫的低、中、中高、高划分为四个类别，对应的编码为 1、2、3、4。类别划分见表 1。其测定方法见 GB/T 214。

表 1 煤矸石按全硫含量分类

编码	类别名称	全硫（$S_{t,d}$）含量范围/%
1	低硫煤矸石	$S_{t,d} \leqslant 1.00$
2	中硫煤矸石	$1.00 < S_{t,d} \leqslant 3.00$
3	中高硫煤矸石	$3.00 < S_{t,d} \leqslant 6.00$
4	高硫煤矸石	$6.00 < S_{t,d}$

4.2 按灰分产率分类

煤矸石按灰分产率的低、中、高划分为三个类别，对应的编码为 1、2、3。类别划分见表 2。其测定方法见 GB/T 212。

表 2 煤矸石按灰分产率分类

编码	类别名称	灰分（A_d）产率范围/%
1	低灰煤矸石	$A_d \leqslant 70.00$
2	中灰煤矸石	$70.00 < A_d \leqslant 85.00$
3	高灰煤矸石	$85.00 < A_d$

4.3 按灰成分分类

煤矸石类型以钙镁含量划分，钙镁含量 $\omega_{CaO+MgO} > 10\%$ 划分为钙镁型煤矸石，其余为铝硅型煤矸石，对应编码为 1、2。类型划分见表 3。其测定方法见 GB/T 1574。

表 3 煤矸石按灰成分分类

编码	类别名称	钙镁含量 $\omega_{CaO+MgO}$ 范围/%
1	钙镁型煤矸石	$\omega_{CaO+MgO} > 10$
2	铝硅型煤矸石	$\omega_{CaO+MgO} \leqslant 10$

其中铝硅型煤矸石按铝硅比含量的低、中、高划分为三个等级，对应的编码为 1、2、3。等级划分见表 4。

表4　煤矸石按灰成分分类

编码	类别名称	铝硅比 m（Al_2O_3）/m（SiO_2）范围/%
1	低级铝硅比煤矸石	m（Al_2O_3）/m（SiO_2）≤0.30
2	中级铝硅比煤矸石	0.30＜m（Al_2O_3）/m（SiO_2）≤0.50
3	高级铝硅比煤矸石	0.50＜m（Al_2O_3）/m（SiO_2）

5　命名表述

煤矸石分类名称的冠名顺序以全硫含量、灰分产率、灰成分分类依次排序。其编码表示为×××或者×××（×）。

——第一位数字表示煤矸石按全硫含量分类。1为低硫煤矸石，2为中硫煤矸石，3为中高硫煤矸石，4为高硫煤矸石。

——第二位数字表示煤矸石按灰分产率分类。1为低灰硫煤矸石，2为中灰硫煤矸石，3为高灰硫煤矸石。

——第三位数字表示煤矸石的类型。1为钙镁型煤矸石，2为铝硅型煤矸石。

——括号内数字表示煤矸石的铝硅等级。1为1级铝硅比，2为2级铝硅比，3为3级铝硅比。

煤矸石的分类类别名读写按其编码对应的分类名依次读写。

——如编码为321的煤矸石读写为中高硫中灰钙镁型煤矸石（1级铝硅比）。

——如编码为322（1）的煤矸石读写为中高硫中灰铝硅型煤矸石（1级铝硅比）。

六、导则、规范

中华人民共和国国家环境保护标准

规划环境影响评价技术导则
煤炭工业矿区总体规划

HJ 463—2009

前　言

为贯彻《中华人民共和国环境保护法》《中华人民共和国环境影响评价法》，规范和指导煤炭工业矿区总体规划环境影响评价工作，促进煤炭工业可持续发展，制定本标准。

本标准规定了煤炭工业矿区总体规划环境影响评价的一般原则、内容、方法和要求。

本标准的附录 A 为规范性附录，附录 B 为资料性附录。

本标准为首次发布。

本标准由环境保护部科技标准司组织制订。

本标准主要起草单位：中煤国际工程集团北京华宇工程有限公司、环境保护部环境工程评估中心。

本标准环境保护部 2009 年 3 月 14 日批准。

本标准自 2009 年 7 月 1 日起实施。

本标准由环境保护部解释。

1　适用范围

本标准规定了煤炭工业矿区总体规划环境影响评价的一般原则、内容、方法和要求。

本标准适用于国务院有关部门、设区的市级以上人民政府及其有关部门组织编制的煤炭工业矿区总体规划环境影响评价。

煤、电一体化，煤、电、化工一体化等专项规划环境影响评价中的煤炭开发规划环境影响评价可参照本标准执行。

2 规范性引用文件

本标准内容引用了下列文件或其中的条款。凡是未注日期的引用文件，其有效版本适用于本标准。

HJ 130 规划环境影响评价技术导则（试行）

HJ 131 开发区区域环境影响评价技术导则

3 术语与定义

下列术语和定义适用于本标准。

3.1 煤炭工业

指煤炭开采和选煤行业。

3.2 煤炭矿区

统一规划和开发的煤田或其一部分，简称“矿区”。

3.3 井田（矿田）

煤田内划归一个矿井（露天矿）开采的部分。

3.4 地下开采

通过开掘井巷采出煤炭或其他矿产的作业，又称井工开采。

3.5 露天开采

直接从地表揭露出煤炭或其他矿产并将其采出的作业。

3.6 选煤

利用物理、化学等方法，去掉煤中杂质，将煤按需要分成不同质量、规格产品的加工过程。

3.7 煤矸石

采掘过程中顶、底板和夹层混入煤中的岩石和选煤厂生产过程中排出的洗矸石。

3.8 开采沉陷

因地下采矿引起的上覆岩层和地表移动、变形的现象和过程。

4 总则

4.1 评价目的与原则

4.1.1 评价目的

在煤炭工业矿区总体规划的编制和决策过程中，充分考虑所拟议的规划可能涉及的资源、环境问题，预防和减轻规划实施后可能造成的不良环境影响，从源头控制环境污染和生态破坏，协调经济增长、社会进步和环境保护的关系。

4.1.2 评价原则

a）科学性原则

评价采用的技术方法应注重科学性、先进性，提出的预防和减轻不良环境影响的对策措施应具有实用性、可操作性，并具有一定的前瞻性，评价结论明确，为决策提供科学依据。

b）整体性原则

从整体上考虑矿区总体规划与其他相关规划、计划的协调性。

c）突出重点原则

重点关注矿区总体规划实施可能产生的突出环境问题和制约因素，对规划的重点区块、重点环境要素、重要环境敏感目标实施有针对性的影响分析与评价。

d）动态性原则

矿区开发是一个动态系统，环境影响评价应突出滚动开发与长效保护相适应的原则，制定合理的矿区环境保护规划，注重困难与不确定性的分析，加强监测与跟踪评价。

e）一致性原则

环境影响评价的工作内容深度、详尽程度与矿区总体规划内容保持一致。

f）公众参与原则

开展公众参与工作，充分考虑社会各方面的利益和主张。

4.2 评价基本内容

a）概述和分析矿区总体规划主要内容。

b）分析、评价矿区总体规划方案与相关政策、法规的符合性，与国家、地方、行业相关规划、计划的协调性。

c）调查、评价矿区总体规划实施所依托的环境条件（包括自然、社会和经济环境），识别区域主要环境问题以及制约矿区规划实施的敏感环境因素。对已经开发的矿区应进行矿区环境影响回顾评价。

d）预测矿区总体规划实施后，可能对环境造成的影响，包括直接影响、间接影响和累积影响。

e）分析、评价矿区资源、环境对总体规划实施和区域可持续发展的承载能力。

f）提出预防和减轻不良环境影响的对策措施。

g）对矿区总体规划方案的环境合理性进行综合论证，提出环境合理的规划方案调整建议。

h）开展公众参与工作。

i）制订矿区总体规划实施后环境影响的监测与跟踪评价计划。

4.3 评价范围

评价范围的确定原则上以矿区规划范围（包括规划开采区、勘探区和后备区）为基础，在综合考虑规划实施可能影响的范围、周边重要环境敏感保护目标分布，以及地理单元或生态系统完整性的基础上，合理确定外扩范围。

4.4 评价时段

评价时段应根据矿区总体规划方案确定的矿井（露天矿）建设顺序合理安排，分时段进行环境影响评价。

4.5 评价工作程序

矿区总体规划环境影响评价工作程序见图 1。

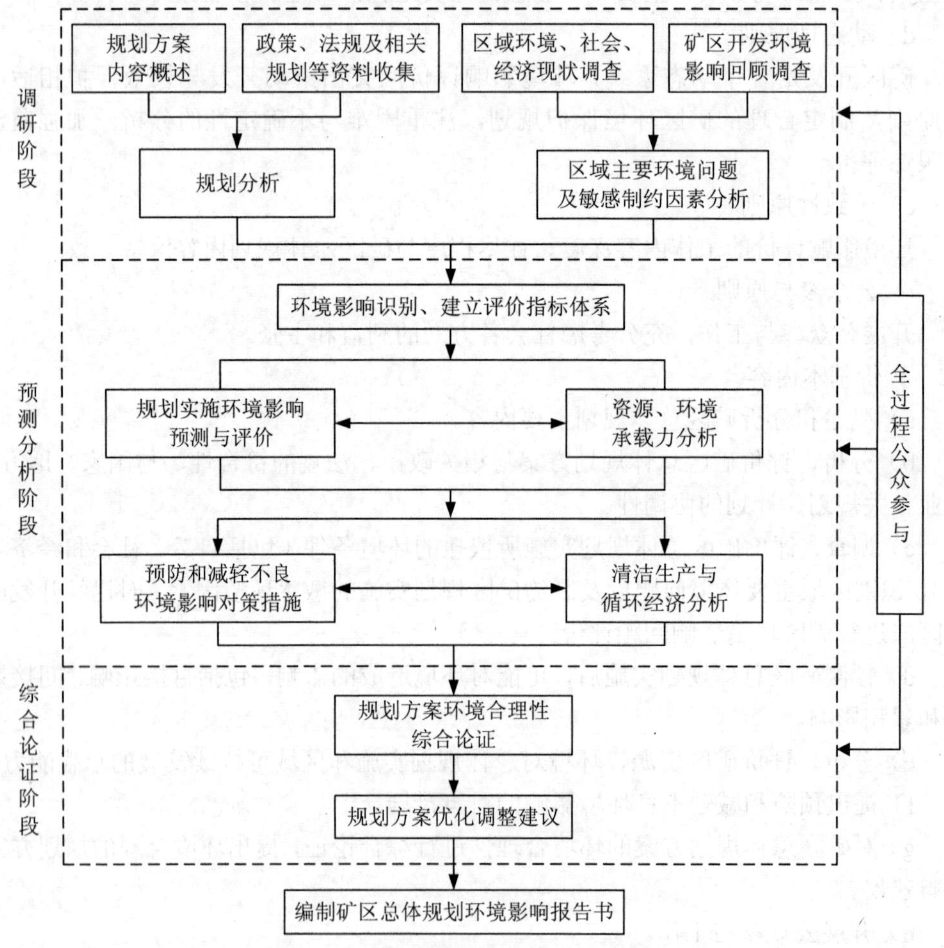

图 1 矿区总体规划环境影响评价工作程序

5 规划分析

5.1 规划方案概述

5.1.1 阐述矿区总体规划的编制背景、矿区位置及范围、矿区开发总目标及阶段性目标、矿区开发方案等。主要包括：

a）矿区位置及范围；

b）矿区煤炭资源禀赋、开采条件以及所在区域煤炭开发利用现状；

c）矿区井田（矿田）划分方案，矿井（露天矿）建设规模和建设顺序；

d）矿区煤炭洗选、加工规划；

e）坑口发电厂及其他煤炭转化项目建设规划；

f）矿区煤矸石、瓦斯、矿井水（疏干水）及其他共伴生资源综合利用规划；

g）矿区地面总布置、地面运输、供水、供电、供热规划；

h）矿区环境保护、水土保持规划；

i）矿区总体规划投资估算及主要技术经济指标。

5.1.2 分析矿区总体规划方案的内部协调性及存在的主要问题，包括规划方案是否坚持可持续发展原则，是否在合理开发煤炭资源的同时，注重对污染的预防、生态环境的保护和其他资源的综合利用。

5.2 规划的协调性分析

矿区总体规划与相关政策、法规的符合性分析；与相关行业发展规划、地区经济发展规划、城镇总体规划、自然保护区规划、风景名胜区规划、环境保护规划、生态建设规划、区域水资源利用与水源保护区规划等相关规划的协调性分析等。

5.3 规划方案初步筛选

在矿区总体规划所包含的主要经济活动可能对规划区域各环境要素的初步影响识别基础上，根据规划的协调性分析和环境制约因素分析，初步筛选环境合理的规划方案。

筛选方法可采用专业判断法、核查表法、矩阵法等。

6 环境现状调查、分析与评价

6.1 调查原则

现状调查应针对规划矿区的自然、社会、经济环境特征及矿区煤炭开采、产业结构配置等特点，按照全面性、针对性、可行性和效用性原则，有重点地进行调查。

6.2 调查内容与方法

6.2.1 调查内容

调查内容应包括自然、社会和经济环境三方面的历史资料及评价基准年资料。对已经开发的矿区，应进行矿区不同开发时期环境状况的详细调查。

6.2.2 调查方法

调查方法可采用资料收集法、现场调查与监测法、遥感影像解译法、专业判断法等。

6.3 现状分析与评价

6.3.1 规划矿区自然、社会、经济背景分析。

6.3.2 规划矿区环境质量现状分析，当前区域主要环境问题及其产生原因分析。

6.3.3 区域环境发展趋势分析。通过以往历史资料及现状调查结果，进行区域环境发展趋势分析。

6.3.4 重要环境保护目标和环境敏感区分析。调查规划矿区范围内及其周边是否分布有自然保护区、风景名胜区、重要水源保护区、特殊人文和自然景观等环境敏感区，识别评价范围内可能受规划实施影响、反应敏感的地域或环境脆弱地带。

6.3.5 规划实施的主要资源、环境限制因素分析与评价。

6.3.6 对已经开发的矿区，应开展环境影响回顾分析与评价，主要内容包括：

a）矿区现有煤炭开发项目已造成的主要环境影响、存在的主要环境问题分析；

b）矿区不同开发时期环境质量变化趋势分析；

c）矿区现有煤炭开发项目采取的预防和减轻不良环境影响对策、措施及其有效性分析。

7 环境影响识别、确定环境目标和评价指标

7.1 环境影响识别

7.1.1 识别内容

识别矿区开发主要的资源、环境制约因素和矿区规划实施可能造成的资源、环境问题，列出矿区总体规划环境影响识别清单。环境影响识别应贯穿矿区总体规划的整个生命周期，并适当关注矿区煤炭资源枯竭闭矿过程的环境影响。

7.1.2 识别方法

环境影响识别方法一般可采用：核查表法、矩阵法、网络法、专业判断法、系统流图法、层次分析法、灰色关联分析法等。

7.2 环境目标与评价指标

7.2.1 环境目标

针对矿区总体规划实施可能涉及的环境主题、环境要素、区域敏感环境制约因素，根据环境保护政策、法规、标准和相关规划，以及环境功能区划等，确定符合区域社会、经济可持续发展的矿区总体规划环境目标。

7.2.2 评价指标

7.2.2.1 评价指标的选取原则

a）科学性：评价指标的选取应建立在科学、合理的基础上，符合客观实际与自然规律，符合相关政策、法规、标准的要求，评价指标所包含的内容能客观反映和评判矿区总体规划的环境影响和发展特点；

b）系统性：评价指标的选取要充分考虑矿区开发对自然、社会和经济环境的影响，反映各系统之间相互联系和相互依赖的关系；

c）可操作性：选取的评价指标简洁实用，可获取、可测量、可调控，定性指标与定量指标相结合，便于进行客观判断；

d）前瞻性：评价指标的确定除反映行业一般水平外，还应提出矿区可持续发展的更高要求。

7.2.2.2 评价指标的选取和指标值的确定应能够确保实现拟定的环境目标。

7.2.2.3 评价指标的确定一般采用层次分析法、专业判断法、专家咨询法。

7.2.2.4 供参考的矿区总体规划环境目标与评价指标见附录 B。

8 环境影响预测、分析与评价

8.1 环境影响预测、分析与评价内容

8.1.1 分不同的评价时段对矿区总体规划实施可能产生的环境影响进行预测与评价，包括规划实施直接的、间接的环境影响，累积环境影响以及可预见的诱发环境影响。主要预测与评价内容包括：

a）矿区煤炭井工开采地表沉陷变形、露天开采地表挖损以及外排土场占压对地形地貌、土地利用、农牧业生产及自然生态资源的影响，矿区生态系统变化趋势；

b）矿区煤炭开采含水层破坏或露天矿疏干排水可能造成的对区域水资源的影响，以及由此引发的对生态环境的影响；

c）矿区规划实施各类污染物排放可能造成的对区域环境质量的影响，分析规划实施后矿区环境质量能否满足环境功能区划的要求；

d）矿区规划实施可能对矿区内及其周围重要环境保护目标的影响；

e）矿区煤炭资源开发带动的下游产业延伸可能产生的在时间、空间上的累积环境影响；

f）矿区整体开发可能带来的主要环境风险问题分析；

g）矿区开发造成的移民搬迁、安置问题分析；

h）矿区规划实施对区域社会、经济的影响及发展趋势分析。

8.1.2 应重点关注和分析不同阶段规划实施对矿区及其周围自然保护区，重要水源保护区，特殊人文、自然景观和生物多样性等敏感保护目标的影响分析。

8.2 预测与评价方法

预测与评价方法一般可采用：对比/类比分析法、地理信息系统（GIS）支持下的叠图法、趋势外推法、典型案例分析法、数学模型法、情景分析法、专业判断法、费用效益分析法、可持续发展能力分析法等。

9 资源、环境承载力分析

9.1 基本原则

a）根据煤炭开发行业的资源、环境影响特征，针对制约矿区规划实施和规划实施后影响较大的资源、环境因素进行承载力分析；

b）应结合矿区不同开发阶段的开发强度分阶段进行资源、环境承载力分析；

c）通过资源、环境承载力的分析，客观反映矿区经济、社会发展与资源、环境的协调程度，为合理确定矿区煤炭开发强度、产业配置与布局，确定环境合理的矿区总体发展目标提供科学依据。

9.2 主要分析内容

a）矿区土地资源承载力分析；

b）矿区生态承载力分析；

c）矿区水资源承载力分析；

d）矿区大气环境容量分析；

e）矿区地表水环境容量分析；

f）矿区规划实施污染物排放总量分析。

9.3 分析与评价方法

分析与评价方法一般可采用：容量分析法、指数评价法、数学模型法、承载力指标体系分析法、土地适宜性分析法、水资源供需平衡分析法、生态足迹法、情景分析法、专业判断法等。

10 预防和减轻不良环境影响的对策和措施

10.1 矿区污染防治与生态保护目标

根据矿区规划实施环境影响预测分析结果，结合区域环境现状、环境保护规划、生态功能区划等相关规划、标准，制订矿区污染防治与生态保护目标。

10.2 对策和措施

10.2.1 基本原则

根据制订的矿区污染防治与生态保护目标，提出预防和减轻规划实施不良环境影响的对策和措施。提出的对策和措施要具有针对性、可操作性和前瞻性，应包括技术措施、管理措施和政策建议措施等。

10.2.2 对策和措施应包括以下几方面内容

a）对规划实施后井工矿开采地表沉陷变形、露天矿挖损及排土场占压等可能造成的土地破坏以及生态影响提出预防、减缓、修复、重建、补偿基本原则和目标指标，重点提出对矿区及其周围重要环境保护目标和生态敏感区的保护措施；

b）提出建立矿区生态补偿运行保障机制的基本原则和要求；

c）对规划实施后煤炭开采可能造成的地下水、地表水资源的影响提出预防和补救对策，重点提出对矿区及其周围重要水源地、居民生产生活用水的保护要求；

d）分析矿井水（露天矿疏干水）、煤矸石、瓦斯以及其他共伴生资源的综合利用可行性，提出科学合理的矿区资源综合利用途径和利用措施的建议方案；

e）提出矿区规划实施受影响居民的移民搬迁安置建议方案；

f）提出矿区污染防治主要原则和污染物削减替代建议方案；

g）提出矿区开发环境风险防范的原则要求。

11 清洁生产与循环经济分析

11.1 清洁生产分析

从生产工艺与产品指标、资源与能源消耗指标、生态破坏与污染控制指标、资源综合利用指标以及矿区环境管理五个方面，分析矿区实现清洁生产的途径，提出矿区实现清洁生产的指标要求和管理措施。

11.2 循环经济分析

根据“减量化、再利用、资源化”原则，以建立资源—产品—再生资源的物质闭环流动型煤炭矿区经济模式为目的，结合区域资源、环境承载力分析，提出促进矿区可持续发展的循环经济基本模式。

12 矿区规划的环境合理性分析

在区域资源、环境承载力分析基础上，根据矿区规划实施环境影响预测结果，对矿区规划方案的环境合理性进行分析。主要内容包括：

a）矿区煤炭资源开发总规模、阶段性开发规模、产业结构配置等与区域资源、环境承载力的协调性分析；

b）矿区总体规划布局与功能分区的环境合理性分析，重点关注和分析矿区规划范围内以及周边重要环境保护目标和生态敏感区之间存在的冲突与潜在的环境风险；

c）矿区总体规划环境目标的可达性分析；

d）矿区总体规划实施的环境成本或环境代价分析；

e）提出供有关部门决策的环境合理的规划方案优化调整建议。

13 环境监测与跟踪评价

13.1 制订矿区规划实施环境监测与跟踪评价计划，对规划实施后的实际环境影响、环境质量变化趋势、环境保护措施的落实情况和有效性进行监测和跟踪评价。

13.2 按确定的矿区污染防治与生态保护目标，列出需要进行监测的环境因子或指标清单。

13.3 明确监测与跟踪评价责任部门。

13.4 结合矿区规划项目的建设进度，提出阶段性跟踪评价的主要内容。

13.5 环境监测与跟踪评价主要内容：

a）规划实施主要不良环境影响因素的监测，重点对矿区规划实施后地下水、地表沉陷变形以及生态变化趋势等进行重点跟踪监测；

b）通过监测系统、专家咨询和公众参与等手段，了解并跟踪评价矿区总体规划实施后的环境影响；

c）对矿区总体规划环境影响评价提出的预防或者减轻不良环境影响的对策和措施的实施情况及实施效果进行跟踪监督监测与评价；

d）提出下阶段矿区规划的建设项目在开展环境影响评价工作时应重点关注和解决的环境问题。

14 公众参与

14.1 公众参与时机、方式与对象

a）公众参与贯穿矿区总体规划环境影响评价工作全过程；

b）公众参与的方式包括：问询、问卷调查，发布公告，专家咨询，召开座谈会、论证会、听证会等；

c）公众参与的对象应包括：有关单位、专家和普通居民，参与者的确定应综合考虑代表性、专业性和广泛性。

14.2　公众参与主要内容

14.2.1　现状调查、分析阶段

a）调查矿区范围内公众对环境质量现状的满意度；

b）公开征求公众对开展矿区总体规划环境影响评价工作的意见和建议；

c）对已开发矿区，应重点征询公众对矿区煤炭开采已造成的耕地破坏、水资源影响，生态补偿、移民搬迁安置等问题的意见，以及对目前采取的解决方案和补偿标准的意见和建议。

14.2.2　环境影响报告书编制阶段

根据矿区总体规划实施环境影响预测结果，以及矿区总体规划可能与其他相关规划存在的潜在冲突征求公众和相关部门的意见和建议（包括行政主管部门和相关规划编制部门等）。

14.2.3　环境影响报告书初稿完成阶段

向社会公开矿区总体规划环境影响报告书草案，广泛征求公众对矿区总体规划环境影响报告书草案的意见和建议，并对公众意见进行整理分析，对合理的公众意见予以采纳，进一步完善矿区总体规划环境影响报告书的内容。

15　困难和不确定性分析

分析在开展矿区总体规划环境影响评价工作中遇到的困难和不确定性，及其可能对环境影响评价结论的准确性、完整性的影响，并提出相应的意见和建议。

16　环境影响评价结论

矿区总体规划环境影响评价结论应包括以下内容：

a）矿区总体规划概述及分析；

b）矿区环境现状及主要环境制约因素；

c）矿区总体规划实施可能产生的环境影响；

d）矿区总体规划方案的环境合理性论证及规划方案的调整建议；

e）预防和减轻不良环境影响的对策措施；

f）公众意见的处理结果。

17 环境影响评价文件编制要求

17.1 煤炭工业矿区总体规划为煤炭资源开发专项规划，属编制环境影响报告书的规划范畴。

17.2 矿区总体规划环境影响报告书应文字简洁、图表清晰、数据翔实、论据充分、结论明确。

17.3 矿区总体规划环境影响报告书至少应包括以下 12 个方面的内容：

a）总则；

b）矿区总体规划概述及分析；

c）现状调查、分析与评价（包括已开发矿区环境影响回顾评价）；

d）环境影响识别与评价指标体系；

e）规划实施可能造成的环境影响预测、分析与评价；

f）矿区资源、环境承载力分析；

g）预防和减轻不良环境影响的对策措施；

h）矿区清洁生产与循环经济分析；

i）规划方案环境合理性综合论证及规划方案的调整建议；

j）环境监测与跟踪评价计划；

k）公众参与；

l）环境影响评价结论。

煤炭工业矿区总体规划环境影响报告书主要编制内容见附录 A。

附　录　A

（规范性附录）

矿区总体规划环境影响报告书主要编制内容

A.1　总则

A.1.1　规划背景与任务由来
A.1.2　评价依据
A.1.3　评价目的与评价原则
A.1.4　评价内容与评价重点
A.1.5　评价范围
A.1.6　评价时段
A.1.7　环境功能区划与评价标准

A.2　矿区规划方案概述与分析

A.2.1　规划方案概述
A.2.2　规划方案内容分析
A.2.3　规划方案与相关政策、法规、规划及计划的符合性、协调性分析
A.2.4　规划方案存在环境缺陷问题分析、初步筛选环境合理的规划方案

A.3　区域自然、社会及经济概况调查、分析与评价

A.3.1　矿区社会、经济背景概述
A.3.2　矿区自然环境概况与环境质量现状
A.3.3　区域重要环境保护目标及生态敏感区域分析
A.3.4　矿区环境影响回顾分析与评价
A.3.5　矿区环境发展趋势分析

A.4　矿区环境影响识别与评价指标体系

A.4.1　矿区规划实施环境影响识别
A.4.2　矿区规划实施主要资源、环境制约因素分析
A.4.3　矿区规划环境目标与评价指标

A.5 矿区总体规划实施环境影响预测、分析与评价

A.5.1 生态环境影响预测与评价
A.5.2 地下水环境影响预测与评价
A.5.3 地表水环境影响预测与评价
A.5.4 大气环境影响预测与评价
A.5.5 固体废物环境影响预测与评价
A.5.6 社会经济环境影响分析

A.6 矿区资源、环境承载力分析

A.6.1 矿区生态承载力分析
A.6.2 矿区水资源承载力分析
A.6.3 矿区大气环境容量分析与总量控制
A.6.4 矿区地表水环境容量分析与总量控制

A.7 预防和减轻不良环境影响的对策措施

A.7.1 矿区生态综合整治
A.7.2 水污染防治
A.7.3 大气污染防治
A.7.4 固体废物处置
A.7.5 矿区噪声控制
A.7.6 矿区资源综合利用
A.7.7 矿区受影响居民搬迁安置原则与建议方案
A.7.8 矿区重大环境风险防范对策

A.8 矿区清洁生产与循环经济分析

A.8.1 矿区清洁生产分析
A.8.2 矿区循环经济分析

A.9 矿区规划实施环境监测与跟踪评价计划

A.9.1 环境监测与跟踪评价的目的
A.9.2 环境监测与跟踪评价主要内容
A.9.3 环境监测与跟踪评价实施方案

A.9.4 对规划中下一层次建设项目环境影响评价工作的建议

A.10 公众参与

A.10.1 公众参与的目的、对象
A.10.2 公众参与的内容、形式
A.10.3 公众调查、有关部门及专家咨询意见统计分析
A.10.4 对有关意见采纳与不采纳情况的说明

A.11 矿区总体规划环境合理性综合论证

A.11.1 矿区总体规划目标与产业定位的环境合理性分析
A.11.2 矿区总体规划布局与功能分区的环境合理性分析
A.11.3 矿区总体规划的环境代价分析
A.11.4 矿区总体规划实施的资源、环境风险分析
A.11.5 矿区规划实施环境目标可达性分析
A.11.6 矿区总体规划方案的优化调整建议

A.12 环境影响评价结论及建议

附　录　B

（资料性附录）

供参考的矿区总体规划环境目标与评价指标

供参考的煤炭工业矿区总体规划环境目标和评价指标见表 B.1、表 B.2，在评价过程中可根据规划内容和环境特征进行适当的删减或补充。

表 B.1　供参考的矿区总体规划环境目标和评价指标

环境主题		环境目标	评价指标		类型
自然环境	资源	实现矿区资源和能源的可持续开发利用	煤炭资源配置与效率指标	煤炭资源回采率（%）	L
				原煤入洗率（%）	L
			资源消耗指标	发电煤耗（标煤）[g/（kW·h）]	L
				发电水耗[m^3/（GW·s）]	L
				吨煤新鲜水消耗（m^3/t）	L
				吨煤油耗/（t/t）	L
			资源回收与综合利用指标	煤矸石综合利用率（%）	L
				电厂灰渣综合利用率（%）	L
				矿井水（疏干水）回用率（%）	L
				瓦斯抽采率与综合利用率（%）	L
				共伴生矿产资源利用率（%）	L/M
			资源承载力指标	区域水资源承载力	L/M
				区域生态承载力	L/M
				区域土地资源承载力	L/M
	环境要素	避免或减轻煤炭开发活动产生的各种污染影响	大气污染控制指标	工业废气处理率（%）	L
				大气污染物达标排放率（%）	L
			水污染控制指标	工业废水及生活污水处理率（%）	L
				水污染物达标排放率（%）	L
			固体废物处置指标	煤矸石处置率（%）	L
				电厂灰渣处置率（%）	L
			噪声环境影响指标	声环境功能区达标率（%）	L
		避免或减轻煤炭开发活动产生的生态破坏	生态保护与恢复指标	水土流失控制率（%）	L
				沉陷（挖损）土地复垦率（%）	L
				排矸（土）场生态恢复率（%）	L
				恢复后植被覆盖率（%）	L
				生态系统整体性和功能变化趋势	M

环境主题	环境目标	评价指标		类型
社会环境	促进区域社会、经济可持续发展	社会发展指标	规划区城镇化率（%）	L
			受影响居民搬迁安置率（%）	L
			受影响居民供水保障率（%）	L
			受影响居民生活水平	M
		资源环境代价指标	万元工业增加值能耗（标煤）（t/万元）	L
			万元工业增加值水耗（t/万元）	L
			煤炭开发环境代价（万元/t）	L
		经济发展指标	矿区工业总产值（万元）	L
			占地区工业总产值的比例（%）	L

注：L 为量化指标，M 为描述性指标。

表 B.2　供参考的矿区闭矿期环境目标与评价指标

环境目标	评价指标
保证矿区闭矿后的持续发展	可替代能源或产业的开发
最大限度地促进与矿区开发活动相关的各种资源的后续利用，减少废弃物量、减轻环境影响	残存资源的再利用价值与利用条件
	废旧设备的去向与设备再利用率（%）
	废旧设施的处置与再利用状况
	最终固体废物堆场的生态恢复状况
避免或尽量减少矿区闭矿期对当地生态系统的影响	废弃地整治率（%）
	已复垦土地重新利用率（%）
	最终耕地损失率（%）
	生态系统整体性和功能与矿区开发前的对比情况
促进矿区闭矿后对地方经济发展的影响	矿区闭矿后对当地 GDP 的影响
	闭矿后失业人数与人员安置
	新产业的发展
	已搬迁居民的生活质量

中华人民共和国国家发展和改革委员会
中华人民共和国科学技术部
中华人民共和国工业和信息化部
中华人民共和国国土资源部
中华人民共和国住房和城乡建设部
中华人民共和国商务部
公告

2010年　第14号

为进一步推动资源综合利用，提高资源利用效率，发展循环经济，建设资源节约型、环境友好型社会，国家发展和改革委员会、科学技术部、工业和信息化部、国土资源部、住房和城乡建设部、商务部组织编写了《中国资源综合利用技术政策大纲》，现予以发布，并于发布之日起施行。

附件：中国资源综合利用技术政策大纲

国家发展改革委
科　技　部
工业和信息化部
国土资源部
住房城乡建设部
商　务　部
二〇一〇年七月一日

附件：

中国资源综合利用技术政策大纲（节选）

一、总论

（三）主要范围

一是在矿产资源开采过程中对共生、伴生矿进行综合开发与合理利用的技术；二是对生产过程中产生的废渣、废水（废液）、废气、余热、余压等进行回收和合理利用的技术；三是对社会生产和消费过程中产生的各种废弃物进行回收和再生利用的技术。

二、矿产资源综合利用技术

（一）能源矿产资源综合利用技术

2. 煤炭资源综合利用技术

（6）研发“三下”（建筑物下、铁路下、水体下）及矸石充填采煤技术；研究提高开采上限技术。

三、工业“三废”综合利用技术

（一）煤炭工业“三废”综合利用技术

1. 煤矸石综合利用技术

（1）煤矸石发电技术

——推广适合燃烧煤矸石的大型循环流化床锅炉，在有条件的地区推广热、电、冷联产技术和热、电、煤气联供技术。

——推广炉内石灰脱硫和静电除尘技术。

——研发煤矸石等低热值燃料电厂锅炉高效除尘、脱硫、灰渣干法输送、存储及利用技术。

（2）煤矸石生产建筑材料技术

——制砖技术。推广全煤矸石生产承重多孔砖、非承重空心砖和清水墙砖技术。

——制水泥技术。推广利用煤矸石为原料，部分或全部代替黏土配制水泥生料，烧制水泥熟料技术。

——生产其他建材产品技术。推广利用煤矸石为原料生产陶瓷制品、陶粒、岩棉、加气混凝土等技术。

（3）推广利用煤矸石充填采煤塌陷区、采空区和露天矿坑及煤矸石复垦造地造田技术。

（4）推广利用煤矸石制取聚合氯化铝、硫酸铝、合成系列分子筛等化工产品技术。

（5）推广利用煤矸石生产复合肥料技术。

（6）推广煤矸石中极细粒钛铁矿、锐钛矿等杂质的分离技术。

（7）研发利用煤矸石生产特种硅铝铁合金、铝合金技术，以及利用煤矸石生产铝系列、铁系列超细粉体的技术。

（8）研发煤矸石提取五氧化二钒及其他稀有元素技术。

六、资源综合利用现行税收优惠政策

（一）增值税

1. 资源综合利用及其他产品增值税政策（财税〔2008〕156 号）

（3）即征即退 50%

——以煤矸石、煤泥、石煤、油母页岩为燃料生产的电力和热力（煤矸石、煤泥、石煤、油母页岩用量占发电燃料的比重不低于 60%）。

——部分新型墙体材料产品（具体范围按新型墙体材料目录执行）。

（二）企业所得税

企业所得税法及其实施条例规定：企业以《资源综合利用企业所得税优惠目录》规定的资源作为主要原材料，生产国家非限制和禁止并符合国家和行业相关标准的产品取得的收入，减按 90%计入收入总额。

2. 废水（液）、废气、废渣

（1）以 70%以上的煤矸石、石煤、粉煤灰、采矿和选矿废渣、冶炼废渣、工业炉渣、脱硫石膏、磷石膏、江河（渠）道的清淤（淤沙）、风积沙、建筑垃圾、生活垃圾焚烧余渣、化工废渣、工业废渣为原料生产的砖（瓦）、砌块、墙板类产品、石膏类制品以及商品粉煤灰。

中华人民共和国国家环境保护标准

环境影响评价技术导则　煤炭采选工程

HJ 619—2011

前　言

为贯彻《中华人民共和国环境保护法》《中华人民共和国环境影响评价法》和《建设项目环境保护条例》，规范煤炭采选工程的环境影响评价工作，制定本标准。

本标准规定了煤炭开采工程、选煤工程环境影响评价的基本原则、内容、方法和技术要求。

本标准的附录 A 为规范性附录。

本标准为首次发布。

本标准由环境保护部科技标准司组织制订。

本标准主要起草单位：中国煤炭加工利用协会。

本标准环境保护部 2011 年 9 月 1 日批准。

本标准自 2012 年 1 月 1 日起实施。

本标准由环境保护部解释。

1　适用范围

本标准规定了煤炭开采工程、选煤工程环境影响评价的基本原则、内容、方法和技术要求。

本标准适用于在中华人民共和国境内进行煤炭采选工程的建设项目环境影响评价工作。

煤炭采选工程环境影响后评价与煤炭资源勘探活动环境影响评价可参照本标准执行。

2　规范性引用文件

本标准引用了下列文件中的条款。凡是未注明日期的引用文件，其最新版本适用于本标准。

GB 18599　一般工业固体废物贮存、处置场污染控制标准

HJ 2.1　环境影响评价技术导则　总纲

HJ 2.2　环境影响评价技术导则　大气环境

HJ/T 2.3　环境影响评价技术导则　地面水环境

HJ 610　环境影响评价技术导则　地下水环境

HJ 2.4　环境影响评价技术导则　声环境

HJ 19　环境影响评价技术导则　生态影响

HJ/T 169　建设项目环境风险评价技术导则

HJ 446　清洁生产标准　煤炭采选业

《建设项目环境影响评价分类管理名录》（环境保护部令　第2号）

《环境影响评价公众参与暂行办法》（环发〔2006〕28号）

3　术语和定义

下列术语和定义适用于本标准。

3.1　煤炭地下开采　underground coal mining

通过开掘井巷抵达煤层，开采煤炭资源的作业（又称井工开采）。

3.2　煤炭露天开采　coal open-pit mining

剥离上覆岩土层揭露出煤层后，进行煤炭资源开采的作业。

3.3　井（矿）田　diggings

煤田中由国家和省（市、自治区）矿产资源管理部门划定给一个煤矿企业开采的三维范围。

3.4　选煤　coal preparation

利用物理或化学等方法除掉煤炭中杂质，将煤按需要分成不同质量、规格产品的加工过程。

3.5　选煤厂　coal preparation plant

对煤炭进行分选，生产不同质量、规格的产品的加工厂。

3.6　矿井水　coal mine water

在煤矿建设和煤炭开采过程中产生并从井下抽排到地面的水，包括井下涌水、井下生产过程中产生的废水。

3.7　露天煤矿疏干水　opencast coal mine draining water

在露天煤矿剥离和开采过程中（或提前）产生的煤矿排水。

3.8　露天煤矿矿坑水　opencast coal mine pit water

在露天煤矿剥离和开采过程中，由地下涌入或地表汇入采坑内的积水。

3.9 剥离物 overburden

在露天矿开采过程中，剥离的煤层以上地表土层和岩石统称为剥离物。

3.10 开采沉陷 mining subsidence

煤炭地下开采时，因煤炭资源采出引起上覆岩土层和地表发生垂直和水平移动变形的过程和现象。

3.11 导水裂隙带 water flowing fractured zone

垮落带上方一定范围内的岩层发生断裂，且具有导水性，能使其上覆岩层中的地下水流向采空区，这部分导水断裂岩层的范围称导水裂隙带。

3.12 煤矸石 gangue

采掘煤炭生产过程中从顶、底板或煤夹矸混入煤中的岩石（掘进矸石）和选煤厂加工过程中排出的洗矸石。

3.13 煤矸石堆置场 gangue yards

堆放煤矸石的场地和设施。

3.14 煤层气 coal bed methane

煤层气俗称“瓦斯”，其主要成分是甲烷（CH_4），它是主要存在于煤矿的伴生气体，是成煤过程中经过生物化学热解作用以吸附或游离状态赋存于煤层及固岩的自储式天然气体，属于非常规天然气，它是优质的化工和能源原料。

3.15 建设期 construction period

建设项目的井筒与巷道开凿等井下作业、地面工业场地各厂房、站场、储运排等生产系统建设时段，或者露天矿开采时的地表土层、岩石的剥离及转运、堆存时段，均称为建设期。

3.16 运行期 runtime

建设项目的煤炭开采、煤炭运输及煤炭处理时段为运行期。

3.17 闭矿期 mine closure period

煤炭开采建设项目服务期满后，停运、关闭、恢复土地使用功能时段为闭矿期。

4 工作分类及程序

4.1 煤炭采选工程环境影响评价工作分类，应按照《建设项目环境影响评价分类管理名录》有关煤炭采选部分的规定确定。

4.2 煤炭采选工程环境影响评价工作程序应按照 HJ 2.1、HJ 2.2、HJ/T 2.3、HJ 2.4、HJ 19、HJ/T 169、HJ 610 的规定执行。

5 规范性技术要求

5.1 环境影响因素及评价因子

环境影响评价工作可根据项目特点及周围环境敏感性选取环境影响因素和评价因子。

5.2 评价标准的确定

5.2.1 评价执行的标准应根据建设项目所在地区的环境功能要求执行相应环境要素的国家或地方环境质量标准及污染物排放标准。

5.2.2 当建设项目评价因子无国家或地方环境质量标准及污染物排放标准，经国家或地方环境保护行政主管部门书面同意后，可参照执行国外的相关标准。

5.3 评价工作等级

5.3.1 大气环境、地表水环境、声环境、生态影响和环境风险评价等级

分别按照 HJ 2.2、HJ/T 2.3、HJ 2.4、HJ 19、HJ/T 169 中的规定，确定大气环境、地表水环境、声环境、生态影响、环境风险的评价工作等级。

5.3.2 地下水环境评价等级

按照 HJ 610 的要求初步确定地下水评价工作等级，基于煤炭采选业对地下水环境的影响特征，根据评价区地下水环境敏感程度与水文地质问题，煤炭开采在不直接影响具有城镇及工业供水或潜在供水意义的含水层时，或评价区内不涉及集中供水水源地等地下水敏感保护目标时，适当降一级确定煤炭采选工程地下水评价工作等级。

5.4 评价范围及环境敏感目标

5.4.1 大气环境、地表水环境、地下水环境、声环境和环境风险评价范围

分别按照 HJ 2.2、HJ/T 2.3、HJ 610、HJ 2.4、HJ/T 169 中规定的大气环境、地表水环境、地下水环境、声环境、环境风险的影响评价的评价工作等级确定评价范围。

工业场地、风井场地与运输道路声环境评价范围一般为厂（场）界外 200 m。

5.4.2 生态影响评价范围

按照 HJ 19 的要求初步确定生态影响评价范围，井工开采项目根据地面沉陷影响范围进一步合理确定生态评价范围；露天开采项目一般以采掘场、外排土场边界外扩 1 000～2 000 m 作为煤炭采选工程生态评价范围。

5.4.3 环境敏感及保护目标

按环境要素或产生环境影响的生产生活设施，分别说明受煤炭开发影响的环境敏感及保护目标；对所确定的环境敏感及保护目标，用图、表标示其与建设项目的

相对位置、距离、特征及保护要求。

5.4.4 附图

附环境敏感保护目标（含各场地周边与线性工程沿线）及相关要素评价范围图。

5.5 评价时段

根据煤炭采选工程的时序特点，一般将煤炭采选工程划分为建设期和运行期；当剩余服务年限低于5年的，应该开展闭矿期环境影响评价。

根据我国煤炭采选工程运行服务期长的特点，应分阶段适时开展环境影响后评价。

6 编制内容及要求

6.1 工程分析的内容和方法

6.1.1 工程分析的方法

a）工程分析以设计文件为依据；

b）污染源强的确定可采用类比法、物料衡算法以及排污系数法；改扩建（或资源整合）、技术改造项目可采用实测法。

6.1.2 工程分析的内容

工程分析的内容主要包括项目概况、生产工艺分析、环境影响因素分析、拟采取环境保护措施分析等基本内容，改扩建（或资源整合）、技术改造项目含现有工程存在的环境保护问题与“以新带老”要求。

6.1.2.1 项目概况：包括项目名称、建设规模、建设性质、建设地点、项目组成、产品方案及流向、总平面布置（含工业场地竖向设计与防洪）及占地面积、占用土地类型、地面运输、劳动定员、建设周期、主要技术经济指标等。

工程项目概况介绍应提供以下图表：

a）项目的地理位置和交通图。

b）地面总布置图。

c）工业场地平面布置图。

d）项目组成一览表，按照主体工程（含选煤厂）、辅助工程、公用工程、储运工程分列工程内容和主要技术指标；改扩建和技术改造项目应提供项目组成对比一览表，并说明项目实施前后各分项工程之间的依托关系。

e）项目主要技术经济指标表。

6.1.2.2 煤炭资源和生产工艺分析的主要内容有：

a）煤炭资源赋存情况。包括井（矿）田境界、储量、煤种与煤质、煤层气、煤尘、煤的自燃特性、有害元素含量等。

b）开拓方案与生产工艺。井工开采包括井田开拓方案、开采工艺、水平划分、采区划分及接续计划、采煤方法、首采区工作面个数和工作面参数、井下运输、通风方式、排水系统、瓦斯抽放系统等。

露天开采包括采区划分及开采顺序、开采工艺及开采方法、剥采比及开采进度计划、剥离物排弃计划、露天矿防排水方案。

c）地面生产系统。井工开采矿井包括主、副、风井生产系统，排矸系统，选煤厂生产系统和工艺流程，煤炭储装运系统，煤矸石堆置场选址等。

露天开采包括煤炭破碎系统、选煤厂生产系统和工艺流程、煤炭储运系统、总平面布置、外排土场及工业场地选址等。

d）给排水系统。包括项目分类分项用水量、排水量，设计文件提出的取水和排水方案、污废水处理方案。

e）供电与供热。包括项目用电负荷、供电来源；锅炉型号及数量、热负荷、燃料种类及消耗量。

f）设计文件提出的煤炭共伴生资源综合利用项目的技术特征（产品、规模、技术指标等）、选址和建设时序。

g）煤炭资源和生产工艺分析应提供以下图表：井（矿）田境界图；地层综合柱状图（表）；开采煤层特征表；开采煤层煤质特征表；井田开拓平面与剖面图；采区（盘区）开采接替顺序表；露天煤矿采区划分及开采顺序图；露天煤矿各采区主要技术指标表；露天煤矿开采进度计划及剥离物排弃计划表；项目主要设备技术特征一览表；地面生产工艺流程图；选煤厂生产工艺流程图和产品平衡表；配套公路、铁路路线主要技术特征一览表；项目生产、生活用水及排水水量表；项目水量平衡图（表）。

6.1.2.3 环境影响因素分析的主要内容

（1）生态影响因素分析

简述建设期、运行期主要生态影响因素，主要包括土地占压、开采沉陷与地表挖损。

（2）环境污染影响因素分析

按建设期、运行期分别说明环境影响因素。

污染源和污染物分析应主要包括废水、废气、固体废物、噪声的产生源、排放方式、废气排放口参数、废水排放量与排放去向等，主要污染物的数量、浓度（强度）。

改扩建、技术改造项目还应明确原有污染源和污染物排放情况，目前存在的环境问题，工程实施后的污染源及污染物变化情况等。

6.1.2.4 拟采取环境保护措施

简要说明拟采取的污染控制、生态恢复及沉陷治理措施。

环境影响因素及拟采取的环境保护措施部分应提供的图表包括：

产污环节示意图（可与地面生产工艺流程图合并）；改扩建、技术改造项目“以新带老”措施一览表；污染源及污染物排放汇总表；改扩建、技术改造项目污染物排放情况对比一览表。

6.2 区域自然、社会经济概况及环境质量现状调查与评价

6.2.1 环境现状调查的原则和方法

6.2.1.1 环境现状调查应遵循实事求是、全面系统、重点突出、时域特征显著的原则。

6.2.1.2 环境现状调查范围应与各个环境要素的评价范围一致。

6.2.1.3 环境现状调查一般采用收集资料法、现场调查和现状环境监测法、遥感影像解译法，几种方法可以结合使用。

采用遥感影像解译方法，遥感卫片获取时段应为近 3 年以内的有代表性意义的季节，图件的空间分辨率一般不得低于 15 m。

6.2.2 区域自然与社会经济概况调查

6.2.2.1 交通地理位置调查：建设项目的位置、隶属行政区划、地理坐标等。

6.2.2.2 自然环境调查包括：

a）地形地貌。建设项目所在区域的地形特征。

b）地质与矿产资源。地层概况、地质构造、已探明或已开采的矿产资源。可能对建设项目产生影响的地质灾害和潜在因素，如采空区、崩塌、滑坡、泥石流等。

c）气候与气象。建设项目所在区域的主要气候特征，常规气象参数。

d）地表水水文特征。项目所在区域主要地表水体的水文特征、所属水系划分、水环境功能区划、水质和水资源利用，本项目取水、排水口位置与区域水系的关系。应附地表水水系图。

e）地下水水文地质特征。依据煤田地质勘探报告，阐述评价范围内含、隔水层的主要特征以及地下水补、径、排条件等，明确评价范围内集中供水水源地的位置，有供水意义的含水层及潜在供水意义的含水层。水文地质条件调查应利用评价区内已进行的水源水文地质勘查成果，一级评价必要时应补充水文地质勘查。

f）土地利用及水土流失概况。建设项目所在区域的主要土壤类型、土地利用情况；水土流失现状。

g）生态功能区。说明项目所在地区生态功能区划及所在分区特征、保护与建设要求等内容。生态脆弱区应说明植被变化、荒漠化、沙漠化、土地生产力变化、采矿可能导致的生态环境变化情况。

h）动植物资源。项目所在区域的主要动植物资源、濒危珍稀野生动植物物种基本情况。

6.2.2.3 社会经济调查

a）社会经济调查范围为建设项目所在县（市）、乡（镇）两级。

b）调查建设项目所在地区的行政区划、人口数量和收入情况。列表给出评价范围内的村庄数、住户数和人口数、村民收入来源、饮用水水源情况。

c）调查区内教育、文化、医疗、通信、市政环卫等基础设施情况。

d）调查区内工业的类型、产业结构、工业总产值等。

e）调查区内农业的类型、产品结构、农业总产值、灌溉条件等。

6.2.3 环境质量现状评价

6.2.3.1 调查对象

包括环境空气、地表水环境、地下水环境、声环境和生态。

6.2.3.2 环境现状评价

利用环境质量现状监测或近期例行环境监测数据进行环境质量现状评价。

环境质量现状监测应符合相关环境质量监测标准、环境保护标准、环境影响评价技术导则等相关规定。

利用近期例行环境监测资料、数据时应说明资料来源、监测时间、监测点位，论证资料引用的可靠性和可利用性。

6.2.3.3 环境空气质量现状调查

按 HJ 2.2 中的规定，在充分收集、利用已有的有效数据的前提下，进行环境空气质量现状监测与评价。

6.2.3.4 地表水环境质量现状调查

根据建设项目排污口设置、污水性质及纳污水体功能区划，按 HJ/T 2.3 中的规定，在充分收集、利用已有的有效数据前提下，对纳污水体进行水质监测与评价。根据项目的具体特点和已有监测数据情况，可适当减少监测断面的布设。

6.2.3.5 地下水环境质量现状调查

按确定的评价等级与评价范围，按 HJ 610 的规定确定监测点位与监测点个数，改扩建煤矿可增加 1～2 个监测点，重点调查评价范围内村庄和集中供水水源含水层，已有采区开采对地下水水位和水质影响情况。民用井水监测应考虑地方性地下水特征污染物并说明井深、水位、含水层。

6.2.3.6 声环境质量现状调查

按照 HJ 2.4 中的规定，在充分收集、利用已有的有效数据前提下，对声环境进行布点、监测与评价。监测点位布设应包括工业场地、风井场地、运输道路、声环境敏感点等，新建项目场地周围无工业及交通噪声源时可适当减少监测点位。

现状监测应附监测布点图。

6.2.3.7 生态现状调查

a）煤炭采选工程生态现状调查方法，原则上执行 HJ 19 中的相关规定。从行业特点出发，生态调查应突出下列重点内容：

评价范围内土地利用现状、植被类型分布现状、植被覆盖度、植被生物量、水土流失现状、土壤类型等；明确评价范围内有无国家级和地方重点保护野生动植物集中分布区或栖息地、国家级和地方级自然保护区、生态功能保护区以及其他类型的保护区域。

技改及改扩建项目应进行移民安置情况调查及开采沉陷影响调查。移民安置情况调查内容应以涉及环境的相关内容为主，包括污水和垃圾处置情况、水土保持情况、移民搬迁前后变化情况等；开采沉陷调查内容包括原有煤矿开采（建设）造成的地表沉陷变形基本情况，如沉陷及裂缝深度、范围；受影响的建构筑物损害、耕地破坏、地表植被破坏、农业生产损失和其他损害情况等。

b）收集资料和成果应尽可能采用图表方式表达，图件要求参照 HJ 19 执行。

c）生态现状评价应明确：

生态现状质量，区域生态系统的特征、类型、结构、初级生产力以及区域生态系统的完整性、稳定性，评价范围内主要生态制约因素。

d）根据煤炭开采环境影响特点和可能获得的技术数据，煤炭采选工程环境影响评价中的生态现状评价主要采取定性评价与半定量评价相结合的方法。

6.3 地表水环境影响预测与评价

6.3.1 地表水污染源调查

调查评价范围内矿井水、露天矿矿坑水、一般生产生活污废水等水污染源排放情况。

6.3.2 地表水环境影响预测

6.3.2.1 地表水环境影响预测方法，原则按照 HJ/T 2.3 规定的方法执行。预测一般采用完全混合模式。

6.3.2.2 地表水环境影响预测因子，根据项目排水特点，一般选择化学需氧量（COD）作为预测因子，pH、悬浮物、生化需氧量（BOD_5）、石油类、氨氮等因子作达标分析即可；特殊地区可增加铁、锰、氟化物、砷等特征污染因子。

6.3.3 地表水环境污染控制措施

分析设计拟采用的水污染控制措施的技术经济与环境合理性、可行性，分析选煤废水闭路循环的可靠性；提出优化的水污染控制与废水资源化建议。

对于改扩建、技术改造项目应针对存在的环境问题，提出“以新带老”治理措施。

6.3.4 应提供的图表

a）矿井水、露天矿矿坑水处理工艺流程图，生活污水处理工艺流程图；

b）选煤厂煤泥水闭路循环系统示意图。

6.4 大气环境影响预测与评价

6.4.1 大气污染源调查

调查评价范围内锅炉烟气、筛分破碎系统及转载粉尘、煤堆扬尘、运输扬尘、煤矸石堆场的自燃和扬尘、露天矿排土场扬尘等工业大气污染源排放情况。

6.4.2 大气环境影响评价要点

6.4.2.1 锅炉烟气根据 HJ 2.2 中的规定进行预测或分析，预测因子为二氧化硫、氮氧化物、颗粒物（PM_{10}）。

6.4.2.2 筛分破碎系统及转载粉尘、煤堆扬尘、运输扬尘、煤矸石堆场的自燃和扬尘、露天矿排土场扬尘等在采取相应的环保措施后对大气环境的影响作定性分析。

6.4.3 大气污染控制措施

分析设计拟采用的大气污染控制措施的技术经济与环境合理性、可行性。提出优化的环境空气污染控制建议。

对于改扩建、技术改造项目应针对存在的环境问题，提出“以新带老”的治理措施。

6.5 地下水环境影响预测与评价

6.5.1 地下水环境影响评价主要内容

a）煤炭开采对地下水水资源量的影响；导水裂隙带、底板突水对地下水资源的影响；露天煤矿开采疏干水对地下水动力场和地下水资源的扰动、破坏。

b）煤炭开采对评价范围内村庄和城镇等地下供水水源取水层的影响。

c）煤炭开采对地表水和地下水的补排关系影响。

d）煤矸石淋溶水对地下水水质的可能影响。

e）煤炭开采对泉域、水源地等重要地下水环境保护目标的影响。

6.5.2 区域及井田水文地质条件分析

6.5.2.1 地质和构造：建设项目在区域构造中的位置；对一级评价应附矿井（或区域）水文地质图。

6.5.2.2 地层分布及岩性：煤系上覆地层、煤系地层，主要含水层及隔水层情况。

6.5.2.3 矿井水文地质条件，包括煤系地层上覆含水层和下伏含水层（不涉及底板突水可能性时下伏含水层介绍可从简）；地下水的补、径、排条件；主要断层的导水性；生态脆弱区的富水区（存在时）分布特征；涉及重要的地下水源地时应调查区域降水入渗系数。

6.5.2.4　含水层现状及潜在功能，说明具有供水意义的含水层及其下伏隔水层情况；评价区内生产和生活开采地下水的情况。

6.5.2.5　矿井涌水条件，说明最大涌水量、正常涌水量。

6.5.2.6　Ⅱ类排矸场需进行水文地质条件调查。

6.5.2.7　地下水评价范围内重要泉域、与地表水关系密切的地下水体、水源地以及其他国家或地方划定的需特殊保护对象，需对其水文地质条件进行调查与分析，并附图说明。

6.5.3　地下水环境影响预测

6.5.3.1　采煤对地下水量的影响

a）说明矿井涌水的来源；计算导水裂隙带高度，计算方法可参考《建筑物、水体、铁路及主要井巷煤柱留设与压煤开采规程》中的推荐模式（老矿区有实际观测资料时应对参数进行必要修正），据此分析采煤所导通的主要含水层和地表水体，其中重点分析对有供水意义或潜在供水意义的含水层和地表水体的影响；定量分析或半定量分析对受影响含水层和地表水体水资源量的影响。

b）预测露天矿疏排水对评价区内具有供水意义的水资源量的影响程度。

c）一、二级评价应计算疏干降落漏斗面积和降深，以平面、剖面图标出影响范围及程度。

6.5.3.2　地下水环境变化对其他环境要素的影响

a）分析潜水水位变化对地表植被的影响。

b）结合相关专项规划，分析地下水储量变化对地区生态系统功能及工农业生产能力的潜在影响。

c）分析煤系地层因开采而造成的水位变化及其影响。

d）矿井水及疏干水排放去向与其用途的适宜性和可靠性分析。

6.5.3.3　采煤对地下水水质的影响

a）应根据涌水来源分析矿井水水质变化趋势。

b）回灌井下采空区的矿井水，应说明对具供水意义含水层水质的影响，并对邻近煤层开采安全性进行分析。

c）煤矸石属于Ⅱ类固体废物时应分析淋溶水对潜水含水层的水质影响。

6.5.4　地下水污染防治措施及矿井水资源化分析

6.5.4.1　建设期井筒揭穿含水层时应提出完善的保护措施。

6.5.4.2　煤炭开采影响到评价范围内村庄和城镇等地下供水水源时，提出具体解决措施及预案，并列预算经费，以保证供水安全。

6.5.4.3 对有敏感地下水环境保护目标的区域，如预测明确受到开采影响，应提出禁止或限制开采等保护措施，并明确禁止或限制煤炭开采的范围、开采时间。

6.5.4.4 改扩建、技术改造项目应分析现有工程对地下水环境影响的回顾评价，并分析已采取的有效的“以新带老”污染防治措施。

6.6 固体废物环境影响评价

6.6.1 煤矸石（剥离物）性质界定

a）煤矸石（剥离物）可按一般工业固体废物考虑，但对高砷、高氟煤地区的煤矸石应进行危险废物鉴定。

b）按 GB 18599 中的规定判定煤矸石（剥离物）属 I 类或 II 类固体废物。

c）对同一矿区或相邻矿区开采同一煤层的煤矿，已有煤矸石（剥离物）性质界定结果的，可不再进行浸出试验，但须利用已有资料进行分析。

6.6.2 煤矸石（剥离物）环境影响分析

6.6.2.1 煤矸石自燃倾向分析。根据矸石成分并结合区域自然环境因素、堆放方式和类比煤矿资料，分析其自燃倾向及其对大气环境影响。

6.6.2.2 煤矸石（剥离物）堆存对土壤的影响应用浸出试验结果作定性分析。

6.6.2.3 煤矸石堆置场（排土场）对景观的影响主要考虑形成劣质景观，周边为非敏感区时可不作评价。

6.6.3 固体废物污染防治措施

6.6.3.1 煤矸石（剥离物）

a）煤矸石堆置场（排土场）周边 500 m 范围内不应有集中居民点；对填沟造地、实施复垦的煤矸石综合利用场所与周边集中居民点的距离不宜小于 100 m。

b）设计采用采掘矸石不出井时论述其技术经济可行性。

c）煤矸石综合利用可设单节进行论述；说明适合本区的综合利用途径，分析利用的可靠性，并进行简要的经济、环境、社会效益分析。

d）根据煤矸石的自燃特性及有害元素成分含量等，提出相应的处置措施。

6.6.3.2 其他固体废物

应优先考虑综合利用，不具备利用条件的应提出妥善处置方式，并对处置方式进行环境可行性、合理性分析。

对于改扩建、技术改造项目应针对存在的环境问题，提出“以新带老”的治理措施。

6.7 地表沉陷预测及生态影响评价

6.7.1 时段划分

根据“远粗近细”的原则，生态影响评价宜按首采区、全井田分阶段进行预测，必要时应增加评价时段。

6.7.2 采煤地表沉陷影响预测与评价

6.7.2.1 预测模式

地表沉陷变形预测模式推荐采用《建筑物、水体、铁路及主要井巷煤柱留设及压煤开采规程》中提供的概率积分法。

6.7.2.2 预测参数选取

优先利用本矿区或邻近矿区已有的岩移观测数据确定预测参数；对于没有可利用资料的煤矿，应根据《建筑物、水体、铁路及主要井巷煤柱留设及压煤开采规程》确定预测参数。分析参数选取的合理性。

6.7.2.3 地表变形预测

a）分阶段预测评价范围内地表下沉分布情况，预测最大下沉深度，确定沉陷影响面积和程度。

b）分阶段预测评价范围内地表下沉值、水平移动、水平变形、曲率和倾斜变形最大值。

6.7.2.4 地表变形影响评价

a）定性说明沉陷后最终的地貌变化和总体趋势。

b）评价地表移动变形对建（构）筑物、公路、铁路、管线、堤坝等敏感目标的影响。

c）当煤田上部地表为不稳定山地地貌时，评价因沉陷变形可能发生的次生地质灾害风险和危害程度。

6.7.3 生态影响评价

6.7.3.1 评价方法

推荐的评价方法有系统分析法、质量指标法、景观生态学方法、类比法等。

6.7.3.2 评价内容

a）煤炭采选工程对主要土地利用类型、植被覆盖度与植被类型的影响，分析其影响范围及程度与生产力变化；重点关注耕地、基本农田、林地与草地，分析对农（牧）业经济及生态系统功能的影响。

b）煤炭采选工程对生态系统组成和功能的影响；有重要的生态敏感目标时，应对生物多样性和生态系统的稳定性进行分析。

c）分析煤炭采选工程导致的生态系统变化趋势，生态脆弱区应着重分析荒漠化、沙漠化与盐渍化发展趋势。

d）分析煤矿开采导致的居民搬迁等社会经济影响。

e）煤炭采选工程对地形地貌、生态景观的影响分析。

6.7.4 沉陷治理及生态综合整治

6.7.4.1 对受影响的建（构）筑物、公路、铁路、管线提出合理的保护措施。

6.7.4.2 提出居民搬迁安置计划与建议，简要分析安置点选址环境合理性；受首采工作面开采影响的居民，需搬迁的应在开采之前一次性搬迁，其他需要搬迁的居民应按开采时序合理安排搬迁时间。

6.7.4.3 对受采煤影响的重要地表水体，提出合理的保护措施。

6.7.4.4 对自然保护区、风景名胜区、文物保护单位、水源地等重要的保护目标，根据影响程度，应提出禁采、限采或其他保护措施。

6.7.4.5 对有可能出现的大型裂缝、滑坡、崩塌、泥石流等地质灾害提出防治措施。

6.7.4.6 根据现状调查、预测及评价结果，结合区域生态功能区划及环境保护规划要求，提出评价区的沉陷治理及生态恢复或重建措施和计划，并对措施计划的实施进度、投资估算和资金来源、保障机制进行说明。

6.7.4.7 对煤炭开采造成的生态损失提出补偿方案，估算补偿费用。

6.7.4.8 对于改扩建、技术改造项目应针对存在的环境问题，提出“以新带老”的治理及恢复措施。

6.7.5 附图

附分时段地表下沉等值线图、搬迁安置点示意图、生态综合整治规划示意图；涉及主要保护目标时，应附煤柱留设图。

6.8 声环境影响预测与评价

6.8.1 预测内容

预测场地厂界环境噪声、铁路专用线边界噪声、声环境敏感点噪声。

6.8.2 预测模式

按 HJ 2.4 及其他相关规范中的规定合理选取预测模式。

6.8.3 影响评价及措施

对厂界环境噪声及环境敏感点噪声进行影响预测及评价。制定合理可行的声环境治理措施，确保声环境敏感点环境噪声达标。

声环境评价范围内没有现状声环境敏感点而预测厂界环境噪声超标的，根据厂界环境噪声超标情况提出防护距离的要求。

6.9 清洁生产与循环经济分析

6.9.1 循环经济分析

应提出矿井水、疏干水、矿坑水、煤矸石、瓦斯、粉煤灰等的综合利用方案。

6.9.2 清洁生产分析

清洁生产评价参照 HJ 446 执行，分析清洁生产存在的问题，提出改进建议。

6.10　环境风险影响评价

6.10.1　风险源识别

根据煤炭采选工程的特点，环境风险类型主要包括煤矸石堆置场溃坝、露天矿排土场滑坡、瓦斯储罐泄漏引起的爆炸。

煤尘爆炸、井下瓦斯爆炸、井下突水、井下透水、地面崩塌、陷落、泥石流、地面爆破器材库爆炸等均属于生产安全风险和矿山地质灾害，煤炭建设项目均按照有关要求进行了专项评价，一般不再进行环境风险评价，必要时可以引用有关评价结论。

6.10.2　源项分析

源项分析可采用事故树分析和类比法确定最大可信事故及概率，可参照和利用经审批通过的矿山建设项目安全评价的有关成果。

6.10.3　风险影响分析

对最大可信事故造成的影响，分析影响范围、影响程度以及带来的环境损失、人员伤亡及经济损失。

6.10.4　风险管理

从预防和有效控制的角度，提出为减轻和消除事故对环境的危害，应当采取的减缓措施和应急预案。

6.11　公众参与

公众参与评价专题按《环境影响评价公众参与暂行办法》执行。考虑到煤炭行业的特点，调查范围应包括项目所在地相关部门并涵盖整个评价区域的居民代表，重点关注工业场地、首采区周边居民，调查样本应兼顾生态影响及污染影响。

6.12　环境经济损益分析

6.12.1　环保费用的确定

环保费用包括建设期用于环境保护的基本建设投入和运行期用于环境保护管理、治理、生态恢复、环境修复和环保设施运行的费用。

6.12.2　环境经济损益分析

估算煤炭开采造成的环境损失，计算年环境代价、环境成本和环境系数，采用费用效益法进行环境经济损益分析，说明所评价的建设项目在环境经济方面是否合理。

6.13　污染物总量控制分析

根据国家总量控制要求和行业特点，污染物排放总量控制因子为二氧化硫、COD；总量控制因子可根据国家环境保护规划及地方环境管理部门的要求及建设项目特点做适当调整。

总量指标应分析其可达性，明确总量指标来源，必要时提出削减或替代方案。

6.14 水土保持

涉及水土保持的建设项目，本节应明确项目所区在区域水土保持“三区”划分中的情况，预测项目水土流失量与危害，明确项目水土保持防治责任范围与防治目标，提出防治分区与各分区水土保持措施与监测方案，估算水土保持投资。附水土保持措施体系框图、措施布局图与监测布点图。

6.15 建设期环境影响分析

6.15.1 施工组织概况介绍。

6.15.2 建设期环境影响及防治措施。内容包括：建设期废水影响分析、施工废气及扬尘影响分析、施工噪声影响分析、固体废物影响分析、建设期生态影响分析，提出污染控制及生态恢复与治理措施。

6.16 环境管理与环境监测计划

6.16.1 环境管理

应提出建设期、运行期、闭矿期（必要时）的环境管理要求。

6.16.1.1 建设期环境管理

a）针对项目特点和建设计划，提出项目建设期在生态保护、施工占地、弃土排土等方面的环境管理要求。

b）针对项目特点与项目所在行政区域环境管理要求，可提出建设期环境监理具体要求。

6.16.1.2 运行期环境管理

根据项目具体特点，制定环境管理制度，提出运行期环境管理要求。

6.16.1.3 闭矿期环境管理

对开展闭矿期环境影响评价工作的项目，提出闭矿期环境管理要求。

6.16.2 环境监测计划

根据项目具体特点及周边环境条件，提出项目环境监测计划，包括监测机构与基本设备配置、环境监测计划内容。

6.16.3 竣工环境保护措施验收一览表

应明确给出项目环境保护措施一览表，明确竣工环境保护验收的内容和要求。

6.17 选址及规划符合性分析

6.17.1 产业政策符合性分析

以现行国家产业政策和环境保护政策为依据，进行符合性分析。

6.17.2 规划符合性分析

应分析拟建项目与矿区总体规划及规划环评、矿产资源规划、环境保护规划、土地利用规划、敏感环境保护目标的保护规划、城镇规划等相关规划的符合性。

6.17.3 选址选线合理性分析

结合建设项目实际情况，按照“地下决定地上，地下顾及地上”的原则，从矿区与城镇发展规划、环境敏感程度、环境影响、资源利用、公众参与等方面进行选址选线合理性分析并给出结论。包括工业场地、固体废弃物堆置场、排（取）土（渣）场选址，线性工程选线等。

6.18 评价结论

评价结论应包括以下基本内容：

a）建设项目概况。

b）建设项目所在区域的自然、社会及环境现状，说明存在的环境问题与主要生态制约因素，明确主要环境保护目标。

c）分建设期、运行期（某些项目还包括闭矿期）分别说明项目主要污染源及各环境要素的影响预测结果。

d）明确拟采取的主要污染控制措施及效果、沉陷治理及生态综合整治方案。项目污染物总量控制目标的可达性。

e）公众参与、清洁生产的主要结论。

f）建设项目环境可行性结论，说明与国家法规、环境保护政策、煤炭行业政策、建设项目所在地社会、经济与环境保护规划的一致性与协调性。

附　录　A
（规范性附录）
环境影响报告书的篇章安排

A.1　前言

简要介绍建设项目确立过程、建设意义，开展环境影响评价的过程。

A.2　总则

A.2.1　编制依据

A.2.2　评价目的及原则

A.2.3　评价时段

A.2.4　评价工作等级

A.2.5　评价范围

A.2.6　环境功能区划及评价标准

A.2.7　评价工作内容及重点

A.2.8　环境保护目标

A.3　工程概况与工程分析

A.3.1　工程概况

A.3.1.1　现有工程概况

现有工程概况主要介绍现有工程的建设年代、生产规模等基本情况，编制内容可从简。

A.3.1.2　拟建工程概况

A.3.1.2.1　项目基本情况

A.3.1.2.2　项目组成

A.3.1.2.3　地理位置及交通

A.3.1.2.4　产品方案及流向

A.3.1.2.5　项目选址、总平面布置及占地

A.3.1.2.6　劳动定员及生产效率

A.3.1.2.7　建设计划

A.3.1.2.8　项目主要技术经济指标

A.3.1.2.9　井（矿）田境界及资源概况

A.3.2　工程分析

A.3.2.1　现有工程

现有工程的工程分析内容可参照拟建工程的内容要求（章节未列）

A.3.2.2 拟建工程

A.3.2.2.1 井田开拓及开采

A.3.2.2.2 矿井通风

A.3.2.2.3 矿井排水

A.3.2.2.4 矿井地面生产系统

A.3.2.2.5 选煤工艺

A.3.2.2.6 主要设备选型

A.3.2.2.7 生产工艺系统布置

A.3.2.2.8 给排水

A.3.2.2.9 采暖、供热

A.3.2.2.10 供电

A.3.2.2.11 道路工程

A.3.3 污染源及环境影响因素分析

A.3.3.1 现有工程污染源及存在的环境问题

A.3.3.2 拟建工程污染源分析

A.3.3.3 生态影响因素分析

A.3.3.4 污染源变化情况分析

A.4 建设项目区域环境概况

A.4.1 区域自然环境概况

A.4.2 社会经济概况

A.5 地表沉陷预测及生态影响评价

A.5.1 生态现状调查与评价

A.5.2 建设期生态影响分析与保护措施

A.5.3 地表沉陷预测与评价

A.5.4 生态影响评价

A.5.5 地表沉陷治理和生态环境综合整治

A.5.6 生态管理与监控

A.6 地下水环境影响评价

A.6.1 地层与构造

A.6.2 水文地质条件

A.6.3 地下水环境质量现状评价

A.6.4 建设期地下水环境影响分析与防治措施

A.6.5 煤炭开采对地下水环境的影响分析

A.6.6 地下水环境保护措施

A.7 地表水环境影响评价

A.7.1 地表水环境污染源现状调查

A.7.2 地表水环境质量现状监测与评价

A.7.3 建设期地表水环境影响分析与防治措施

A.7.4 运营期地表水环境影响预测与评价

A.7.5 选煤厂煤泥水闭路循环可靠性分析

A.7.6 水资源利用及水污染防治措施可行性分析

A.8 大气环境影响评价

A.8.1 大气污染源现状调查

A.8.2 环境空气质量现状监测与评价

A.8.3 建设期大气环境影响及防治措施

A.8.4 运营期大气环境影响预测与评价

A.8.5 大气污染防治措施

A.9 声环境影响评价

A.9.1 声环境质量现状监测与评价

A.9.2 建设期声环境影响及防治措施

A.9.3 运营期声环境影响预测与评价

A.9.4 声环境污染防治措施

A.10 固体废物环境影响分析

A.10.1 建设期固体废物的处置

A.10.2 运营期固体废物排放情况与处置措施分析

A.10.3 固体废物对环境的影响分析

A.10.4 排矸场污染防治和复垦措施

A.11 水土保持

A.11.1 项目区水土流失现状与特点

A.11.2 工程占地和土石方平衡

A.11.3 水土流失环节分析

A.11.4 水土流失防治责任范围和目标

A.11.5 水土流失预测和影响分析

A.11.6 水土保持措施

A.11.7 水土保持投资估算与效益分析

A.11.8 水土保持监测
A.11.9 水土保持结论与建议
A.12 清洁生产与循环经济分析
A.12.1 循环经济分析
A.12.2 清洁生产分析
A.13 环境管理与环境监测计划
A.13.1 建设期环境管理和环境监理
A.13.2 环境管理机构及职责
A.13.3 环境监测计划
A.13.4 排污口规范化管理
A.14 项目选址环境可行性
A.14.1 工业场地选址的环境可行性
A.14.2 排矸场的环境可行性
A.14.3 项目选址环境可行性综合分析
A.15 环境风险影响分析
A.15.1 环境风险识别
A.15.2 矸石坝垮塌风险事故影响分析及措施
A.15.3 其他源项风险事故影响分析及措施
A.16 污染物总量控制分析
A.16.1 项目区环境功能区划及环境质量
A.16.2 污染物达标排放与总量控制
A.17 环境经济损益分析
A.17.1 环境保护工程投资分析
A.17.2 环境经济损益分析及评价
A.18 公众参与
A.18.1 信息公示
A.18.2 现场调查结果统计与分析
A.19 选址及规划符合性分析
A.19.1 与国家产业政策符合性分析
A.19.2 与所在矿区总体规划协调性分析
A.19.3 与矿区规划环评协调性分析
A.19.4 与地方经济发展之间协调性分析
A.19.5 与地方城市发展规划协调性分析

A.19.6 与所在地其他相关规划协调性分析

A.20 结论与建议

A.20.1 项目概况及主要建设内容结论

A.20.2 项目环境影响结论

A.20.3 建设项目的环境可行性总结

A.20.4 建议

中华人民共和国国家标准

煤矸石利用技术导则

GB/T 29163—2012

2012-12-31 发布　　2013-10-10 实施

前　言

本标准按照 GB/T 1.1—2009 给出的规则起草。

本标准由中国煤炭工业协会提出。

本标准由全国煤炭标准化技术委员会（SAC/TC 42）归口。

本标准起草单位：重庆地质矿产研究院、抚顺矿业集团有限责任公司工程技术研究中心、山西省煤炭地质研究所。

本标准主要起草人：朱振忠、鲍明福、刘晋芳、浮爱青、梁玉杰、程静。

1　范围

本标准规定了煤矸石利用的通则和技术要求。

本标准适用于煤矸石的综合利用。

2　规范性引用文件

下列文件对于本文件的应用是必不可少的。凡是注日期的引用文件，仅注日期的版本适用于本文件。凡是未注日期的引用文件，其最新版本（包括所有的修改单）适用于本文件。

GB/T 212　煤的工业分析方法

GB/T 213　煤的发热量测定方法

GB/T 1574　煤灰成分分析方法

GB/T 2847　用于水泥中的火山灰质混合材料

GB 6566　建筑材料放射性核素限量

GB 8173　农用粉煤灰中污染物控制标准

GB/T 17431.1　轻集料及其试验方法　第 1 部分：轻集料

TB 10001　铁路路基设计规范

JTG F10　公路路基施工技术规范

JTJ 034　公路路面基层施工技术规范

3　通则

煤矸石可利用在燃料、建筑材料、路基填料、化工原料、农业生产和回填等方面。

4　技术要求

4.1　燃料用煤矸石技术要求

循环流化床锅炉燃料用煤矸石收到基低位发热量应大于 6 270 kJ/kg。

4.2　建材用煤矸石技术要求

4.2.1　烧结砖用煤矸石的技术要求

生产烧结砖用煤矸石的二氧化硅、三氧化二铝、放射性等主要指标应符合要求。用于制烧结砖的煤矸石的放射性应该符合 GB 6566 要求，二氧化硅含量通常控制在 55%～70%，三氧化二铝含量通常控制在 15%～25%。

4.2.2　水泥用煤矸石技术要求

4.2.2.1　普通硅酸盐水泥原料用的煤矸石，其二氧化硅含量应大于 35%、三氧化二铝含量应低于 25%。

4.2.2.2　水泥混合材料用过火或者煅烧煤矸石，其烧失量、三氧化硫、火山灰性试验、水泥胶砂 28 d 抗压强度应符合 GB/T 2847 要求。

4.2.3　轻集料用煤矸石技术要求

轻集料用煤矸石应满足 GB/T 17431.1 的要求，且放射性符合 GB 6566 的要求。

4.3　路基用煤矸石技术要求

4.3.1　铁路路基填料用煤矸石压实标准应符合 TB 10001 要求。

4.3.2　公路路基填料用煤矸石强度和粒径应符合 JTG F10 要求。公路路面基层用煤矸石压碎值应符合 JTJ 034。

4.4　回收有益矿产及生产化工产品用煤矸石技术要求

4.4.1　硫精矿用煤矸石技术要求

煤矸石中的硫主要以黄铁矿形式存在，且呈结核状、团块状或者其他易洗出形态时，则可回收其中的硫铁矿。

4.4.2　高岭土用煤矸石技术要求

高岭土用煤矸石，其高岭石含量（质量分数）应大于 80%。

4.4.3 含铝化工产品用煤矸石技术要求

含铝化工产品用煤矸石，其三氧化二铝含量（质量分数）应大于40%。

4.5 农业用煤矸石技术要求

4.5.1 微生物肥料用煤矸石污染物含量应符合 GB 8173 要求，灰分产率应小于 85%。

4.5.2 有机复合肥用煤矸石污染物含量应符合 GB 8173 要求，有机质含量应大于20%。

5 检测方法

5.1 应用基低位发热量

煤矸石应用基低位发热量按 GB/T 213 测定。

5.2 二氧化硅、三氧化二铝

分别按 GB/T 212 和 GB/T 1574 测定煤矸石灰分和煤矸石灰中二氧化硅、三氧化二铝含量，换算得出煤矸石中二氧化硅、三氧化二铝的含量。

5.3 放射性

煤矸石放射性按 GB 6566 测定。

5.4 烧失量、三氧化硫、水泥胶砂 28 d 抗压强度

煤矸石烧失量、三氧化硫、水泥胶砂 28 d 抗压强度按 GB/T 2847 第 6 章测定。

5.5 火山灰性试验

煤矸石火山灰性试验按 GB/T 2847 附录 A 进行。

关于印发《矿山生态环境保护与恢复治理方案编制导则》的通知

（环办〔2012〕154号）

各省、自治区、直辖市环境保护厅（局），新疆生产建设兵团环境保护局：

为加快建立企业矿山环境治理和生态恢复责任机制，规范矿产资源开发过程中的生态环境保护与恢复治理工作，我部组织编制了《矿山生态环境保护与恢复治理方案编制导则》。现印发给你们，作为强化矿山生态环境监督管理、指导和规范企业编制《矿山生态环境保护与恢复治理方案》的要求和依据。

本导则电子版可通过我部网站 http：//www.mep.gov.cn 下载。

附件：矿山生态环境保护与恢复治理方案编制导则

环境保护部办公厅

2012年12月24日

附件：

矿山生态环境保护与恢复治理方案编制导则

为贯彻落实十八大报告“树立生态文明理念、努力建设美丽中国”和《国务院关于加强环境保护重点工作的意见》（国发〔2011〕35号）“加强矿产、水电、旅游资源开发和交通基础设施建设中的生态保护”有关要求，加强矿山生态环境管理，加快推进矿山环境治理和生态恢复责任机制建立，规范矿产资源开发过程中的生态环境保护与恢复治理工作，指导和规范各地《矿山生态环境保护与恢复治理方案》编制，特制定本导则。

一、适用范围

本导则适用于新建和已投产矿山企业《矿山生态环境保护与恢复治理方案》（以下简称《方案》）的编制，主要针对矿山开采至闭矿阶段的生态保护、治理与恢复具体工作。

矿山生态环境是指矿区内生态系统和环境系统的整体，包括地表植被与景观、生物多样性、大气环境、水环境、土壤环境、地质环境、声环境等。

二、《方案》编制、论证与实施

1.《方案》编制

矿山企业按照本导则要求负责本矿山《方案》编制工作。

新建、改（扩）建矿山应在矿山开采前完成《方案》编制工作；已投产矿山（或资源开发企业）未编制《方案》的要按照本导则补充编制《方案》。《方案》中要明确阶段治理任务、目标、资金需求和筹集方案，作为日常生态环境监管和收取矿山环境治理恢复保证金的重要依据。

2.《方案》论证

环境保护主管部门组织有关部门专家对《方案》的必要性、科学性、可操作性以及恢复治理资金来源和筹集方案等进行审查与论证，编制单位根据审查和论证意见对《方案》进行修改、完善，并经过社会公示，形成《方案》报批稿。

3.《方案》审批与监督实施

《方案》审批权限实行属地管理，由当地政府（省、市、县）环境保护主管部门审批、监督和实施。《方案》经批准后，由矿山企业按照《方案》内容组织实施。《方案》内容要向社会公布，接受社会监督。

《方案》实施资金来源包括矿山企业自筹资金、矿山环境治理恢复保证金（包括矿山地质环境治理恢复保证金）、经批准的生态环境保护专项资金，以及用于环境保护的财政转移支付资金等。

环境保护行政主管部门应根据《方案》中规定的矿山生态环境保护与恢复治理的阶段目标，及时组织相关部门对矿山企业生态环境恢复治理成效进行评估和验收。

三、《方案》主要内容

1. 总则

1.1 任务由来

说明《方案》编制任务的由来及背景情况。

1.2 必要性和意义

阐明《方案》编制的政策相符性及规划一致性，论述《方案》实施对修复矿山生态环境、改善矿区环境质量、促进地方社会经济可持续发展的作用和意义。

1.3 编制依据

国家和地方相关法律、法规；

国家和地方相关规划；

有关政府和部门政策文件、技术标准与规范等。

1.4 《方案》期限

对于新建和改（扩）建矿山，《方案》编制应以矿山基本建设完成、未投产前的年份为基准年，对于已投产矿山，《方案》编制以前一年为基准年。《方案》应根据不同矿种特点原则上3～5年为一个周期，滚动编制、审批、实施和验收。每一期《方案》目标应依据国家和地方相关的政策要求，与矿山开采计划和矿山总体生态环境保护要求相协调，逐步推进，并符合当地国民经济与社会发展总体规划和环境保护总体规划。

2．指导思想与基本原则

2.1 指导思想

以科学发展观为指导，以维护矿区生态环境安全为重点，针对矿产资源开发利用方式以及产生的主要生态环境问题，科学规划、合理布局，提出生态环境保护与恢复治理的主要措施，及时治理受损的生态环境，最大限度地减少因矿产资源开发利用造成的危害，促进矿产资源开发与社会经济的可持续发展。

2.2 基本原则

（1）保护优先，防治结合

矿山企业要遵循在开发中保护、在保护中开发的理念，坚持“边开采、边治理”的原则，从源头上控制生态环境的破坏，努力减少已造成的生态环境损失。对矿产资源开发造成的生态破坏和环境污染，通过生物、工程和管理措施及时开展恢复治理。

（2）景观相似，功能恢复

根据矿山所处的区域、自然地理条件、生态恢复与环境治理的技术经济条件，按照“整体生态功能恢复”和“景观相似性”原则，宜耕则耕、宜林则林、宜草则草、宜藤植藤、宜景建景、注重成效，因地制宜采取切实可行的恢复治理措施，恢复区域整体生态功能。

（3）突出重点，分步实施

分清轻、重、缓、急，分步实施，优先抓好生态破坏与环境污染严重的重点恢复治理工程，坚持矿产资源开发与生态环境治理同步进行。以典型示范和以点带面的方式，有计划地推广试点经验，稳步推动《方案》的全面实施。

（4）科技引领，注重实效

坚持科学性、前瞻性和实用性相统一的原则，广泛应用新技术、新方法，选择适宜的保护与治理方案，努力提高矿山生态环境保护和恢复治理成效和水平。

3. 现状调查、评价与预测

现状调查范围应包括矿山企业采矿登记范围和各种采矿活动可能影响到的区域。

调查、评价与预测内容主要包括：矿山企业基本情况和矿产资源开发利用方案；矿山生态环境状况，包括大气环境、水环境（包括地下水）、土壤环境、生物多样性保护、环境敏感目标等；矿山企业污染物排放情况（包括矿井排水）及其环境污染状况，地质灾害发生情况等；矿山企业污染物达标排放与总量控制要求，环保“三同时”履行情况；生态环境恢复治理的技术条件、管理水平以及取得的生态、社会和经济效益；分析与预测矿产资源开发的各类活动造成的生态环境影响，确定其影响范围、影响方式与影响程度，以及各类生态破坏和环境污染的变化情况。

4.《方案》目标和指标

《方案》应根据矿山企业生态破坏与环境污染状况及相关技术政策和标准，分阶段确定矿山生态环境保护与恢复治理的目标和指标。

5. 主要任务

根据现状调查及评价预测结果，提出实现《方案》目标和指标的主要任务，包括矿山生态环境保护与恢复治理分区、毁损地植被与景观恢复、水资源保护与水污染防治、大气污染防治、固体废弃物污染防治、矿区土地复垦与土壤污染防治、水土流失控制、地质环境保护与恢复治理、生态环境监测与评价等方面。

6. 治理工程及投资估算

根据矿山生态环境保护与恢复治理的目标与任务，提出《方案》治理工程项目，明确工程项目名称、建设位置、实施期限、主要建设内容（包括分年度建设内容）、预期效果及责任单位等，明确治理工程投资经费估算，并对经费来源进行分析。附治理工程项目信息表。

7. 效益分析与评价

对《方案》实施产生的经济效益、环境效益、社会效益进行分析与评价。

8. 保障措施

提出《方案》实施的政策、组织、资金、技术等保障措施。

四、《方案》成果要求

《方案》成果包括文本和附图。

1.《方案》文本

要求总体思路清晰，内容全面、重点突出，数据充分翔实，措施切合实际，工程技术经济可行，方案可操作性强。矿山生态环境保护与恢复治理方案文本编写提纲详见附录。

2.《方案》附图

要求数字化成图，采用地图学常用方法表示，层次清楚，清晰直观，图式、图例、注记齐全。图件比例尺应满足工程布局要求。底图应包括地表水系、水库、湖泊、交通网、重要管线、重要城镇、村庄、居民点、行政区域界线、环境敏感目标等要素。

附图应包括：

（1）矿区位置与总体平面布置图

（2）矿区土地利用现状图

（3）矿区植被类型图

（4）矿山生态环境恢复治理工程规划图

（5）其他相关图件

附录

《矿山生态环境保护与恢复治理方案》编写提纲

1 总论

1.1 任务由来

1.2 必要性和意义

1.3 编制依据

1.4 实施期限

2 指导思想与基本原则

2.1 指导思想

2.2 基本原则

3 调查与评价

3.1 自然地理概况

3.2 矿产资源开发状况
3.3 矿山环境污染与生态破坏状况
3.4 矿山生态环境评价与预测
4 目标与指标
4.1 总体目标
4.2 阶段目标与指标
5 主要任务
5.1 矿山生态环境保护与恢复治理分区与设计
（1）保护与恢复治理分区
（2）总体方案设计
5.2 矿区毁损地植被及景观恢复
（1）毁损地景观恢复
（2）露天采矿场植被恢复
（3）排土场、尾矿场植被恢复
（4）生物多样性保护
5.3 水资源保护与水污染防治
（1）地表水与地下水资源保护
（2）生产废水治理与利用
（3）生活污水处理与利用
（4）污染水体治理与修复
5.4 大气污染防治
（1）生产过程大气污染防治
（2）运输过程大气污染防治
（3）生活区大气污染防治
5.5 固体废弃物污染防治
（1）排土场污染防治
（2）尾矿场污染防治
（3）矸石山污染防治
（4）其他工业场地污染防治
（5）固体废弃物资源化利用
5.6 矿区土地复垦与土壤污染防治
（1）矿区土地复垦
具体内容参照《土地复垦方案编制规程》（TD/T 1031.1—2011）。

（2）污染场地治理与恢复

（3）污染农田治理与恢复

5.7 水土流失控制

具体内容参照《开发建设项目水土保持方案技术规范》（SL 204—98）。

5.8 地质环境保护与治理恢复

具体内容参照《矿山地质环境保护与治理恢复方案编制规范》（DZ/T 0223—2011）。

5.9 矿山生态环境监测与评估

（1）生态环境监测（地面与遥感）

（2）生态环境评估

6 治理工程及投资概算

6.1 治理工程（附治理工程信息表）

6.2 经费概算与资金筹措

6.3 工程实施与执行计划

7 效益分析与评价

7.1 经济效益

7.2 社会效益

7.3 生态效益

8 保障措施

8.1 政策保障

8.2 组织保障

8.3 资金保障

8.4 技术保障

中华人民共和国国家环境保护标准

矿山生态环境保护与恢复治理技术规范（试行）

HJ 651—2013

前　言

为贯彻《中华人民共和国环境保护法》《中华人民共和国环境影响评价法》和《国务院关于加强环境保护重点工作的意见》，规范矿产资源开发过程中的生态环境保护与恢复治理工作，促进矿区生态环境保护，制定本标准。

本标准规定了矿产资源勘查与采选过程中，排土场、露天采场、尾矿库、矿区专用道路、矿山工业场地、沉陷区、矸石场、矿山污染场地等矿区生态环境保护与恢复治理的指导性技术要求。

本标准由环境保护部自然生态保护司提出。

本标准由环境保护部科技标准司组织制订。

本标准主要起草单位：环境保护部南京环境科学研究所、环境保护部环境标准研究所、中钢集团马鞍山矿山研究院有限公司（国家环境保护矿山固体废物处理与处置工程技术中心）和中国科学院寒区旱区环境与工程研究所。

本标准环境保护部 2013 年 7 月 23 日批准。

本标准自 2013 年 7 月 23 日起实施。

本标准由环境保护部解释。

1　适用范围

本标准规定了矿产资源勘查与采选过程中的矿区生态环境保护要求，包括排土场、露天采场、尾矿库、矿区专用道路、矿山工业场地、沉陷区、矸石场、矿山污染场地等生态环境保护与恢复治理的指导性技术要求。

本标准适用于煤矿、金属矿、非金属矿、油气矿、煤层气、砂石矿等陆地矿产资源勘查、采选过程和闭矿后生态环境保护与恢复治理。

铀、钍等放射性矿产资源开发的生态环境保护与恢复治理可参照执行。

2 规范性引用文件

本标准引用了下列文件或其中的条款。凡是未注明日期的引用文件，其最新版本适用于本标准。

GB 3095 环境空气质量标准
GB 3838 地表水环境质量标准
GB 5084 农田灌溉水质标准
GB 8978 污水综合排放标准
GB 9078 工业炉窑大气污染物排放标准
GB 11607 渔业水质标准
GB/T 14848 地下水质量标准
GB 14500 放射性废物管理规定
GB 16297 大气污染物综合排放标准
GB 18484 危险废物焚烧污染控制标准
GB 18597 危险废物贮存污染控制标准
GB 18598 危险废物填埋污染控制标准
GB 18599 一般工业固体废物贮存、处置场污染控制标准
GB 20426 煤炭工业污染物排放标准
GB 21522 煤层气（煤矿瓦斯）排放标准（暂行）
GB 25465 铝工业污染物排放标准
GB 25466 铅、锌工业污染物排放标准
GB 25467 铜、镍、钴工业污染物排放标准
GB 25468 镁、钛工业污染物排放标准
GB 26451 稀土工业污染物排放标准
GB 28661 铁矿采选工业污染物排放标准
GB 50433 开发建设项目水土保持技术规范
HJ/T 294 清洁生产标准 铁矿采选业
HJ/T 358 清洁生产标准 镍选矿行业
HJ 446 清洁生产标准 煤炭采选业
HJ 607 废矿物油回收利用污染控制技术规范
HJ 652 矿山生态环境保护与恢复治理方案（规划）编制规范（试行）
AQ 2006 尾矿库安全技术规程
UDC-TD 土地复垦技术标准（试行）

3 术语和定义

下列术语和定义适用于本标准。

3.1 矿山生态环境保护

指采取必要的预防和保护措施，避免或减轻矿产资源勘探和采选造成的生态破坏和环境污染。

3.2 矿山生态环境恢复

指对矿产资源勘探和采选过程中造成的各类生态破坏和环境污染采取人工促进措施，依靠生态系统的自我调节能力与自组织能力，逐步恢复与重建其生态功能。

3.3 探矿

指在勘查许可证规定的范围内勘查矿产资源的活动。

3.4 露天开采

指从敞露地表的采矿场采出有用矿物，或将矿藏上的覆盖物（包括岩石、土壤等）剥离后开采显露矿层的过程，又称露天采矿。

3.5 地下开采

指采用立井、斜井和平硐形式从地下矿床采出有用矿物的过程。

3.6 充填采矿

指随着回采工作面的推进，向地下采空区送入充填材料，控制围岩垮落和地表移动变形。

3.7 表土

指土壤剖面中最靠近地表的一个层次（A 层），一般厚度 20～30 cm，黑土和黑钙土的 A 层厚度可达 50～100 cm。

3.8 排土场

指矿山剥离和掘进排弃物集中排放的场所，包括外排土场和内排土场，又称为废石场、排岩场或弃渣场。

3.9 露天采场

指由采矿活动在地表形成的“空场”或“空洞”，也称露天采空区。

3.10 尾矿库

指由筑坝拦截谷口或围地构成的、用于贮存经选矿场选别后排出尾矿的场所。

3.11 矿山沉陷区

指矿山开采导致采空区之上覆岩层的原始应力平衡状态受到破坏，发生冒落、断裂、弯曲等移动变形，最终导致地表，形成下沉盆地和裂隙等沉陷区域。

3.12　矿山工业场地

指为矿山生产系统和辅助生产系统服务的地面建筑物、构造物以及有关设施的场地。

3.13　矸石场

指煤矿采选过程中产生的含炭岩石及其他岩石等固体废弃物的集中排放和处置场所。

3.14　矿山污染场地

指因堆积、储存、处理、处置或其他方式（如迁移）承载了有害物质，对人体健康或生态环境产生危害或具有潜在风险的矿山空间区域。

4　矿山生态环境保护与恢复治理的一般要求

4.1　禁止在依法划定的自然保护区、风景名胜区、森林公园、饮用水水源保护区、文物古迹所在地、地质遗迹保护区、基本农田保护区等重要生态保护地以及其他法律法规规定的禁采区域内采矿。禁止在重要道路、航道两侧及重要生态环境敏感目标可视范围内进行对景观破坏明显的露天开采。

4.2　矿产资源开发活动应符合国家和区域主体功能区规划、生态功能区划、生态环境保护规划的要求，采取有效预防和保护措施，避免或减轻矿产资源开发活动造成的生态破坏和环境污染。

4.3　坚持“预防为主、防治结合、过程控制”的原则，将矿山生态环境保护与恢复治理贯穿矿产资源开采的全过程。根据矿山生态环境保护与恢复治理的重点任务，合理确定矿山生态保护与恢复治理分区，优化矿区生产与生活空间格局。采用新技术、新方法、新工艺提高矿山生态环境保护和恢复治理水平。

4.4　所有矿山企业均应对照本标准各项要求，编制实施矿山生态环境保护与恢复治理方案。

4.5　恢复治理后的各类场地应实现：安全稳定，对人类和动植物不造成威胁；对周边环境不产生污染；与周边自然环境和景观相协调；恢复土地基本功能，因地制宜实现土地可持续利用；区域整体生态功能得到保护和恢复。

5　矿山生态保护

5.1　在国家和地方各级人民政府确定的重点（重要）生态功能区内建设矿产资源基地，应进行生态环境影响和经济损益评估，按评估结果及相关规定进行控制性开采，减少对生态空间的占用，不影响区域主导生态功能。在水资源短缺、环境容量小、生态系统脆弱、地震和地质灾害易发地区，要严格控制矿产资源开发。

5.2 矿山开采前应在矿区范围及各种采矿活动的可能影响区进行生物多样性现状调查，对于国家或地方保护动植物或生态系统，须采取就地保护或迁地保护等措施保护矿山生物多样性。

5.3 高寒区露天采矿、设置排土场和尾矿库时，应将剥离的草皮层集中养护，满足恢复条件后及时移植，恢复植被；严格控制临时施工场地与施工道路面积和范围，减少对地表植被的破坏。

5.4 荒漠和风沙区矿产资源开发应避开易发生风蚀和生态退化地带，减少开采、排土和运输等活动对土壤结皮、砾幕及沙区植被的破坏和扰动；排土场、料场及尾矿库等场地应采取围挡和覆盖等防风蚀措施。

5.5 水蚀敏感区矿产资源开发应科学设置露天采场、排土场、尾矿库及料场，并采取防洪、排水、边坡防护、工程拦挡等水土保持措施，减少对天然林草植被的破坏。

5.6 在基本农田保护区下采矿，应结合矿山沉陷区治理方案确定优先充填开采区域，防止地表二次治理；在需要保水开采的区块，应采取有效措施避免破坏地下水系。

5.7 采矿产生的固体废物，应在专用场所堆放，并采取措施防止二次污染；禁止向河流、湖泊、水库等水体及行洪渠道排放岩土、含油垃圾、泥浆、煤渣、煤矸石和其他固体废物。

5.8 评估采矿活动对地表水和地下水的影响，避免破坏流域水平衡和污染水环境；采矿区与河道之间应保留环境安全距离，防止采矿对河流生物、河岸植被、河流水环境功能和防洪安全造成破坏性影响。

5.9 矿区专用道路选线应绕避环境敏感区和环境敏感点，防止对环境保护目标造成不利影响。

5.10 排土场、采场、尾矿库、矿区专用道路等各类场地建设前，应视土壤类型对表土进行剥离。对矿区耕作土壤的剥离，应对耕作层和心土层单独剥离与回填，表土剥离厚度一般情况下不少于 30 cm；对矿区非耕作土壤的采集，应对表土层进行单独剥离，如果表土层厚度小于 20 cm，则将表土层及其下面贴近的心土层一起构成的至少 20 cm 厚的土层进行单独剥离；高寒区表土剥离应保留好草皮层，剥离厚度不少于 20 cm。剥离的表层土壤不能及时铺覆到已整治场地的，应选择适宜的场地进行堆存，并采取围挡等措施防止水土流失。

6 探矿生态恢复

6.1 探矿活动结束后，应根据景观相似原则，对探矿活动造成的土壤、植被和地表景观破坏进行恢复。

6.2 对水文地质条件、土地耕作及道路安全有影响或位于江、河、湖、海防护堤或重要建筑物附近的钻孔或坑井应予以回填封闭，并恢复其原有生态功能。

7 排土场生态恢复

7.1 岩土排弃要求

7.1.1 合理安排岩土排弃次序，将有利于植被恢复的岩土排放在上部。

7.1.2 采矿剥离物在排弃前应进行放射性和危险性物质鉴别，含放射性成分渣土的排弃应符合 GB 14500 的相关要求，经鉴别属于危险废物的应按照 GB 18597、GB 18598 等标准要求进行处置，其他类型的剥离物排弃应符合 GB 18599 的相关要求。

7.2 排土场水土保持与稳定性要求

7.2.1 排土场基底坡度大于 1∶5 时，应将地基削成阶梯状。排土场原地面范围内有出水点的，排土之前应在沟底修筑疏水暗沟、疏水涵洞。

7.2.2 排土场应设置完整的排水系统，位于沟谷的排土场应设置防洪和排水设施，避免阻碍泄洪，防止淤塞农田、加剧水土流失和诱发地质灾害。

7.2.3 具有丰富水源的排土场或有大量松散物质排放的陡坡场地，以及其他有可能出现滑坡、坍塌的排土场，应采取坡脚防护或拦渣工程。

7.3 排土场植被恢复

7.3.1 排土场总高度大于 10 m 时应进行削坡开级，每一台阶高度不超过 5～8 m，台阶宽度应在 2 m 以上，台阶边坡坡度小于 35°，形成有利于林木植被恢复的地表条件。

7.3.2 充分利用工程前收集的表土覆盖于排土场表层，覆盖土层厚度根据植被恢复类型和场地用途确定。恢复为农业植被的，覆土厚度应在 50 cm 以上；恢复为林灌草等生态或景观用地的，根据土源情况进行适当覆土。

7.3.3 干旱风沙区排土场不具备植被恢复条件的，应采用砂石等材料覆盖，防止风蚀。

7.3.4 排土场植被恢复宜林则林、宜草则草、草灌优先，恢复后的植被覆盖率不应低于当地同类土地植被覆盖率，植被类型要与原有类型相似、与周边自然景观协调。不得使用外来有害植物种进行排土场植被恢复。已采用外来物种进行植被恢复造成危害的，应采取人工铲除、生物防治、化学防治等措施及时清理。

7.4 排土场恢复再利用

生态恢复后的排土场应因地制宜地转为农业、林业、牧业、建筑等类型用地，具体恢复工程实施参照 UDC-TD 等相应标准执行。

8 露天采场生态恢复

8.1 场地整治与覆土

露天采场的场地整治和覆土方法根据场地坡度来确定。水平地和15°以下缓坡地可采用物料充填、底板耕松、挖高垫低等方法；15°以上陡坡地可采用挖穴填土、砌筑植生盆（槽）填土、喷混、阶梯整形覆土、安放植物袋、石壁挂笼填土等方法。

8.2 露天采场植被恢复

8.2.1 边坡治理后应保持稳定。非干旱地区露天采场边坡应恢复植被。边坡恢复措施及设计要求应符合GB 50433的相关要求。

8.2.2 位于交通干线两侧、城镇居民区周边、景区景点等可视范围的采石宕口及裸露岩石，应采取挂网喷播、种植藤本植物等工程与生物措施进行恢复，并使恢复后的宕口与周围景观相协调。

8.3 露天采场恢复与利用

露天采场作为内排土场时，场地水土保持与稳定性、植被恢复要求按 7.2～7.3执行。露天采场不作为内排土场时，按满足以下要求：

8.3.1 采矿剥离物含有毒有害或放射性物质时，按照7.1.2的要求执行。

8.3.2 平原地区的露天采场应平整、回填后进行生态恢复，并与周边地表景观相协调，位于山区的露天采场可保持平台和边坡。

8.3.3 露天采场回填应做到地面平整，充分利用工程前收集的表土和露天采场风化物覆盖于表层（覆土要求按7.3.2执行），并做好水土保持与防风固沙措施。

8.3.4 恢复后的露天采场进行土地资源再利用时，在坡度、土层厚度、稳定性、土壤环境安全性等方面应满足相关用地要求。

9 尾矿库生态恢复

9.1 尾矿库安全稳定性要求

尾矿库的排水、围挡、防渗、稳定等措施参照AQ 2006执行。

9.2 尾矿库覆土及植被恢复

9.2.1 尾矿库闭库后，坝体和坝内应视尾矿库所处地区气象条件、尾矿污染物毒性、植被恢复方式、土源情况进行不同厚度覆土，因地制宜进行植被恢复和综合利用。恢复植被的覆土厚度不低于10 cm。

9.2.2 位于干旱风沙区、不具备植被恢复条件的尾矿库，应覆盖砂石等材料。

9.2.3 尾矿库恢复后用于农业生产的，应对尾矿库覆盖土壤（包括植物根系延伸区的尾砂）进行污染物检测与农产品安全评估，根据评估结果确定农业利用方式。

9.3 尾矿再利用的生态恢复

尾矿库进行回采再利用或经批准闭库的尾矿库重新启用时，应通过环境影响评价，制定实施尾矿利用规划和恢复治理方案。再利用结束的尾矿库根据本标准要求进行生态恢复。

10 矿区专用道路生态恢复

10.1 矿区专用道路用地应严格控制占地面积和范围。开挖路基及取弃土工程，均应根据道路施工进度有计划地进行表土剥离并保存，必要时应设置截排水沟、挡土墙等相应保护措施。

10.2 矿区专用道路取弃土工程结束后，取弃土场应及时回填、整平、压实，并利用堆存的表土进行植被和景观恢复。

10.3 矿区专用道路使用期间，有条件的地区应对道路两侧进行绿化。道路绿化应以乡土树（草）种为主，选择适应性强、防尘效果好、护坡功能强的植物种。

10.4 道路建设施工结束后，临时占地应及时恢复，与原有地貌和景观协调。

11 矿山工业场地生态恢复

11.1 矿山工业场地不再使用的厂房、堆料场、沉沙设施、垃圾池、管线等各项建（构）筑物和基础设施应全部拆除，并进行景观和植被恢复。转为商住等其他用途的，应开展污染场地调查、风险评估与修复治理。

11.2 地下开采的矿山闭矿后应将井口封堵完整，采取遮挡和防护措施，并设立警示牌。

12 矿山大气污染防治

12.1 矿山采选过程中产生的大气污染物排放应符合 GB 9078、GB 16297、GB 20426、GB 25465、GB 25466、GB 25467、GB 25468、GB 26451、GB 28661 等国家大气污染物排放标准以及所在省（自治区、直辖市）人民政府发布实施的地方污染物排放标准。矿区环境空气质量应符合 GB 3095 标准要求。

12.2 矿山企业应采取如下措施避免或减轻大气污染：

（1）采矿清理地面植被时，禁止燃烧植被。运输剥离土的道路应洒水或采取其他措施减少粉尘。

（2）勘探、采矿及选矿作业中所用设备应配备粉尘收集或降尘设施。

（3）矿物和矿渣运输道路应硬化并洒水防尘，运输车辆应采取围挡、遮盖等措施。

（4）矿物堆场和临时料场应采取防止风蚀和扬尘措施。

（5）天然气井选点测试放喷，应远离居民区和建筑物，排出的气体要点燃焚烧。

（6）煤炭、石油、天然气开发中产生的伴生气或者其他有毒有害气体，应进行综合利用或无害化处置，确需排放的，须达到 GB 21522 等国家或地方排放标准。

13 矿山水污染防治

13.1 充分利用矿井水、选矿废水和尾矿库废水，避免或减少废水外排。矿山采选的各类废水排放应达到 GB 8978、GB 20426、GB 25465、GB 25466、GB 25467、GB 25468、GB 26451、GB 28661 等标准要求，矿区水环境质量应符合 GB 3838、GB/T 14848 标准要求；污废水处理后作为农业和渔业用水的，应符合 GB 5084、GB 11607 标准要求；实施清洁生产认证的企业废水污染物排放与废水利用率还应满足 HJ/T 294、HJ/T 358、HJ 446 等清洁生产标准的相关要求。

13.2 可能产生酸性废水的采矿废石堆场、临时料场等场地的矿山，应采取有效隔离和覆盖措施，减少降水入渗，并采用沉淀法、石灰中和法、微生物法、膜分离法等方法处理矿区酸性废水。

13.3 矿井水和露天采场内的季节性和临时性积水应在采取沉淀、过滤等措施去除污染物后重复利用。

14 沉陷区恢复治理

14.1 矿山企业应采取有效措施，避免或减少地面沉陷和地表扰动。

14.2 因地制宜采用固体材料、膏体材料、高水材料等安全无害充填材料和充填工艺技术，有效控制地表沉陷，固体、膏体（似膏体）、高水（超高水）材料的充填率应分别达到 70%、85%和 90%以上。

14.3 沉陷区恢复治理应综合考虑景观恢复、生态功能恢复及水土流失控制，根据沉陷区稳定性采用生态环境恢复治理措施，可按照 UDC-TD 相关要求恢复沉陷区的土地用途和生态功能。沉陷区稳定后两年内恢复治理率应达到 60%以上；尚未稳定的沉陷区应采取有效防护措施，防止造成进一步生态破坏和环境污染。

15 矸石场恢复治理

15.1 煤矸石综合利用

在煤矸石不对土壤、地下水造成污染的前提下，通过生产建筑材料、筑路、充填（包括建筑充填、低洼地和荒地充填、矿井采空区充填）等方式充分利用煤矸石，减少露天堆放量。在平原区，煤矸石应进行综合利用或井下充填，禁止露天占地堆放。在满足相关规定条件下，可开展煤矸石发电。

15.2 煤矸石堆放

煤矸石堆放与处置应安全稳定，符合 GB 18599 标准要求。禁止矸石堆的有毒有害液体和废物进入河流和地下水体。堆存煤矸石时，应设计稳定的边坡角度，并分层覆土压实，防止出现自燃和爆炸。一般每层矸石堆存厚度不超过 2 m，覆土厚度不低于 0.5 m。

15.3 矸石场生态恢复

矸石场闭场后，应进行平整和覆土处理，依据景观相似性原则选择植物种进行绿化或景观恢复。矸石场生态恢复与利用可参照第 7 章相关要求执行。

16 污染场地恢复治理

16.1 污染场地的恢复应切断污染源，防止渗漏和扩散，去除污染物，恢复场地生态功能，保证安全再利用。

16.2 污染场地应采取设置屏障等措施控制污染土壤、污泥、沉积物、非水相液体和固体废物等污染物进一步迁移。

16.3 易于积水的污染场地应采用防渗膜、土工膜、土工布、GCL 膨润土垫等做好防渗漏措施，根据污染场地天然基础层的地质情况分别采用天然材料衬层、复合衬层或双人工衬层作为其防渗层，必要时设置集排水系统，防止污水渗漏和扩散。

16.4 污染场地应因地制宜采用物理、化学、生物、热处理等技术进行场地修复。对于有毒有害污染物和放射性污染物处置，应符合 GB 18484、GB 18597、GB 18598 和 GB 14500 等标准要求。酸碱污染场地应采用水覆盖法、湿地法、碱性物料回填等方法进行场地修复，使修复后的土壤 pH 值达到 5.5～8.5。场地内废矿物油的利用与处置应符合 HJ 607 标准要求。

16.5 污染场地恢复治理达到相关标准要求并经环保部门组织验收后，可转为农业、林业、牧业、渔业、建设等用地。

17 评估与管理

17.1 县级以上环境保护主管部门应定期组织对矿山生态环境质量状况进行监测与监督检查，并对矿山大气环境、水环境、污染物排放、植被覆盖度、生物多样性、水土流失情况、土地毁损与景观破坏等方面进行评估；根据矿山生态环境保护与恢复治理方案分阶段目标，对矿山生态环境保护与恢复治理成效进行评估。矿山生态环境保护与恢复治理方案应符合相应编制导则要求，参照 HJ 652。

17.2 恢复治理后的排土场、尾矿库、污染场地、矸石场、沉陷区、采空区等用于农业种植或养殖时，需连续进行 3 年以上农产品安全性检测与评估，达不到要求的，禁止种养殖食用农产品或能够进入食物链的农产品。

18 标准实施与监督

本标准由县级以上人民政府环境保护主管部门监督实施。

中华人民共和国国家环境保护标准

矿山生态环境保护与恢复治理方案（规划）编制规范（试行）

HJ 652—2013

前　言

为贯彻《中华人民共和国环境保护法》和《国务院关于加强环境保护重点工作的意见》，加强矿山生态环境管理，推进矿产资源开发过程中的生态环境保护与恢复治理，指导和规范矿山生态环境保护与恢复治理方案（规划）编制工作，制定本标准。

本标准规定了矿山生态环境保护与恢复治理方案（规划）编制的原则、程序、内容和技术要求。

本标准的附录 A 为规范性附录。

本标准由环境保护部科技标准司组织制订。

本标准主要起草单位：中钢集团马鞍山矿山研究院有限公司（国家环境保护矿山固体废物处理与处置工程技术中心）、环境保护部环境标准研究所、环境保护部南京环境科学研究所、山西省环境保护厅、安徽工业大学。

本标准环境保护部 2013 年 7 月 23 日批准。

本标准自 2013 年 7 月 23 日起实施。

本标准由环境保护部解释。

1　适用范围

本标准规定了矿山生态环境保护与恢复治理方案（规划）编制的原则、程序、内容和技术要求。

本标准适用于新建、改（扩）建矿山及生产和闭坑矿山编制矿山生态环境保护与恢复治理方案（规划）。

2　规范性引用文件

本标准引用了下列文件或其中的条款。凡是未注明日期的引用文件，其最新版本适用于本标准。

HJ 651 矿山生态环境保护与恢复治理技术规范（试行）

3 术语和定义

下列术语和定义适用于本标准。

3.1 矿山生态环境

指矿区内生态系统和环境系统的整体，包括地表植被与景观、生物多样性、大气环境、水环境、声环境、土壤环境、地质环境等。

3.2 矿山生态环境保护

指采取必要的预防和保护措施，避免或减轻矿产资源勘探和采选矿造成的生态破坏和环境污染。

3.3 矿区生态环境恢复

指对矿产资源勘探和采选矿过程中造成的各类生态破坏和环境污染采取人工促进措施，依靠生态系统的自我调节能力与自组织能力，逐步恢复与重建其生态功能。

3.4 露天采矿场

开采所形成的采坑、台阶和露天沟道总称为露天采矿场。

3.5 地下采矿

指采用立井、斜井和平硐方式从地下矿床采出有用矿物的过程。

3.6 排土场

指矿山剥离和掘进排弃物集中排放的场所，包括外排土场和内排土场，又称为废石场、排岩场或弃渣场。

3.7 矸石场

指煤矿采选过程中产生的含炭岩石及其他岩石等固体废弃物的集中排放和处置场所。

3.8 选矿场

指采用物理、化学、生物等各类方法将有用矿物与脉石矿物分开，以获得工业原料的分选场所。

3.9 尾矿库

指由筑坝拦截谷口或围地构成的、用于贮存经选矿场选别后排出尾矿的场所。

3.10 矿山沉陷区

指矿山开采导致采空区之上覆岩层的原始应力平衡状态受到破坏，发生冒落、断裂、弯曲等移动变形，最终导致地表形成下沉盆地和裂隙等的沉陷区域。

4 方案（规划）编制的基本原则和工作程序

4.1 基本原则

4.1.1 保护优先，防治结合

矿山企业要遵循在开发中保护、在保护中开发的理念，坚持“边开采、边治理”的原则，从源头上控制生态环境破坏，减少对生态环境影响。对矿产资源开发造成的生态功能破坏和环境污染，通过生物、工程和管理措施及时开展恢复治理。

4.1.2 景观相似，功能恢复

根据矿山所处的区域、自然地理条件、生态恢复与环境治理的技术经济条件，按“整体生态功能恢复”和“景观相似性”原则，宜耕则耕、宜林则林、宜草则草、宜藤植藤、宜景建景、注重成效，因地制宜采取切实可行的恢复治理措施，恢复矿区整体生态功能。

4.1.3 突出重点，分步实施

坚持矿产资源开发与生态环境恢复治理同步进行，按照轻、重、缓、急，分步实施，优先抓好生态破坏与环境污染严重的重点恢复治理工程。以典型示范和以点带面的方式，有计划地推广试点经验，稳步推动《矿山生态环境保护与恢复治理方案》的全面实施。

4.1.4 科技引领，注重实效

坚持科学性、前瞻性和实用性相统一的原则，鼓励广泛应用新技术、新方法，选择适宜的保护与治理方案，努力提高矿山生态环境保护和恢复治理成效和水平。

4.2 方案（规划）编制的工作程序

矿山生态环境保护与恢复治理方案（规划）编制的工作程序如图 1 所示。

5 方案（规划）编制背景资料收集与现状调查

通过资料收集、现场踏勘、监测分析、人员访谈等方式开展调查，确定矿山生态环境保护与恢复方案（规划）范围、时限。

5.1 资料收集

5.1.1 背景资料和专业资料

矿区自然地理资料、地质资料；土地利用、农业、林业、城乡建设等规划资料；矿山开发利用规划、地质灾害防治规划；矿产资源开发利用方案、矿产资源开发建设项目环评、矿山土地复垦方案、矿山地质环境保护与恢复治理方案、水土保持方案等生态环境保护相关资料；矿山开发相关政府文件等。

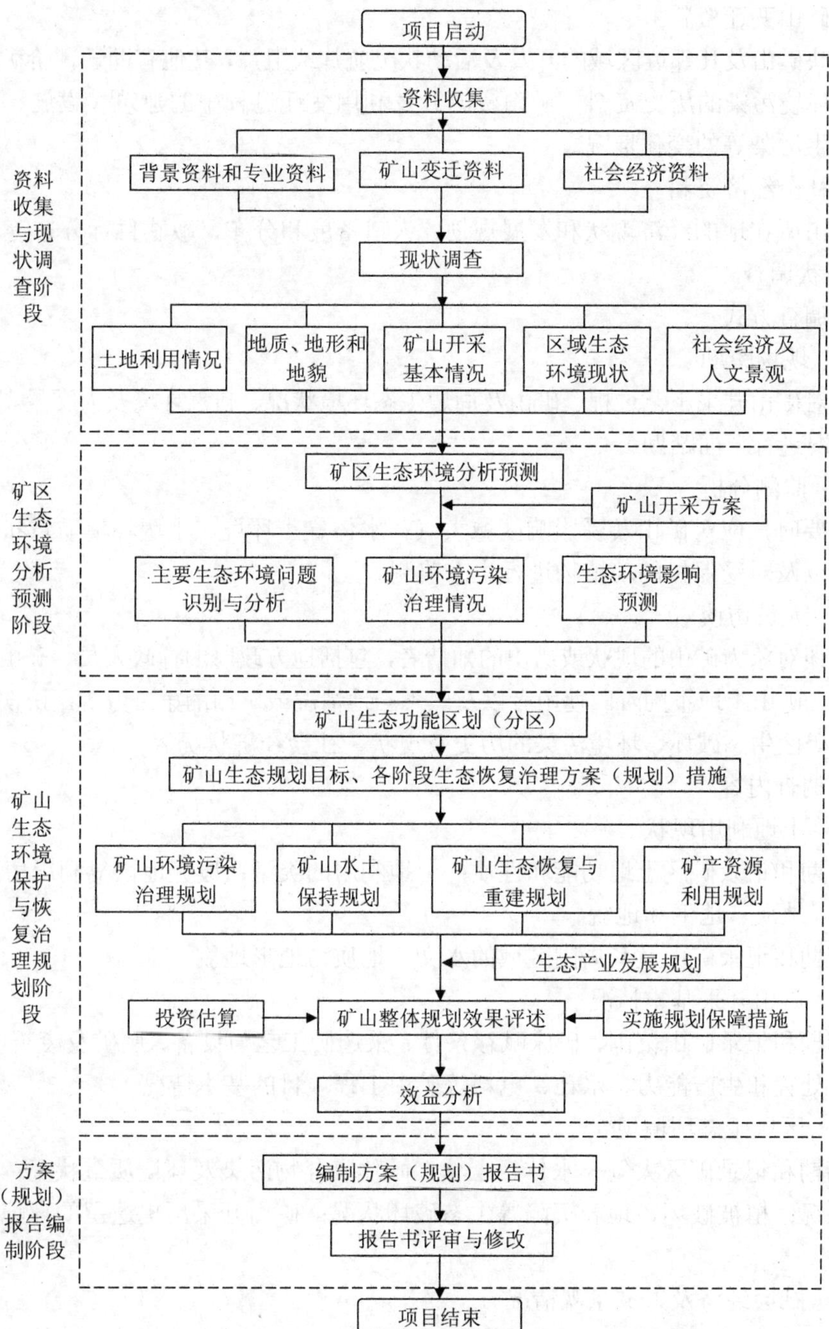

图 1　矿山生态环境保护与恢复治理方案（规划）编制的工作程序

5.1.2 矿山变迁资料

反映矿山及其邻近区域的开发及活动状况航片或卫片，其他有助于评价矿区生态破坏和环境污染的历史资料；矿山资源开发利用变迁过程中的建筑、设施、工艺流程和产生污染等的变化情况。

5.1.3 社会经济资料

矿山所在地的经济现状和发展规划、人口密度和分布、敏感目标分布等。

5.2 现状调查

5.2.1 调查方式

5.2.1.1 现场踏勘

应对矿山开采工艺过程、矿山及周边生态环境状况、自然环境及人文景观、社会经济状况进行全面踏勘。

5.2.1.2 监测分析

必要时，应对矿山及受影响区域大气、水体、声环境、土壤环境质量状况进行监测，以及对受保护的动植物进行生态监测。

5.2.1.3 人员访谈

访谈对象为矿山的现状或历史的知情者，包括地方政府的行政人员、矿山及其周边居民、矿山土地不同阶段使用者以及熟悉当地情况或矿山的第三方等。访谈内容主要包括矿区生态破坏、环境污染的历史及现状、社会经济状况等。

5.2.2 调查内容

5.2.2.1 土地利用现状

踏勘和记录矿区土地功能和性质；土地利用的类型；废弃地恢复利用情况等。

5.2.2.2 地质、地形和地貌

踏勘和记录矿山及其周围区域的水文、地质与地形地貌。

5.2.2.3 矿山开采基本情况

踏勘和记录矿山范围、矿床赋存条件、采选矿工艺与设备、尾矿及废石（矸石）处理与处置和生产能力、水耗、电耗等矿山工程项目的基本情况。

5.2.2.4 区域生态环境现状

踏勘和记录矿区大气、水体、土壤、固体废弃物污染及环境质量状况；动植物分布状况；植被破坏、地表沉陷等生态破坏状况；矿山开采历史遗留的环境污染问题等。

5.2.2.5 社会经济及人文景观情况

踏勘和记录矿山所在地的工农业总产值、人口数量、人均耕地、人均收入、三大产业组成比例、重点发展产业、周边景观位置及分布，以及区域所在地的经济现状和发展规划等。

6 方案（规划）生态环境影响分析与预测

6.1 主要生态环境问题识别与分析

结合矿区生态环境现状调查，分析大气、水体、土壤等环境污染及生态破坏的范围、程度。包括对矿区生态系统和生物多样性的影响与分析（主要是对动物、植物、森林、草地资源等的影响）；矿山生产对大气污染影响与分析；矿山生产对水体（地表水、地下水）的影响与分析；矿山生产对土壤质量及污染的影响与分析；水土流失影响与分析、地表沉陷对土地资源的破坏、生态功能下降的情况、工业场地“三废”排放对环境的污染情况，以及人文景观的防护措施等。新、改（扩）建矿山可根据环境影响评价预测结果说明方案实施期内生态环境破坏情况。

6.2 矿山环境污染治理情况分析

根据调查结果，分析矿山目前环保装备水平、“三同时”履行情况、运行状况、污染治理技术水平、污染物排放情况、是否满足现行环保标准要求和总量控制要求等，分析存在的主要环境问题。

6.3 生态环境影响预测

结合矿床开拓布局和采掘规划或计划，对采矿活动在方案（规划）期内不同年份造成的生态破坏和环境污染进行预测，包括生态破坏和环境污染的范围和强度。明确矿山生态恢复与污染治理的重点，确定重点治理区、次重点治理区和一般治理区。

7 方案（规划）编制要点

7.1 范围与时限

规划以矿区为基准，包括其生态环境影响范围。编制含矿山服务年限在内的规划，一般分近期、中期和矿山服务期满（闭坑）后三个阶段。

方案期限。对于新建和改（扩）建矿山，方案编制应以矿山基本建设完成、未投产前的年份为基准年，对于已投产矿山，方案编制以前一年为基准年。方案应根据不同矿种特点原则上3～5年为一个周期，滚动编制、审批、实施和验收。

7.2 方案（规划）分区

分区应根据矿山企业生态破坏与环境污染状况现状调查、评价与预测确定，按照重点治理区、次重点治理区和一般治理区进行分区。

重点治理区一般指排土场、尾矿库、塌陷区等。一般治理区指矿山生活区、办公区等。其他为次重点治理区。

7.3 方案（规划）目标

编制规划，应按照国家和地方对矿山清洁生产、污染控制、水土保持、生态恢复治理等方面的要求提出生态环境保护与恢复治理的总体目标、阶段目标和具体指标，制定各阶段规划的切实可行目标指标体系。

制订方案，应根据矿山企业生态破坏与环境污染状况及相关技术政策和标准，分阶段确定目标和指标。

7.3.1 清洁生产指标

包括采选矿生产工艺先进性及装备技术水平、资源能源利用指标、综合利用指标、环境管理要求，并符合相应的国家和地方环境保护标准要求。

7.3.1.1 资源能源利用指标

采矿回采率（%）、采矿贫化率（%）、选矿金属回收率（%）、耗水量（m^3/t）、电耗（kW·h/t）等。

7.3.1.2 综合利用指标

采矿废石（矸石）利用率（%）、矿坑（露天、井下）涌水利用率（%）、选矿尾矿综合利用率（%）、选矿水重复利用率（%）等。

7.3.2 污染控制指标

包括工业废水排放达标率（%）、工业废气排放达标率（%）、作业环境粉尘合格率（%）、固体废弃物安全处置率（%）、生活垃圾无害化处理率（%）、生活污水处理率（%）、环境空气质量达标率（%）、地表水环境质量达标率（%）、声环境质量达标率（%）等。

7.3.3 水土保持指标

包括扰动土地整治率（%）、水土流失总治理度（%）、林草覆盖率（%）等。

7.3.4 生态恢复指标

包括矿山损毁土地恢复率（%）、工业广场及办公生活区绿化率（%）、污染场地治理达标率（%）等。

7.4 方案（规划）工程措施

方案（规划）应对各类生态环境保护与恢复治理工程所采取的技术措施、技术指标、实施时间等进行说明，对各类生态环境保护和恢复治理的要求应当符合 HJ 651 规定。

7.4.1 污染防治工程

7.4.1.1 大气污染防治工程

包括采选矿生产过程粉尘污染控制及有害气体防治等工程。

7.4.1.2　水污染防治与水资源保护工程

包括采选矿过程中产生的矿坑水、排土场淋溶水、选矿废水及生活污水等治理。根据矿山废水形成的条件和原因，从减源、减量、减时三个方面进行预防或减轻其危害程度，采取截流减源、减少疏干水量、改进工艺减少废水产生量、废水循环利用等工程措施，保护矿区地表水和地下水资源。

7.4.1.3　固体废弃物处理与处置利用工程

包括排土场、尾矿库有价值元素选别、建筑及其他材料应用；固体废弃物处理与处置包括安全贮存、植被复垦等。

7.4.1.4　噪声与振动控制工程

包括矿山生产爆破冲击波与爆破振动；采选矿设备及道路运输噪声等控制工程。

7.4.2　生态恢复与重建工程

包括采矿表土资源管理、采矿过程生态恢复与重建（含采矿坑或沉陷区生态恢复与重建）、排土（矸石）场生态恢复与重建、选矿场及尾矿库生态恢复与重建、工业场地生态恢复与重建，以及必要的土壤污染治理工程等。

7.4.3　水土保持建设工程

包括土地整治、拦渣、防洪排导、植被复垦等工程。

7.4.4　地质环境保护与治理恢复工程

包括矿山开采过程中和服务期满后矿山地质灾害防治措施（地面塌陷、地裂缝的预防措施，滑坡、崩塌的预防治施，泥石流的预防治施等）；地下含水层保护措施；矿区地形地貌景观（包括人文景观）保护与恢复工程措施等。

7.4.5　生态产业工程

可产生经济效益的生态产业，如建材业（固废利用）、花卉苗圃园等。

7.5　矿山生态环境监测与评估

提出矿山生态环境监测（地面与遥感）方案和生态环境评估方法等。

7.6　矿山生态环境保护与恢复治理效果

依据建设工程和生态监测绘制矿山生态环境保护与恢复治理工程实施后的生态恢复与重建效果，并附效果图。

7.7　投资估算

包括生态恢复与重建、环境污染治理、水土保持、资源综合利用（固废资源）、生态产业发展等工程所需要的资金估算，工程实施与执行计划（含资金计划）。

7.8　效益分析

效益主要体现在社会、经济及生态环境效益三个方面。

7.9 实施方案（规划）保障措施

包括组织管理措施、技术保障措施、资金保障措施（资金来源、渠道、责任主体）等。

8 方案（规划）报告编制

8.1 报告书文本内容

矿山生态环境保护与恢复治理方案（规划）报告书的内容结构参见附录 A-1 方案（规划）报告编写大纲。可根据矿山实际情况适当增、减有关内容。

8.2 资料性附件

报告书的资料性附件参见附录 A-2 方案（规划）报告书附件，可根据矿山实际情况适当增、减有关内容。

附录 A-1
（规范性附录）
方案（规划）报告编写大纲

A.1 总论

A.1.1 任务由来

说明方案（规划）编制任务的由来、背景资料等。

A.1.2 必要性和意义

阐述方案（规划）编制的政策符合性和规划一致性，论述方案（规划）的实施对修复矿山生态环境，改善矿区生态环境质量，促进地方经济发展的作用与意义。

A.1.3 方案（规划）编制的依据

国家、地方、部门、行业等相关法律法规、标准、规范、政策性文件等。

A.1.4 方案（规划）涵盖范围、基准年及实施时限

方案（规划）涵盖范围以矿山全部区域，包括生产区、生活区、办公区，同时考虑矿山开采影响范围内的生态环境问题。

方案编制应以矿山基本建设完成、未投产前的年份为基准年，对于已投产矿山，《方案》编制以前一年为基准年。方案应根据不同矿种特点原则上 3～5 年为一个周期，中远期与国民经济和社会发展规划相一致，规划应依据国家和地方相关政策要求适时调整。

A.2 指导思想与基本原则

A.2.1 指导思想、基本原则

以科学发展观为指导，以维护矿区生态环境安全为重点，针对矿产资源开发利用方式以及产生的主要生态环境问题，科学规划、合理布局，提出生态环境保护与恢复治理的主要措施，及时治理受损的生态环境，最大限度地减少因矿产资源开发利用造成的危害，促进矿产资源开发与社会经济的可持续发展。

A.2.2 基本原则

保护优先、防治结合，景观相似、功能恢复，突出重点、分步实施，科技引领、注重实效。

A.3 规划区的基本概况

A.3.1 矿区所处行政区划

包括位置、分布范围、地理坐标、区位条件等。

A.3.2 矿区及周围经济社会发展状况

包括人口、教育、工业和能源生产、农业与土地利用、交通运输、人文景观等。

A.3.3 矿区自然条件概况

包括气象气候、地质、水文、土壤、植被等。

A.3.4 矿山开采基本情况

包括储量、设计生产能力、可采矿层及其基本特征、采选工艺及设备等。

A.4 生态环境现状调查与预测、评价

A.4.1 矿区自然资源与生态系统调查

包括土地资源、动植物资源、陆生生态系统、水生生态系统等。

A.4.2 矿区土地、动植被资源的占用与破坏

包括土地利用现状改变，地貌景观破坏、水土流失控制、土地沙化、土壤盐碱化及污染、矿区土地复垦与土壤污染防治、动植物种类与生存状况等。

A.4.3 矿区地下水均衡破坏与污染

包括地下水水位下降、水资源枯竭、地下水及地表水污染等。

A.4.4 矿山地质灾害引发生态环境破坏

包括矿坑疏干排水引发的崩塌、滑坡、地面塌陷（开采沉陷、岩溶塌陷）、地裂缝、不稳定边坡；固体废弃物堆积引起的崩塌、滑坡、泥（渣）石流、不稳定边坡；尾矿库溃坝、裂隙与管涌等地质灾害引发生态破坏与环境污染、地质环境保护与治理恢复等。

A.4.5 矿山生态环境现状评价及生态状况分级

包括水、气、声、噪声与振动、动植物状况等。

A.4.6 矿山生态环境破坏的控制、恢复治理重建评价

说明生态破坏控制、恢复治理与重建水平。矿山企业污染物达标排放与总量控制要求，以及环保“三同时”履行情况。

A.4.7 生态环境预测与评估

包括各类生态系统破坏、水土流失变化、地质灾害、环境污染等的预测评估。

A.5 生态环境保护目标与指标

A.5.1 生态环境保护总体目标

依据现行法律、法规及有关技术政策，结合矿山实际情况，明确规定矿山生态环境保护与恢复治理应达到的总体目标与指标。

A.5.2 生态环境保护分期目标

结合矿山生态环境现状，其中应明确规定各分期（近期、中期与矿山开采服务期满后）目标实现年限及应达到的分期目标与指标。建立矿山生态环境保护与恢复治理的目标指标体系。

A.6 主要任务

A.6.1 确定生态环境保护与恢复治理规划分区

A.6.1.1 方案（规划）分区原则

方案（规划）分区依据矿山所处的地形地貌、地质环境，矿石种类、开采方式及规模，采矿活动对生态环境所造成的破坏和影响类型、程度，地质灾害隐患等特征，参照城镇建设规划和生态规划，进行生态环境保护与恢复治理分区。

A.6.1.2 具体方案（规划）分区

按排土场、尾矿库、矿山沉陷区、矸石场等对规划进行分区，明确重点治理区、次重点治理区以及一般治理区（可列图表说明)。

A.6.2 制定生态环境保护方案

结合矿山实际情况与生态环境保护与恢复治理目标指标，按照矿山建设和开采的不同阶段确定矿山生态环境保护与恢复治理的工作部署（可附表说明)。

A.6.3 不同阶段矿山生态环境保护与恢复工程措施

A.6.3.1 勘查阶段的生态环境保护与恢复治理

矿产地质勘探应根据查明矿区环境地质条件、现状预测评价，对可能产生的生态环境破坏与恢复治理提出防治对策。

A.6.3.2 建设阶段矿山生态环境保护与恢复治理

包括矿山建设准入条件符合性描述；矿产资源开发利用方案、矿产资源综合利用方案、水土保持方案、土地复垦方案、地质灾害防治方案、“三废”处理措施等；建设项目“三同时”落实情况叙述。

A.6.3.3 生产阶段的生态环境保护与恢复治理

包括采矿塌陷和其他采矿活动破坏（如排土场、矿坑）的矿山生态恢复治理工程；选矿生产及尾矿库生态恢复和污染治理工程；矿山“三废”排放治理工程；矿区生产过程水土流失及水土保持工程；工程实施进度与工作安排等。

A.6.3.4 矿山闭坑阶段的生态环境保护与恢复治理

闭坑矿山的生态环境恢复与重建工程，包括露天坑、排土场与尾矿库、沉陷区、生产与生活区生态恢复与重建工程；可能存在的生态环境问题和地质灾害隐患的防治措施；自然人文景观恢复措施等。

A.6.4 生态环境治理工程方案

明确工程项目名称、建设位置、实施期限、主要建设内容、工程规模及投资（包括分年度建设内容）、建设目的及预期应达到的效果以及责任单位等。

A.6.5 生态产业发展规划

根据矿山具体情况而定。包括经济林、经济作物建设规划；人工湿地建设规划；花卉苗圃产业；生态旅游业规划。

A.7 方案（规划）可行性及预计效果分析

A.7.1 方案（规划）可行性分析

从技术、组织管理、资金等方面，对方案（规划）可行性进行分析。

A.7.2 方案（规划）实施效益分析

对方案（规划）预期的经济效益、生态环境效益、社会效益进行分析。

A.7.3 方案（规划）预计效果分析

根据规划任务，对矿山污染控制、矿山生态社区建设、地质灾害隐患消除、清理矿山场地总面积、绿化面积、新增建设用地、新增垦地、人文景观恢复重建等方面进行预计效果分析，并附效果图。

A.8 方案（规划）实施的保证措施

A.8.1 政策保障措施。

A.8.2 组织保障措施。

A.8.3 资金保障措施。

A.8.4 技术保障措施。

A.9 结论

附录 A-2
（规范性附录）
方案（规划）报告书附件

附件 1　矿山开采支撑文件

附件 2　规划附图

1．矿区卫星影像图

2．矿山企业总平面布置图

3．矿区范围及生态环境现状图。应包含项目地理位置、范围、矿体境界、主要道路、主要水系、河流与湖泊、土地利用现状、绿化、矿区植被复垦类型、水土流失与水土保持、地质环境保护与治理恢复、人文景观等信息资料

4．矿山生态环境影响预测图

5．生态环境综合整治总体布局图。图中应包括综合整治工程的主要信息

6．方案（规划）中各项工程的配套专业图件

7．生态环境恢复治理效果图。绘制生态环境恢复综合整治效果图，并标示各项工程治理效果的有关数据

附件 3　其他相关附件

中华人民共和国国家环境保护标准

建设项目竣工环境保护验收技术规范　煤炭采选

HJ 672—2013

前　言

为贯彻《中华人民共和国环境保护法》《中华人民共和国环境影响评价法》和《建设项目环境保护管理条例》，规范和指导煤炭采选建设项目竣工环境保护验收工作，促进煤炭工业可持续发展，制定本标准。

本标准规定了煤炭采选建设项目竣工环境保护验收调查的一般原则、内容、方法和要求。

本标准附录 A 为规范性附录。

本标准为首次发布。

本标准由环境保护部科技标准司组织制订。

本标准起草单位：中煤国际工程集团北京华宇工程有限公司、中国环境科学研究院。

本标准环境保护部于 2013 年 11 月 22 日批准。

本标准自 2014 年 1 月 1 日起实施。

本标准由环境保护部解释。

1　适用范围

本标准规定了煤炭采选建设项目竣工环境保护验收调查的一般原则、内容、方法和要求。

本标准适用于按规定需编制《建设项目竣工环境保护验收调查报告》的煤炭采选建设项目竣工环境保护验收调查工作。按规定需填制《建设项目竣工环境保护验收调查报告表》的煤炭采选建设项目竣工环境保护验收调查工作可参照执行。

2　规范性引用文件

本标准内容引用了下列文件或其中的条款。凡是未注明日期的引用文件，其最新版本适用于本标准。

HJ 446 清洁生产标准 煤炭采选业

3 术语与定义

下列术语和定义适用于本标准。

3.1 煤炭采选业 coal mining and processing projects

指开采地下煤炭资源并进行加工的行业，可以划分为煤炭开采和煤炭洗选加工两个子行业。煤炭开采业的产品是原煤（露天煤矿称为毛煤），煤炭洗选业的产品是不同粒径和灰分等级的商品煤。

3.2 煤炭矿区 mining area

统一规划和开发的煤田或其一部分，文中简称“矿区”。

3.3 井田（矿田） mine field

矿区内划归一个矿井（露天矿）开采的部分。

3.4 煤炭地下开采 underground coal mining

通过开掘井巷采出煤炭或其他矿产的作业，又称井工开采。

3.5 煤炭露天开采 coal open-pit mining

直接从地表揭露出煤炭或其他矿产并将其采出的作业。

3.6 选煤 coal preparation

利用物理或化学等方法，去掉煤中杂质，将煤按需要分成不同质量、规格产品的加工过程。

3.7 煤矸石 gangue

采掘过程中顶、底板和夹层混入煤中的岩石和选煤厂生产过程中排出的洗矸石。

3.8 剥离物 overburden

露天采场内的表土、岩层和不可采矿体。

3.9 矿井水 coal mine water

在煤矿建设和煤炭开采过程中产生并从井下抽排到地面的水，包括井下涌水、井下生产过程中产生的废水。

3.10 露天矿疏干水 opencast coal mine draining water

在露天矿剥离和开采过程中，采用排水设施主动降低露天矿地下水水位或水压而产生的排水。

3.11 露天矿矿坑水 opencast coal mine pit water

在露天矿剥离和开采过程中，由地下涌入或地表汇入采坑内的积水。

3.12 开采沉陷 mining subsidence

因地下采矿引起的上覆岩层和地表移动、变形的现象和过程。

3.13 排矸场 gangue dump

堆放煤矸石的场所。

3.14 排土场 overburden dump

堆放剥离物的场所。

4 总则

4.1 验收调查分类管理要求

4.1.1 编制环境影响报告书的煤炭采选建设项目应编制建设项目竣工环境保护验收调查报告。

4.1.2 编制环境影响报告表的煤炭采选建设项目应编制建设项目竣工环境保护验收调查表。

4.2 验收工况要求

4.2.1 煤炭采选建设项目实际生产能力达到其设计生产能力的 75%或以上并稳定试运行，同时配套环境保护设施已投入正常试运行的情况下，即可开展竣工环境保护验收调查工作。

4.2.2 如果短期内项目的实际生产能力无法达到设计生产能力的 75%或以上，验收调查应在主体工程试运行稳定、配套环境保护设施运行试正常的条件下进行，注明实际调查工况，按设计生产能力对主要环境要素的影响进行校核，并提出在项目达到设计生产能力时应根据实际监测结果采取相应环境保护措施的要求。

4.2.3 对于分期建设、分期投入运行的煤炭采选建设项目，可分阶段开展竣工环境保护验收调查工作。

4.3 验收调查时段及范围

4.3.1 验收调查时段一般分为工程前期（包括工程设计、项目批复或核准等前期工作）、施工期、试运行期三个阶段。

4.3.2 验收调查范围原则上与环境影响评价文件的评价范围一致；当工程实际建设内容发生变更或环境影响评价文件的评价范围不能全面反映项目建设的实际环境影响时，根据工程实际变更和实际环境影响情况，结合现场踏勘对调查范围进行适当调整。

4.4 验收调查标准

4.4.1 原则上采用建设项目环境影响评价文件及其批复文件中确认的评价标准作为验收调查标准。

4.4.2 对已修订的环境质量标准，采用修订后的现行环境质量标准作为验收调查校核标准；对已修订的污染物排放标准，采用修订后的现行污染物排放标准作为验收调查校核标准。

4.4.3 对环境影响评价文件及其批复文件中没有要求的，可参照现行国家、地方和行业标准或国外有关标准。

4.4.4 现阶段还没有环境保护标准的，可按照实际调查情况进行分析。

4.5 验收调查原则与方法

4.5.1 验收调查原则

a）科学性原则

验收调查方法应注重科学性、先进性，应符合国家有关规范要求。

b）实事求是原则

验收调查应如实反映工程实际建设及运行情况、环境保护措施落实情况及运行效果。

c）全面性原则

对工程前期（包括工程设计、项目批复或核准等前期工作）、施工期、试运行期全过程进行调查。

d）重点性原则

突出煤炭采选建设项目生态、地下水资源破坏与污染影响并重的特点，有重点、有针对性地开展验收调查工作。

e）公众参与原则

开展公众参与工作，充分考虑社会各方面的利益和主张。

4.5.2 验收调查方法

采用资料调研、现场勘察、环境监测与公众调查相结合的方法，必要时可利用全球卫星定位系统（GPS）、遥感（RS）、地理信息系统（GIS）等技术手段。

4.6 验收调查主要内容

a）环境影响评价制度执行情况调查。

b）工程实际建设内容及工程变更情况调查。

c）工程建设前后环境敏感目标分布及其变化情况调查，环境质量变化情况调查。

d）工程实际内容变更所造成的环境影响变化情况调查，变更环境保护措施调查。

e）环境影响评价文件及其批复文件中提出的环境保护措施落实情况、运行情况及试运行效果调查。

f）搬迁安置和耕地补偿措施落实情况调查。

g）工程试运行期环境污染影响调查；煤炭开采地表沉陷、露天矿地表挖损、排土场和排矸场占压情况，对生态和地下水影响情况调查。

h）环境风险防范与应急措施落实情况调查。

i）环境影响评价文件未提及或对环境影响估计不足，但实际存在的严重环境问题以及公众反映强烈的环境问题调查。

j）工程环境监理执行情况及其效果调查。

k）工程环保投资情况调查。

l）建设单位环境管理情况调查。

4.7 验收调查工作程序

煤炭采选建设项目竣工环境保护验收调查的工作程序见图 1。

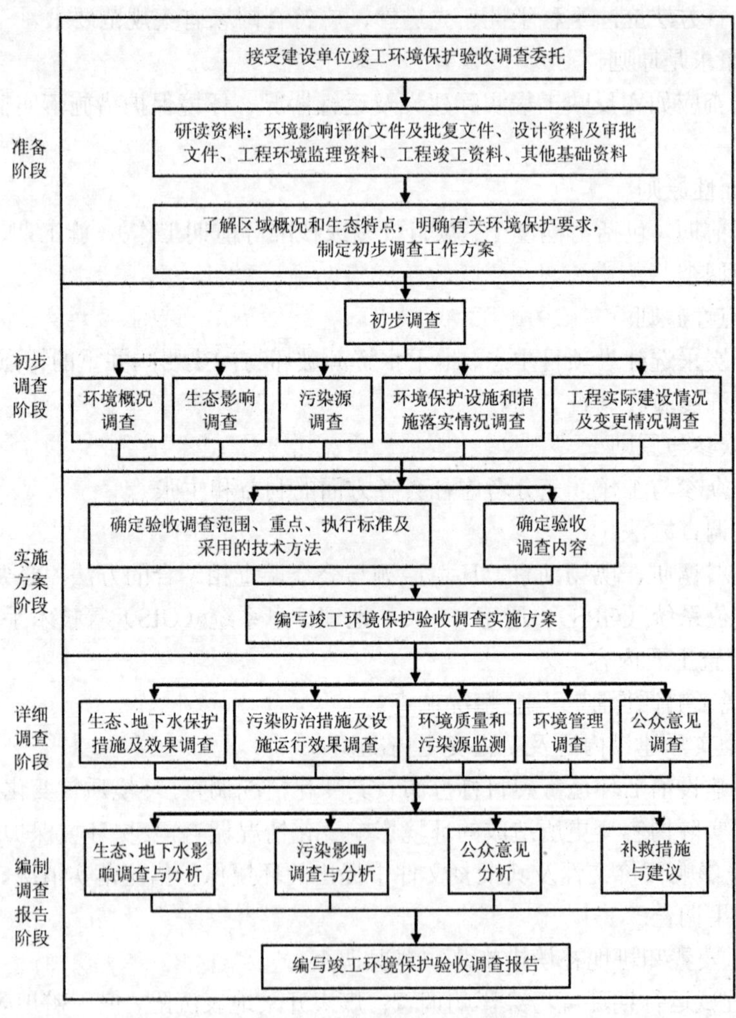

图 1 煤炭采选建设项目竣工环境保护验收调查工作程序

5 验收调查技术要求

5.1 资料收集与查阅

5.1.1 法律、法规及相关规划

收集与建设项目竣工环境保护验收调查有关的国家、地方法律法规和行业管理规定；区域或流域的环境功能区划分文件；煤炭矿区总体规划；相关技术规范、标准等。

5.1.2 工程设计文件和相关资料

a）工程可行性研究报告、初步设计文件及其批复。

b）工程变更设计文件及其批复。

c）环境保护工程设计文件及批复。

d）工程煤田地质勘探报告，井（矿）田范围及周边环境水文地质勘查资料。

e）首采区煤炭采掘方案设计图、井工矿井上井下对照图、全井（矿）田煤炭开拓开采布置图、煤柱留设分布图等相关设计资料和图纸。

f）采煤工作面地表岩移观测设计方案及阶段性观测成果。

g）工程水土保持方案及其批复。

h）工程土地复垦方案及其批复。

5.1.3 工程执行建设项目环境保护法律法规的文件资料

a）环境影响评价文件及其批复文件。

b）工程变更环境影响评价文件及其批复文件或环境影响后评价文件。

5.1.4 工程核准、建设、投入试运行等支持性文件

a）建设项目核准文件。

b）地方环境保护行政主管部门审查同意工程进入试运行期的文件。

5.1.5 工程施工期有关资料

a）环境监理报告及相关资料。

b）施工期环境保护设施运行资料等。

5.1.6 工程试运行期主体工程及环保设施运行及管理有关资料

a）工程试运行期间生产运行、产品产量记录。

b）主要污染防治设施运行记录。

c）目前已有的试运行期环境监测资料（包括环境质量监测、污染源监测以及水文监测资料等）。

d）搬迁安置、耕地补偿等措施的实施情况及相关批复文件、合同协议。

e）建设单位环境管理机构、人员、规章制度和执行情况等资料。

f）环境风险防范与应急预案制订及执行情况等资料。

5.1.7 自然、社会及经济环境概况，环境敏感目标等资料

a）工程所在区域的自然、社会、经济环境概况资料；

b）工程涉及的自然保护区、风景名胜区、饮用水水源保护区、森林公园、文物保护单位等各类环境敏感目标的规划资料及相关管理部门的批准文件等。

5.2 现场踏勘

a）调查矿井（露天矿）及选煤厂主体工程、辅助工程、储运工程及公用工程的建设和运行情况。

b）调查工程各类污染源及污染防治措施的建设与运行情况。

c）调查首采区煤炭开采地表沉陷、露天矿地表挖损情况及对生态的影响。

d）调查煤矸石、露天矿剥离物的处置情况或堆存对地表植被、土壤、大气、水体等环境要素的影响；排矸场拦矸坝、排土场边坡防护等水土流失防治工程的建设情况；露天矿剥离表土储存和利用情况。

e）调查矿井水、露天矿疏干水和矿坑水、煤矸石以及矿井瓦斯资源综合利用情况。

f）调查煤矿工业场地、风井场地、对外联络道路、铁路专用线水土保持工程、绿化工程实施情况；施工期临时占地、取弃土场生态恢复情况。

g）调查井（矿）田范围内及周边，特别是首采区、工业场地周边、运煤线路两侧重要环境敏感目标的分布情况，项目建设前后环境敏感目标的变化情况。

h）走访当地环保、水利、农林牧等相关部门及周围居民点，了解煤矿建设期及试运行期是否存在重大环境问题，是否有环保投诉，以及上述部门和群众对该项目环保工作的评价和意见等。

i）查看工业场地污染源在线监测记录、定期监测记录以及项目日常环境管理记录等。

5.3 工程调查

5.3.1 工程建设历程

调查工程核准时间和审批部门，初步设计完成及审批时间，环境影响评价文件完成及批复时间，工程开工建设时间，施工单位和环境监理单位，工程竣工投入试运行时间等。

5.3.2 工程概况

5.3.2.1 工程建设情况调查

a）基本情况：工程所处地理位置及交通情况，工程建设规模、建设性质。附项目地理位置及交通图。

b）项目组成：按主体工程、辅助工程、储运工程、公用工程、环保工程分别列

出实际工程建设内容。附项目组成一览表。

c）资源概况：井（矿）田境界及储量、可采煤层特征。附可采煤层及煤质特征表。

d）井（矿）田开拓开采：开拓方式、开采水平及采区划分、采煤工艺。附井（矿）田开拓方式平面图，首采区采掘工程平面布置图，露天矿剥、采、排方案及排土场布置图。

e）项目总平面布置：项目地面总布置、工业场地总平面布置。附项目地面总布置图，工业场地总平面布置图，项目占地情况一览表。

f）地面生产系统：主井、副井生产系统、选煤厂生产系统及选煤工艺、煤炭储运系统、矸石处置系统。附工艺及排污流程图。

g）工程环保投资：列表分类详细列出工程环境保护投资。

5.3.2.2 工程变更情况调查

a）当工程实际建设内容发生变更时，应重点说明其具体变更内容及变更原因、相关管理部门对工程变更的审查或批复情况、环境保护主管部门对工程变更环境影响评价文件的批复情况。

b）详细列出工程实际建设内容与环境影响评价时工程内容的对照一览表。

5.4 环境保护措施落实情况调查

5.4.1 调查工程在设计、施工、试运行阶段采取的污染防治措施、生态和地下水保护措施以及采煤沉陷区、露天矿挖损区及排土场占压区村庄搬迁安置和耕地补偿等环境保护措施。

5.4.2 调查环境影响评价文件及其批复文件、工程设计文件所提出的各项环境保护措施的落实情况，对于改扩建或技改工程，还应重点调查“以新带老”环境保护措施的落实情况。

5.4.3 对各类环境保护措施的落实情况和变化情况进行对比分析，对变化情况及变化原因进行必要的说明。对无法落实的环境保护措施，应说明实际情况并提出后续改进的建议，给出环境保护措施落实情况对比分析一览表。

5.4.4 按施工期、试运行期分别调查环境保护措施的落实情况，重点调查内容包括：

a）生态保护措施

工程施工作业范围，临时占地面积以及临时占地的生态恢复，主要包括工程施工期取弃土场生态恢复，输水输电线路敷设生态恢复等；场内外道路及铁路专用线护坡水土流失防治措施；工业场地及道路两侧绿化措施；首采区煤炭开采地表沉陷、露天矿地表挖损预防或减缓措施；采空沉陷区生态保护与恢复措施；排矸场、露天矿排土场生态保护与恢复措施等。当工程涉及自然保护区、风景名胜区、森林公园等环境敏感目标时，应重点调查对环境敏感目标的保护措施。

b）水资源保护措施

煤炭开采水资源保护及监测、监控措施等。当工程涉及饮用水水源保护区时，应重点调查对饮用水水源保护区的保护措施、监测监控措施的落实情况。

c）污染防治措施

矿井水、露天矿矿坑水、工业场地生产生活污水处理设施；选煤厂煤泥水闭路循环保证措施等；锅炉烟气除尘、脱硫设施，地面生产系统及煤炭储装运过程的降尘措施；露天矿采掘场、排土场及运输道路扬尘治理措施；煤矸石、露天矿剥离物、锅炉灰渣的处置措施；工业场地及运输线路噪声治理措施等。

d）社会环境影响保护措施

井工矿开采沉陷区、露天矿挖损区以及排矸场、排土场占压区地面居民搬迁安置或建筑物修复加固等措施；占用耕地的补偿措施；项目涉及的文物古迹的保护措施等。

5.5 生态影响调查与分析

5.5.1 调查范围

生态影响调查范围原则上与 4.3.2 一致，重点调查煤炭开采首采区、工业场地周边、道路及铁路专用线两侧以及排矸场和排土场周围的生态影响。

5.5.2 调查方法

生态影响调查方法主要包括文件资料查阅、现场勘察、必要的生态监测、遥感影像解译与 GIS 系统分析、公众意见调查、机理分析评估等。

5.5.3 生态现状调查

工程所在区域地形地貌、气象气候特征、河流水系、土地利用、土壤与植被类型、水土流失、动植物资源等。

5.5.4 重要生态敏感目标调查

调查工程影响范围内及周边自然保护区、风景名胜区、森林公园等重要生态敏感目标的分布状况、保护范围、保护级别、保护内容及保护要求，重要生态敏感目标与项目工业场地、排矸场、排土场、井（矿）田范围的相对位置关系等。给出合适比例的重要生态敏感目标与工程的相对位置关系图。

5.5.5 生态影响调查

5.5.5.1 施工期生态影响调查

a）施工期取弃土场具体位置，占地面积及类型，生态影响和恢复情况。

b）施工期井工矿掘进矸石、露天矿剥离物处置方式，生态影响和恢复情况。

c）道路及铁路专用线施工建设生态影响和恢复情况，输水输电线路敷设生态影响及恢复情况。

d）煤矿工业场地、道路两侧绿化面积、植物种类、绿化系数等。

5.5.5.2　试运行期生态影响调查

a）井工矿首采区煤炭开采地表沉陷变形、露天矿首采区地表挖损实际情况及其主要表现形式，对耕地、林地、草地的实际影响程度及整治恢复情况。

b）道路及铁路专用线运输对周围生态的影响情况。

c）煤炭开采对周边自然保护区、风景名胜区、森林公园等重要生态敏感目标的实际影响情况。

d）煤矸石、露天矿排土场占压对土地利用的影响情况。

e）排矸场、露天矿排土场水土流失情况。

f）受影响的耕地、林地、草地和其他用地的生态补偿情况。

5.5.5.3　生态保护措施有效性分析与补救措施建议

a）从煤炭开采对地形地貌的影响，对重要生态敏感目标的影响，对农、牧、林业生产的影响，对水土流失的影响等方面分析项目采取的生态保护措施的有效性。

b）对存在的问题进行分析，查找原因，从保护、恢复、补偿、重建等方面提出具有可操作性的生态保护措施和建议，有针对性地避免或减缓项目建设所造成的生态影响。

c）对短期内难以显现的预期生态影响，应调查建设单位是否根据环境影响评价文件的预测结果，制定了开展生态监测的计划和后期煤矿开采生态保护和恢复计划。

5.6　地下水环境调查与分析

5.6.1　调查范围

地下水影响调查范围原则上与 4.3.2 一致，重点调查煤炭开采首采区、排矸场、露天矿排土场周围地下水水位、水质的影响。

5.6.2　调查方法

地下水环境影响调查方法主要包括文件资料查阅、现场勘察、地下水环境质量监测、公众意见调查、理论分析评估等。

5.6.3　地下水环境概况调查

进行区域及井（矿）田水文地质条件基本概况调查，包括含水层、隔水层分布情况，地下水补、径、排条件，区域具有供水意义的含水层层位，当地城镇、居民生活用水水源情况等。

5.6.4　重要地下水敏感目标调查

调查工程影响范围内地下水饮用水源保护区、泉域的分布情况，保护范围、保护内容及保护要求，与项目工业场地、排矸场、露天矿排土场、井（矿）田范围的相对位置关系等。给出适当比例的重要地下水敏感目标与工程的相对位置关系图。

5.6.5 地下水环境质量监测

a）监测点位布设与取样深度原则上与环境影响评价文件相一致，可根据相关规范进行必要的调整。如果地下水敏感保护目标、首采区、排矸场、露天矿排土场等位置发生变化，应根据变化情况合理调整监测点位。附地下水环境质量监测布点图。

b）监测因子原则上与环境影响评价文件一致，可根据工程实际情况及相关规范进行必要的调整。

c）监测频次、采样要求和监测分析方法按相关规范执行。

d）根据地下水监测结果，分析工程所在区域地下水环境质量达标情况，并与环境影响评价文件地下水监测结果进行对比分析。

5.6.6 地下水环境影响调查

a）调查首采区煤炭开采对周围居民水井水位、水质的影响情况。

b）调查煤炭开采对周围地下水饮用水水源保护区和泉域重点保护区水资源、水质的影响情况。

c）调查煤矸石、露天矿剥离物堆放对周围居民井泉、地下水饮用水水源保护区的水质污染影响情况。

5.6.7 地下水保护措施有效性分析及整改措施建议

a）根据地下水环境监测结果、采空区上方（露天矿开采区周围）居民水源井水位变化的调查结果等，分析工程已采取的地下水保护措施的有效性。

b）对存在的问题进行分析，查找原因，提出补救措施和建议。

c）对短期内难以显现的预期地下水环境影响，应调查建设单位是否根据环境影响评价文件的预测结果，制定了开展地下水水位、水质跟踪监测监控的计划和后期煤矿开采地下水保护的计划；是否制定了当居民饮用水源受到影响时的供水应急预案和资金保障计划。

5.7 地表水环境调查与分析

5.7.1 调查范围

地表水影响调查范围原则上与4.3.2一致，重点调查煤矿工业场地污、废水排放对受纳水体的影响，排矸场、排土场淋滤液排放对下游地表水体的影响。

5.7.2 调查方法

地表水环境影响调查方法主要包括现场勘察、地表水环境质量现状监测、工程水污染源监测、公众意见调查等。

5.7.3 地表水环境概况调查

工程所在区域的河流、水系、水库分布情况，水体功能及水环境功能区划。

5.7.4 重要地表水敏感目标调查

井（矿）田范围内及周边地表水水源保护区分布情况、保护范围及保护要求、与项目工业场地排水口、井（矿）田范围的相对位置关系。给出适当比例的重要地表水敏感目标与项目的相对位置关系图。

5.7.5 地表水环境质量监测

a）监测断面布设原则上与环境影响评价文件一致，可根据工程实际情况和相关规范进行必要的调整。如果项目排水口位置发生变化，应根据变化情况合理调整监测断面。附地表水环境质量监测断面分布图。

b）监测因子原则上与环境影响评价文件一致，可根据工程实际情况及相关规范进行必要的调整。

c）监测频次、采样要求和监测分析方法按相关规范执行。

d）根据地表水监测结果，分析工程所在区域地表水环境质量达标情况，并与环境影响评价文件地表水监测结果进行对比分析。

5.7.6 工程水污染源监测

a）监测内容包括：矿井水、露天矿矿坑水和工业场地生产生活污水处理设施进、出口水污染物浓度监测，项目总排水口水污染物浓度监测。附水污染源监测布点图。

b）监测因子根据矿井水、露天矿矿坑水和工业场地生产生活污水主要污染物类型确定，同时应测定排水量。矿井水、露天矿矿坑水监测因子一般应包括：pH、SS、COD、石油类、硫化物、氟化物等，在高矿化度矿井水地区，应增加溶解性总固体监测因子，在酸性矿井水地区，应增加总铁、总锰等监测因子；生产生活污水监测因子一般应包括：pH、SS、COD、BOD、氨氮、氟化物、挥发酚、动植物油、LAS 等。

c）监测分析方法按相关规范执行。

5.7.7 地表水环境影响调查

a）工程试运行期工业场地各设施的用水量，矿井水、露天矿矿坑水、工业场地生产生活污水排放量，排放去向，进行项目给排水平衡分析，给出工程试运行期给排水平衡图。

b）矿井水、露天矿矿坑水、工业场地生产生活污水处理工艺及处理规模，各项水污染物去除率及达标情况调查，项目总排水口各项水污染物达标排放情况调查。

c）选煤厂煤泥水处理工艺及闭路循环情况调查。

d）矿井水、露天矿疏干水和矿坑水、生活污水综合利用情况调查。

e）项目总排水口规范化设置与管理情况调查。

f）工程废、污水排放对地表水环境质量的影响分析。

5.7.8 水污染源治理措施有效性分析及整改措施建议

a）根据水污染源监测结果、水污染物达标情况及治理措施的去除率分析，水污染物排放总量与环境影响评价阶段环境保护主管部门批复的水污染物总量指标对比分析等，分析工程已采取的水污染治理措施的有效性。

b）对存在的问题进行分析，查找原因，提出整改措施和建议。

5.8 大气环境调查与分析

5.8.1 调查范围

大气环境影响调查范围原则上与 4.3.2 一致，重点调查矿井工业场地锅炉房排烟，地面生产系统、煤炭储装运系统、排矸场、露天矿采掘场、排土场等粉尘排放对周围大气环境的影响。

5.8.2 调查方法

大气环境影响调查方法主要包括现场勘察、环境空气质量监测、项目大气污染源监测、公众意见调查等。

5.8.3 大气环境概况调查

a）工程所在区域的大气环境功能区划。

b）煤矿工业场地、露天矿采掘场、排土场、排矸场周围及运煤道路两侧居住区、学校等重要大气环境敏感目标分布情况调查。给出适当比例的重要大气环境敏感目标与主要大气污染源的相对位置关系图。

5.8.4 环境空气质量监测

a）应对工程所在区域的环境空气质量现状进行监测。附环境空气质量现状监测布点图。

b）监测点位布设原则上与环境影响评价文件一致，可根据工程实际情况和相关规范进行必要的调整。如果工程主要大气污染源位置或大气环境敏感目标发生变化，应根据变化情况合理调整监测点位。

c）监测因子原则上与环境影响评价文件一致，可根据工程实际情况和相关规范进行必要的调整。

d）监测频次、采样要求和监测分析方法按相关规范执行。

e）根据环境空气质量监测结果，分析项目区环境空气质量达标情况，并与环境影响评价文件的环境空气质量监测结果进行对比分析。

5.8.5 大气污染源监测

a）监测内容包括：锅炉房除尘脱硫设施进出口烟尘、二氧化硫、氮氧化物浓度监测，锅炉烟气流量监测；原煤筛分破碎、转载点除尘系统进出口粉尘浓度监测；露天储煤场、排矸场、排土场粉尘无组织排放浓度监测。

b）监测点位布设、监测方法、分析方法按相关规范执行。

5.8.6　大气环境影响调查

a）工业场地锅炉房、原煤筛分破碎及转载尘点有组织大气排放点源除尘脱硫设施的处理工艺、处理效果及各类大气污染物达标排放情况调查。

b）露天矿采掘场、排土场和运输道路大气扬尘影响及治理措施调查。

c）露天储煤场、排矸场、排土场粉尘无组织排放监控点浓度达标情况调查。

5.8.7　大气污染源治理措施有效性分析及整改措施建议

a）根据大气污染源监测结果、大气污染物达标排放情况及治理措施的去除率调查结果，大气污染物排放总量与环境影响评价阶段环境保护主管部门批复的大气污染物总量指标对比分析等，分析工程已采取的大气污染源治理措施的有效性。

b）对存在的问题进行分析，查找原因，提出整改措施和建议。

5.9　声环境调查与分析

5.9.1　调查范围

声环境影响调查范围原则上与 4.3.2 一致，重点调查煤矿工业场地、风井场地和瓦斯抽放站周围 200 m，以及场外运煤道路和铁路专用线两侧 200 m 范围内的声环境影响。

5.9.2　调查方法

声环境影响调查方法主要包括现场勘察、声环境质量监测、厂界噪声监测、公众意见调查等。

5.9.3　声环境概况调查

a）工程所在区域的声环境功能区划。

b）煤矿工业场地周边，场外运煤道路，运矸道路及铁路专用线两侧居民点、学校等对声环境有特殊要求的敏感目标分布情况。

5.9.4　声环境质量监测

a）监测点位布设原则上与环境影响评价文件一致，可根据工程实际情况和相关规范进行必要的调整。如果项目工业场地、运输线路、主要噪声源以及声环境敏感目标发生变化，应根据变化情况合理调整监测点位。附声环境质量监测布点图。

b）监测频次、监测分析方法按相关规范执行。

c）根据声环境质量监测结果，分析工程所在区域声环境质量达标情况，并与环境影响评价文件的声环境质量监测结果进行对比分析。

5.9.5　项目厂界噪声监测

a）对煤矿工业场地、风井场地以及瓦斯抽防站厂界噪声进行监测。

b）监测点位、分析方法按相关规范执行。附厂界噪声监测布点图。

5.9.6 声环境影响调查

a）对工程主要噪声源进行监测，并分析声源特性。

b）工程试运行期各噪声源降噪处理措施的工艺特性、降噪效果。

c）工业场地、风井场地及瓦斯抽放站厂界噪声达标情况调查，对厂界周围声环境敏感目标的影响调查。

d）运煤道路、运矸道路以及铁路专用线交通运输噪声对两侧声环境敏感目标的影响情况调查。

5.9.7 噪声治理措施有效性分析及整改措施建议

a）根据工程主要噪声源治理措施调查、厂界噪声达标情况调查、对声环境敏感保护目标的影响情况调查等，分析项目已采取的噪声治理措施的有效性。

b）对比环境影响评价文件噪声预测结果，分析工程声环境影响的变化情况，对存在的问题进行分析，查找原因，提出整改措施和建议。

5.10 固体废物环境调查与分析

5.10.1 调查内容

a）调查工程施工期和试运行期产生的固体废物的种类、属性、主要来源及产生量。主要包括：井工矿施工期、试运行期掘进矸石，露天矿剥离物，选煤厂洗选矸石，工业场地锅炉灰渣以及生活垃圾等。

b）调查各类固体废物在施工期和试运行期的处置方式。

c）调查排矸场拦矸坝、防洪排水工程的建设情况，露天矿排土场边坡治理情况。

d）调查煤泥、煤矸石、锅炉灰渣等固体废物综合利用的途径和去向，分析项目固体废物综合利用率。

5.10.2 固体废物环境影响调查

a）对项目煤矸石、露天矿剥离物进行浸出试验，对比相应标准，判定矸石、剥离物的属性以及堆存处置措施是否符合相关规范或标准要求。

b）对于有自燃倾向的煤矸石，应调查防止矸石自燃的措施和落实情况。

5.10.3 固体废物影响及处置措施有效性分析

a）根据排矸场、露天矿排土场水土保持工程措施建设情况调查，矸石、剥离物浸出试验及土壤监测结果，分析已采取的固体废物污染防治及水土保持措施的有效性及存在的问题。

b）对存在的问题进行分析，查找原因，提出整改措施和建议。

5.11 社会环境调查与分析

5.11.1 现状调查

a）调查煤矿所在区域社会经济发展状况。

b）调查工程永久占地区、井（矿）田范围内及周边文物古迹、有保护价值的历史遗迹分布情况、保护级别、保护范围及保护要求，与本项目工业场地及井（矿）田的相对位置关系。

5.11.2 社会环境影响调查

a）调查首采区煤炭开采地表沉陷对地面建筑物的实际破坏情况和采取的保护措施。

b）调查煤炭开采沉陷区（露天矿挖损区）、排土场和排矸场影响区居民搬迁安置、耕地补偿措施及落实情况，后期煤炭开采涉及的搬迁安置工作计划的制订情况等。

c）调查搬迁安置点的环境条件、供水、供电以及出行条件等，分析项目搬迁安置对当地居民生活、生产的影响，分析搬迁安置存在或潜在的环境问题，提出整改措施及建议。

d）对于在1～2年内即将受到采煤沉陷（露天矿挖损和排土场压占）影响的居民，应调查建设单位是否已制定了详细的搬迁安置方案并签订了相应的合同或协议。对存在的问题提出整改措施和建议。

e）调查工程施工建设、煤炭开采过程中对文物古迹、有保护价值的历史遗迹等重要保护目标的影响，采取的保护措施及其有效性，对存在的问题提出整改措施和建议。

5.12 清洁生产调查与分析

核查工程试运行期各项清洁生产指标，分析工程实际清洁生产指标与环境影响评价文件、HJ 446—2008中相应指标之间的符合性；分析项目的清洁生产水平，提出进一步提高项目清洁生产水平的对策建议。

5.13 污染物排放总量控制调查

5.13.1 根据环境影响评价文件及其批复文件有关污染物排放总量控制指标要求，确定建设项目污染物排放总量调查对象。

5.13.2 调查工程试运行期主要污染物的实际产生量、削减量、排放量，并根据年运行小时数折算为年度产生量、削减量、排放量。若工程在试运行期尚不能达到设计生产能力，应根据设计生产能力核算项目各项污染物排放总量。

5.13.3 对比环境影响评价阶段地方环境保护行政主管部门对项目污染物排放总量的核定文件，分析评判建设项目试运行期和达到设计生产能力时，是否能满足各项污染物总量控制指标的要求，针对存在的问题提出整改措施和建议。

5.14 环境风险事故防范及应急措施调查与分析

5.14.1 调查建设单位环境风险事故防范与应急管理机构设置情况，环境风险事故防范规章制度制订情况，必要的应急设施配备情况和应急队伍建设、培训情况。

5.14.2 调查建设单位对国家、地方及有关行业关于环境风险事故防范与应急方面的相关规定落实情况，评述工程现有环境风险防范措施与应急预案的针对性和可操作性，环境风险应急预案的演练情况。

5.14.3 调查工程施工期、试运行期是否发生过环境风险事故和环境危害事故，发生事故的原因及造成的环境影响；分析企业所采取的应急措施的有效性，对存在的问题提出整改措施和建议。

5.15 环境管理状况调查

5.15.1 环境管理状况调查

a）建设单位环境管理机构、环境管理专兼职人员的设置情况调查。

b）建设单位环境保护规章制度的制订、执行情况调查。

c）建设单位环境保护相关档案、资料的管理及齐备情况调查。

d）建设单位环境保护“三同时”制度的执行情况调查。

5.15.2 环境保护设施运行管理及环境监测计划落实情况调查

a）环境影响评价文件及其批复文件、初步设计文件中要求的对各类环境保护设施的运行管理要求的落实情况调查。

b）项目各类排污口的规范化设置和管理情况调查。

c）环境影响评价文件及其批复文件提出的环境监测计划的落实情况，污染源在线监测设施的建设情况及监测数据的有效性调查。

5.15.3 工程环境监理工作的开展情况调查

调查是否开展了工程环境监理工作，分析环境监理工作对项目施工建设过程环境保护工作的监督作用和有效性。

5.15.4 环境管理状况分析与建议

分析建设单位环境管理方面存在的问题，提出进一步完善环境管理的建议和整改措施。

5.16 公众意见调查

5.16.1 公众意见调查目的

为了了解公众对工程施工期及试运行期环境保护工作的意见，以及工程建设对周围的居民生产、生活的影响情况，需开展公众意见调查。

5.16.2 公众意见调查方式

公众意见调查应在公众知情的情况下开展。可采用问询、问卷调查、座谈会、媒体公示等方法，较为敏感或知名度较高的建设项目也可采取听证会的方式。当工程所在地区为少数民族地区时，调查问卷和媒体公示材料应同时采用汉语和少数民族语。

5.16.3　调查对象及样本数量

调查对象应选择工程影响范围内的人群。从性别、年龄、职业、居住地、受教育程度等方面考虑覆盖社会各层次人群的意见，少数民族地区必须有少数民族的代表。

调查样本数量应根据实际受影响人群数量和人群分布特征，在满足代表性的前提下确定。

5.16.4　调查内容

调查内容应根据建设项目的工程特点和周围环境特征设置，一般应包括：

a）工程施工期和试运行期是否发生过环境污染事件或扰民事件。

b）公众对工程施工期、试运行期存在的主要环境问题和可能存在的潜在环境影响的看法和认识。

c）公众对工程施工期、试运行期采取的环境保护措施效果的满意度及其他意见。

d）公众对搬迁安置工作的满意度和意见。

e）对涉及重要环境敏感目标或公众环境利益的建设项目，应针对环境敏感目标或公众环境利益设计调查问题，了解公众的意见和建议。

f）公众最关注的环境问题及希望进一步采取的环境保护措施建议。

g）公众对建设项目环境保护工作的总体评价。

h）将公众的反对意见及时反馈给建设单位，并进行必要的回访，了解公众意见的采纳与解决情况。

5.16.5　调查结论

a）给出公众意见调查逐项分类统计结果及各类意向或意见的数量和比例。

b）定量说明公众对建设项目环境保护工作的认同度，分析公众反对建设项目的主要意见和原因。

c）公众对工程施工期、试运行后环境保护工作所提出的合理性意见和建议，以及公众意见的采纳与解决情况。

d）结合调查结果，提出对公众关注的环境问题的解决方案建议。

5.17　调查结论与建议

5.17.1　调查结论是建设项目竣工环境保护验收调查工作的总结，编写时需概括和总结全部工作。

5.17.2　总结工程对环境影响评价文件及其批复文件要求的落实情况。

5.17.3　重点概括说明工程建设和运行产生的主要环境问题及现有环境保护措施的有效性，针对存在的问题提出整改措施和建议。

5.17.4 根据调查和分析结果，客观、明确地从技术角度论证建设项目是否符合竣工环境保护验收条件。

6 附件

a）建设项目竣工环境保护验收调查委托书。

b）环境影响评价文件及其批复文件。

c）地方环境保护行政主管部门对环境影响评价文件的预审意见。

d）环境影响评价文件执行的评价标准的批复文件。

e）地方环境保护行政主管部门对项目污染物排放总量的核定文件。

f）地方环境保护行政主管部门同意项目进入试运行的批准文件。

g）建设项目竣工环境保护验收监测报告。

h）“三同时”验收登记表。

i）项目核准批复文件。

j）其他需要的文件。

附 录 A
（规范性附录）
煤炭采选建设项目竣工环境保护验收调查报告编制内容

煤炭采选建设项目竣工环境保护验收调查报告一般应包括以下内容：

A.1 总则

A.1.1 编制依据
A.1.2 调查目的及原则
A.1.3 调查方法
A.1.4 调查范围、调查因子和验收标准
A.1.5 环境敏感目标
A.1.6 调查重点

A.2 项目周围环境概况

A.2.1 自然环境概况
A.2.2 社会环境概况

A.3 工程调查

A.3.1 工程建设历程
A.3.2 工程建设概况
A.3.3 工程主要变更情况
A.3.4 验收期间运行工况
A.3.5 工程变更主要环境影响因素变化情况分析

A.4 环境影响评价文件及其批复文件回顾

A.4.1 环境影响评价文件主要结论
A.4.2 环境影响评价文件的批复文件要点
A.4.3 环境影响评价文件提出的环境保护措施落实情况
A.4.4 环境影响评价文件的批复文件有关要求落实情况

A.5 生态影响调查

A.5.1 生态现状调查
A.5.2 施工期生态影响调查及环境保护措施有效性
A.5.3 运行期生态影响调查及环境保护措施有效性
A.5.4 生态影响调查结论及整改建议

A.6 地下水环境影响调查

A.6.1 地下水环境现状调查
A.6.2 施工期地下水环境影响调查及环境保护措施有效性
A.6.3 运行期地下水环境影响调查及环境保护措施有效性
A.6.4 地下水环境影响调查结论及整改建议

A.7 地表水环境影响调查

A.7.1 地表水环境现状调查
A.7.2 施工期地表水环境影响调查及环境保护措施有效性
A.7.3 运行期地表水环境影响调查及环境保护措施有效性
A.7.4 地表水环境影响调查结论及整改建议

A.8 大气环境影响调查

A.8.1 大气环境现状调查
A.8.2 施工期大气环境影响调查及环境保护措施有效性
A.8.3 运行期大气环境影响调查及环境保护措施有效性
A.8.4 大气环境影响调查结论及整改建议

A.9 声环境影响调查

A.9.1 声环境现状调查
A.9.2 施工期声环境影响调查及环境保护措施有效性
A.9.3 运行期声环境影响调查及环境保护措施有效性
A.9.4 声环境影响调查结论及整改建议

A.10 固体废物环境影响调查

A.10.1 固体废物来源及处置措施调查

A.10.2 施工期固体废物环境影响调查及环境保护措施有效性
A.10.3 运行期固体废物环境影响调查及环境保护措施有效性
A.10.4 固体废物环境影响调查结论及整改建议

A.11 社会环境影响调查

A.11.1 社会经济环境现状调查
A.11.2 搬迁、安置与补偿措施落实情况调查
A.11.3 文物古迹、历史遗迹等重要保护目标保护措施调查
A.11.4 社会环境影响调查结论及整改建议

A.12 环境管理、环境监测及环境监理落实情况调查

A.12.1 建设单位环境管理状况
A.12.2 环境监测计划落实情况调查
A.12.3 工程环境监理工作开展情况调查
A.12.4 突发环境风险事故防范措施落实情况调查

A.13 资源综合利用情况调查

A.13.1 矿井水（露天矿疏干水、矿坑水）综合利用情况调查
A.13.2 煤矸石综合利用情况调查
A.13.3 瓦斯综合利用情况调查

A.14 清洁生产与总量控制调查

A.14.1 清洁生产调查
A.14.2 总量控制调查

A.15 公众意见调查

A.15.1 调查目的、对象、范围及调查方法
A.15.2 调查内容
A.15.3 调查结果与分析

A.16 调查结论与建议

A.16.1 工程概况
A.16.2 环境影响调查结果

A.16.3 环境保护措施落实情况及有效性调查结论

A.16.4 存在问题与整改要求

A.16.5 项目竣工环境保护验收调查结论

A.17 附件

关于印发《煤矿充填开采工作指导意见》的通知

（国能煤炭〔2013〕19号）

各产煤省（区、市）煤炭行业管理部门、财政厅（局）、国土资源厅（局）、环境保护厅（局），中央管理煤炭企业：

为推进煤炭生产方式变革，解决“三下”（建筑物下、铁路下、水体下等）压煤和边角残煤等资源开采问题，提高煤炭资源开发利用水平，改善矿区环境，促进煤炭工业健康发展，建设和谐社会，国家能源局、财政部、国土资源部和环境保护部研究制定了《煤矿充填开采工作指导意见》。现予印发，请结合实际贯彻落实。

附件：煤矿充填开采工作指导意见

国家能源局
财　政　部
国土资源部
环境保护部
2013年1月9日

附件：

煤矿充填开采工作指导意见

为推进煤炭生产方式变革，解决“三下”（建筑物下、铁路下、水体下等，下同）压煤和边角残煤等资源开采问题，提高煤炭资源开发利用水平，改善矿区环境，促进煤炭工业健康发展，建设和谐社会，根据《中华人民共和国煤炭法》《中华人民共和国矿产资源法》《中华人民共和国循环经济促进法》等法律法规的要求，研究制定本意见。

一、现实背景和重要意义

（一）煤矿开采技术亟待创新。我国人均煤炭资源拥有量较少，“三下”压煤量较大，矿井正常生产接续受到影响；常规垮落法煤炭开采方式引发地表沉陷和地下水及含水层破坏，造成地表建筑物损毁；大量矸石直接外排堆存，占压土地、污染环境。这些问题亟待通过开采技术创新予以解决。

（二）充填开采技术逐步成熟。充填开采是随着回采工作面的推进，向采空区充填矸石、粉煤灰、建筑垃圾以及专用充填材料的煤炭开采技术。近年来，部分煤矿企业积极探索并实施了煤矸石等固体材料充填、膏体材料充填、高水材料充填等多种充填工艺技术，集成创新了较为成熟的充填开采技术和装备，提高了资源回收率，取得了良好的社会和环境效益，具备了一定的推广应用条件。

（三）实施充填开采具有重要意义。实施充填开采，可以减少井下采空区水、瓦斯积聚空间，降低采空区突水、瓦斯爆炸、有害气体突出、浮煤自燃等事故发生可能性，抑制煤层及顶底板的动力现象，提高矿井安全保障程度；可以充分回收“三下”压煤和边角残煤，延长矿井服务年限；可以大量消化矸石，减轻煤炭开采对地表的影响，减少耕地占用和矿区村庄搬迁，保护和改善矿区生态环境，促进资源开发与生态环境协调发展。

二、指导思想和主要目标

（四）指导思想。贯彻落实科学发展观，以建设绿色生态和谐矿区为目标，以科技进步为支撑，以“三下”压煤地区和环境敏感地区为重点，加强政策引导，强化规范管理，因地制宜，不断创新，大力推广充填开采技术，促进安全有保障、资源利用率高、环境污染少、综合效益好和可持续发展的新型煤炭工业体系建设。

（五）主要目标。安全保障程度不断提高。通过充填开采、以矸换煤，为“三下”压煤和边角残煤等资源回收创造安全生产条件。资源节约效果逐步显现。实施充填开采的“三下”煤炭资源，中厚煤层采区回采率达到 85%以上，薄煤层采区回采率达到 90%以上；对留设煤柱和边角残煤实施以矸换煤开采的，回采率达到 70%以上。矿区生态环境明显改善。地面基本实现无矸石山堆存，地表变形和次生地质灾害得到有效控制，地下水系和地面生态环境破坏程度大幅度降低。

三、实施要求

（六）科学规划充填区域。煤矿企业要通过科学论证，努力扩大充填范围，在确保生产安全和保护地面生态环境的前提下，实现“三下”压煤和各种保安煤柱、边角残煤等煤炭资源的充分回收。充填开采首先在“三下”压煤区域推广。进入生产中后期的矿井，要积极采取充填开采置换保安煤柱、边角残煤等煤炭资源。无“三下”压煤的煤矿在矿井和采区设计布置中，可根据矿井客观条件，规划一定区域，优先采用充填开采。充填区域的选择及充填开采方案应与土地复垦方案、矿山地质环境保护与恢复治理方案有机结合。

（七）切实保护村庄、农田和地下水。在人口密集地区的村庄下采煤，经论证不宜搬迁村庄的，要采用充填开采方式，保障居民正常生产生活。在耕地特别是基本农田保护区下采煤，要做好规划和设计，确定充填开采区域衔接顺序，避免地表二次治理。在需要保水开采的区域，可采用充填开采方式，避免煤炭开采破坏地下水及含水层。

（八）稳步开展禁采区充填试采。经论证充填开采能够保证达到地面安全保护规定的禁采区域，经省级及以上煤炭行业管理部门会同有关部门批准后可进行充填试采。试采过程中，必须加强对应区域的地表变形观测，及时调整充填参数，确保原禁采区设立目标不受影响。

（九）合理选择充填材料。充填材料必须对地下水无污染，凡对地下水水质有影响的，必须预先进行无毒、无害化处理，避免充填材料污染地下水及含水层。要多渠道收集各种充填材料，鼓励充填材料选择与建筑垃圾处理、河道清淤、沙漠流沙治理等相结合。

（十）充分利用煤矸石。新建煤矿不再设立永久性地面矸石山，临时周转堆存的煤矸石要制定综合利用方案，优先用于井下充填。既有煤矿已经排放的煤矸石等固体废弃物不得在地面长时间堆存，要积极开展综合利用，重点用于保安煤柱、边角残煤置换开采和建筑材料生产。鼓励煤矿在井下进行毛煤预排矸或建设井下选煤系统，矸石直接在井下用于充填开采，减少提升能耗和无效运输。煤矿要根据年矸石固体废弃物排放总量，统筹安排煤柱留设、充填开采区域布置和采区接替，为实施充填开采创造有利条件。

（十一）有效利用粉煤灰和炉渣。煤矸石综合利用电站和坑口电站排放的粉煤灰和炉渣，凡不能继续进行综合利用的，应优先用于附近煤矿充填开采，减少土地占压和环境污染。

（十二）优化充填工艺。井下充填开采应采用机械化充填装备，减轻从业人员劳动强度，加强安全管理，保证充填效果。具体充填工艺结合矿井煤层赋存条件、充填材料种类及可获得性统筹考虑。

（十三）保证充填效果。实施充填开采，应根据地面保护体和生态环境情况确定充填率指标，设计充填开采工艺，努力实现地面保护体免受扰动，最大限度降低对土地的损毁及地表生态环境的影响。对薄煤层、中厚煤层实施充填开采，煤矸石、尾矿、建筑垃圾等固体材料充填率应达到 80%以上；膏体、似膏体材料充填率应达到 85%以上；高水、超高水材料充填率应达到 90%以上，以利于土地复垦利用和生态环境恢复。

（十四）严格充填计量。煤矿企业在编制充填开采设计时，应根据地质资料、回采率要求等初步测算充填开采煤炭产量。实施过程中，应在充填开采工作面运煤皮带安装计量装置，准确计量充填开采煤炭产量；从地面向井下输送充填材料的，应在充填进料管路安装计量装置，及时统计充填材料用量。所有计量装置必须符合国家计量标准，并实现数据在线监控。

（十五）落实煤矿企业领导职责。煤矿企业法人是充填开采工作的第一责任人，全面负责本企业的充填开采工作。总工程师是第一技术负责人，组织制定和论证充填开采方案，协助企业法人制定完善的责任规章和日常生产运行管理制度。

（十六）强化企业内部管理。实施充填开采的煤矿企业要按照目标明确、组织健全、责任落实、措施到位、逐级考核、严格奖惩的总体要求，建立健全工作体系，加强充填开采效果监测，做好岩层地表移动观测，建立充填开采台账，确保充填开采有关数据真实可靠。

（十七）加强政府部门监管。煤矿企业实施充填开采应制定规划和设计，报省级煤炭行业管理部门批准后实施。省级煤炭行业管理部门（或授权有相应资质的第三方）每年要对煤矿企业充填开采工作进行考核，并会同财政、国土资源、环保等部门，对企业申报的充填规模、置换原煤产量、充填效果做出鉴定。

四、保障措施

（十八）建立标准和评估体系。国家煤炭行业主管部门组织制定充填开采工艺、装备、材料、效果等行业技术标准，建立健全评估机制和评价体系。地方煤炭行业管理部门可根据国家有关规定，结合本地实际情况，制定区域性标准和管理办法。

（十九）加大资金支持力度。煤矿企业实施充填开采，可作为重大技术改造、产业升级、生态环保、资源综合利用项目，符合相关要求的，优先享受有关专项资金支持。充填开采置换出的原煤产量经省级国土资源管理部门会同同级财政部门批准同意后，可相应减缴矿产资源补偿费。

（二十）鼓励技术开发与转让。国家支持煤矿企业开展充填开采技术改造、技术研发和技术引进。鼓励已经开展充填开采的煤矿企业进行技术转让，提供技术咨询和服务，由此取得的收入，可以按现行规定享受国家有关税收优惠政策。

（二十一）加强宣传交流。大力宣传煤矿实施充填开采的重要意义，宣传煤矿充填开采在保障安全生产、提高资源回收率、保护生态环境等方面的重要作用。行业协会、科研机构要加强信息、技术交流和咨询、推广工作，促进煤矿企业实施充填开采。

关于印发制造业创新中心等 5 大工程实施指南的通知

各省、自治区、直辖市及计划单列市、新疆生产建设兵团工业和信息化、发展改革、科技、财政主管部门：

为贯彻落实《中国制造 2025》，推进制造强国建设，我们组织编制了制造业创新中心建设、工业强基、智能制造、绿色制造和高端装备创新 5 大工程实施指南，通过政府引导，形成行业共识，汇聚社会资源，突破制造业发展的瓶颈和短板，抢占未来竞争制高点。现将 5 大工程实施指南印发你们，请结合实际，认真执行。

附件 1：制造业创新中心建设工程实施指南（略）
附件 2：工业强基工程实施指南（略）
附件 3：智能制造工程实施指南（略）
附件 4：绿色制造工程实施指南
附件 5：高端装备创新工程实施指南（略）

工业和信息化部
发 展 改 革 委
科　　技　　部
财　　政　　部
2016 年 4 月 12 日

附件 4：

绿色制造工程实施指南（2016—2020 年）（节选）

为贯彻落实《中国制造 2025》，组织实施好绿色制造工程，特制订本指南。

二、总体要求

按照党的十八大及十八届三中、四中、五中全会精神，全面落实制造强国建设战略，强化绿色发展理念，紧紧围绕制造业资源能源利用效率和清洁生产水平提升，以制造业绿色改造升级为重点，以科技创新为支撑，以法规标准绿色监管制度为保障，以示范试点为抓手，加大政策支持力度，加快构建绿色制造体系，推动绿色产品、绿色工厂、绿色园区和绿色供应链全面发展，壮大绿色产业，增强国际竞争新优势，实现制造业高效清洁低碳循环和可持续发展，促进工业文明与生态文明和谐共融。

（二）主要目标

到 2020 年，绿色制造水平明显提升，绿色制造体系初步建立。企业和各级政府的绿色发展理念显著增强，与 2015 年相比，传统制造业物耗、能耗、水耗、污染物和碳排放强度显著下降，重点行业主要污染物排放强度下降 20%，工业固体废物综合利用率达到 73%，部分重化工业资源消耗和排放达到峰值。规模以上单位工业增加值能耗下降 18%，吨钢综合能耗降到 0.57 吨标准煤，吨氧化铝综合能耗降到 0.38 吨标准煤，吨合成氨综合能耗降到 1 300 千克标准煤，吨水泥综合能耗降到 85 千克标准煤，电机、锅炉系统运行效率提高 5 个百分点，高效配电变压器在网运行比例提高 20%。单位工业增加值二氧化碳排放量、用水量分别下降 22%、23%。节能环保产业大幅增长，初步形成经济增长新引擎和国民经济新支柱。绿色制造能力稳步提高，一大批绿色制造关键共性技术实现产业化应用，形成一批具有核心竞争力的骨干企业，初步建成较为完善的绿色制造相关评价标准体系和认证机制，创建百家绿色工业园区、千家绿色示范工厂，推广万种绿色产品，绿色制造市场化推进机制基本形成。制造业发展对资源环境的影响初步缓解。

三、重点任务

（二）资源循环利用绿色发展示范应用

强化工业资源综合利用。重点针对冶炼渣及尘泥、化工废渣、尾矿、煤电固废等难利用工业固体废物，推广一批先进适用技术与装备，培育一批骨干企业，扩大资源综合利用基地试点。以再生资源规范企业为依托，加快再生资源技术装备改造升级，深化城市矿产示范基地建设，推动再生资源产业集聚发展，实现再生资源产业集约化、专业化、规模化发展。到2020年，资源循环利用产业产值达到3万亿元。

专栏5　工业资源综合利用产业升级
大宗工业固体废物综合利用专项。重点开展冶炼渣及尘泥、化工废渣、尾矿、煤电废渣等综合利用，推广冶炼废渣提取高值组分及整体利用，副产石膏规模化制备水泥缓凝剂、高强石膏、尾矿生产干混砂浆、加气混凝土、保温矿棉、装饰材料、墙材、人工鱼礁等，中西部地区煤电基地煤矸石和粉煤灰生产建材、提取有价组分、生产家居装饰材料等技术。到2020年，钢铁冶炼固废综合利用率达到95%，磷石膏利用率50%，尾矿利用率25%，粉煤灰利用率75%。

推进产业绿色协同链接。推行循环生产方式，促进企业、园区、行业间链接共生、原料互供、资源共享，拓展不同产业固废协同、能源转换、废弃物再资源化等功能，创新工业行业间及与社会间的生态链接模式。结合区域资源环境特点，促进工业资源综合利用产业区域间协调发展。

专栏6　产业绿色协同发展
资源综合利用区域协同专项。针对京津冀及周边、长江经济带、珠三角、西部、东北地区资源环境特点，建立一批冶炼渣与矿业废弃物、煤电废弃物、报废机电设备等协同利用示范基地，建设一批共伴生钒钛、稀土、盐湖等资源深度利用示范项目。

中华人民共和国地质矿产行业标准

煤炭行业绿色矿山建设规范

DZ/T 0315—2018

2018-06-22 发布　　2018-10-01 实施

前　言

本标准按照 GB/T 1.1—2009 给出的规则起草。

本标准由中华人民共和国国土资源部提出。

本标准由全国国土资源标准化技术委员会（SAC/TC93）归口。

本标准起草单位：中国煤炭工业协会生产力促进中心、中国地质科学院。

本标准主要起草人：崔丽琼、李宪海、楚克磊、郝美英、董延涛、王亮、刘富、郑厚发、杨扬、张剑华。

1　范围

本标准规定了煤炭行业绿色矿山矿区环境、资源开发方式、资源综合利用、节能减排、科技创新与数字化矿山、企业管理与企业形象方面的基本要求。

本标准适用于煤炭行业新建、改扩建和生产矿山的绿色矿山建设。

2　规范性引用文件

下列文件对于本文件的应用是必不可少的。凡是注日期的引用文件，仅所注日期的版本适用于本文件。凡是不注日期的引用文件，其最新版本（包括所有的修改单）适用于本文件。

GB/T 13306　标牌

GB 14161　矿山安全标志

GB 20426—2006　煤炭工业污染物排放标准

GB 21522—2008　煤层气（煤矿瓦斯）排放标准

GB/T 28754—2012　煤层气（煤矿瓦斯）利用导则

GB/T 29162—2012　煤矸石分类

GB/T 29163—2012　煤矸石利用技术导则

GB/T 29444　煤矿井工开采单位产品能源消耗限额

GB/T 29445　煤炭露天开采单位产品能源消耗限额

GB/T 31089—2014　煤矿回采率计算方法及要求

GB/T 31356—2014　商品煤质量评价与控制技术指南

GB 50187　工业企业总平面设计规范

GB 50197—2015　煤炭工业露天矿设计规范

GB 50215—2015　煤炭工业矿井设计规范

AQ 1010—2005　选煤厂安全规程

HJ 446—2008　清洁生产标准 煤炭采选业

HJ 651　矿山生态环境保护与恢复治理技术规范

TD 1036　土地复垦质量控制标准

3　术语和定义

下列术语和定义适用于本规范。

3.1　绿色矿山　green mine

在矿产资源开发全过程中，实施科学有序开采，对矿区及周边生态环境扰动控制在可控范围内，实现矿区环境生态化、开采方式科学化、资源利用高效化、管理信息数字化和矿区社区和谐化的矿山。

3.2　矿区绿化覆盖率　green coverage rate of the mining area

矿区土地绿化面积占废石场、矿区工业场地、矿区专用道路两侧绿化带等厂界内可绿化面积的百分比。

3.3　研发及技改投入　input of research and development and technical innovation

企业开展研发和技改活动的资金投入。研发和技改活动包括科研开发、技术引进，技术创新、改造和推广，设备更新，以及科技培训、信息交流、科技协作等。

4　总则

4.1　矿山应遵守国家法律法规和相关产业政策，依法办矿。

4.2　矿山应贯彻创新、协调、绿色、开放、共享的发展理念。遵循因矿制宜的原则，实现矿产资源开发全过程的资源利用、节能减排、环境保护、土地复垦、企业文化和企地和谐等的统筹兼顾和全面发展。

4.3　矿山应以人为本，保护职工身体健康，预防、控制和消除职业病危害。

4.4　新建、改扩建矿山应根据本标准建设；生产矿山应根据本标准进行升级改造。绿色矿山建设应贯穿设计、建设、生产和闭坑全过程。

5 矿区环境

5.1 基本要求

5.1.1 矿区功能分区布局合理，矿区应绿化、美化，整体环境整洁美观。

5.1.2 煤炭生产、运输和贮存等管理规范有序。

5.2 矿容矿貌

5.2.1 矿区按生产区、管理区、生活区和生态保护区等功能分区，各功能区应符合 GB 50187 的规定。生产、生活、管理等功能区应有相应的管理机构和管理制度，运行有序、管理规范。

5.2.2 矿区地面运输、供水、供电、卫生、环保等配套设施应齐全；生产区应设置操作提示牌、说明牌、线路示意图牌等标牌，标牌应符合 GB/T 13306 的规定；井工煤矿道路交叉口、地面变电站、井口、配电室、提升机房、主通风机房、矸石山、排洪沟附近，露天煤矿矿坑集中排水仓、配电室、边坡弯道、坑外变电站、道路交叉口、加油站或油库等需要警示安全的区域应设置安全标志，安全标志应符合 GB 14161 的规定。

5.2.3 大中型煤矿地面运煤系统、运输设备、煤炭贮存场所应全封闭；煤炭运输、贮存未达到全封闭管理的小型煤矿应设置挡风抑尘和洒水喷淋装置进行防尘。

5.2.4 矿区生产生活形成的固体废弃物应设置专用堆积场所，并符合《中华人民共和国固体废物污染环境防治法》《中华人民共和国地质灾害防治条例》《煤矿安全监察条例》等安全、环保和监测的规定。

5.2.5 矿容矿貌应与周边地表、植被等自然环境相协调。

5.3 矿区绿化

5.3.1 矿区绿化应与周边自然景观相协调，绿化植物搭配合理、长势良好，矿区绿化覆盖率应达到100%。

5.3.2 应对露天开采矿山的排土场进行复垦和绿化，矿区专用道路两侧因地制宜设置隔离绿化带。

6 资源开发方式

6.1 基本要求

6.1.1 资源开发应与环境保护、资源保护、城乡建设相协调，最大限度减少对自然环境的扰动和破坏，选择资源节约型、环境友好型开发方式。

6.1.2 应遵循矿区煤炭资源赋存状况、生态环境特征等条件，因地制宜选择资源利用率高、废物产 生量小、水重复利用率高，且对矿区生态破坏小的减排保护开采技术。

6.1.3 应贯彻“边开采、边治理、边恢复”的原则，及时治理恢复矿山地质环境，复垦矿山占用土地和损毁土地。

6.2 减排保护开采技术

6.2.1 充填开采

下列情况宜采用充填开采技术：

a）东部地区、环境敏感地区和“三下一上”（建筑物下、铁路下、水体下、承压含水层上等，下同）压煤区域应采用充填开采技术，确保地面无矸石山堆存；

b）其他地区优先采用充填开采。充填区域的选择及充填开采方案应与矿山地质环境保护与土地复垦方案有机结合；

c）在不产生二次污染的前提下，应优先利用煤矸石等固体废弃物充填采空区。

6.2.2 保水开采

下列情况宜采用保水开采技术：

a）西部生态脆弱地区、井下强含水层或地下水严重渗漏区域应采用保水开采技术；

b）开采中应采取可操作性强、行之有效的措施防控采动裂隙对关键含水层的不利影响；

c）有可能与重要河流和水库、民用水源联通的区域应通过帷幕、隔水层加固等方式有效隔离。

6.2.3 共伴生资源共采

下列情况宜采用共伴生资源共采技术：

a）工业品位达到可利用要求的共伴生资源应与煤炭同时进行开采回收；

b）应对煤系地层共伴生矿产资源进行综合勘查、综合评价，制定煤与共伴生资源综合开发利用方案，根据国家规定严格执行；

c）新建矿山共伴生矿产资源综合利用工程应与煤炭开采、洗选工程同时设计、同时施工、同时投入生产；

d）煤矿瓦斯应先抽后掘、先抽后采，实现应抽尽抽和抽采平衡；对高瓦斯矿井、煤（岩）与瓦斯（二氧化碳）突出矿井，应先采气再采煤，实现抽采达标。

6.3 开采方法与工艺

6.3.1 应选择国家鼓励、支持和推广的机械化、自动化、信息化和智能化开采技术和工艺。

6.3.2 井工煤矿开采方法与工艺按 GB 50215—2015 的规定执行。

6.3.3 露天煤矿开采方法与工艺按 GB 50197—2015 的规定执行。

6.3.4 大中型煤矿综掘机械化程度应不低于 65%，综采机械化程度应不低于 85%，宜推广“有人巡视，无人值守”的智能化采煤工作面。

6.3.5 减排保护性开采技术一般包括充填开采、保水开采、共伴生资源共采（煤与瓦斯共采）等开采技术。

6.4 回采率

6.4.1 井工煤矿采区回采率、工作面回采率应符合 GB/T 31089—2014 的规定，分别见附录 A 中表 A.1、表 A.2。

6.4.2 露天煤矿资源回收率应符合 HJ 446—2008 的规定，见附录 A 中表 A.3。

6.5 生态环境保护

6.5.1 应按照矿山地质环境保护与土地复垦方案进行环境治理和土地复垦。具体要求如下：

a）排土场、露天采场、矿区专用道路、矿山工业场地、沉陷区、矸石场和矿山受污染场地的生态环境保护与恢复治理，应符合 HJ 651 的规定；

b）土地复垦质量应符合 TD/T 1036 的规定；

c）地表仍在下沉、暂时难以治理的土地，应进行动态监测，适时治理；

d）恢复治理后的各类场地应对动植物不造成威胁、与周边自然景观相协调；

e）地下水系统进行分层隔离，并有效防治采空区水对资源性含水层的污染。

6.5.2 应建立环境监测机制，设置专门机构，配备专职管理人员和监测人员。具体要求如下：

a）应对瓦斯、矿井水、噪声等污染源和污染物进行动态监测，监测数据由专人管理，并向社会公开；

b）应对开采中和开采后的土地复垦区域稳定性进行动态监测，由专职人员对土地复垦质量进行检验。

6.5.3 应限制开发高硫、高砷、高灰、高氟等对生态环境影响较大的煤炭资源。

7 资源综合利用

7.1 基本要求

按照减量化、再利用、资源化的原则，综合开发利用共伴生矿产资源，科学利用固体废弃物、废水等，发展循环经济。

7.2 选煤

7.2.1 新建大中型煤矿应配套建设选煤厂或中心选煤厂。原煤入选率不低于 75%。

7.2.2 选煤厂的生产、操作和管理按照 AQ 1010—2005 的规定执行。

7.2.3 应根据不同的煤质，选用先进适用的选煤设备和工艺，实现煤炭资源的清洁高效利用。

7.2.4 生产商品煤质量应符合 GB/T 31356—2014 的规定。

7.3 共伴生资源利用

7.3.1 应对共伴生资源进行综合勘查、综合评价、综合开发。

7.3.2 煤矿共伴生矿产资源应选用先进适用、经济合理的工艺进行加工处理和综合利用。

7.3.3 宜推进煤系高岭土（岩）、耐火黏土、硅藻土、铝矾土、膨润土、硫铁矿、油母页岩、石墨、石灰石等共伴生矿产精深加工产业发展，减少资源浪费；宜对与煤共伴生的镓、锗等资源开发利用。

7.3.4 应推进煤矿瓦斯安全利用、梯级利用和规模化利用。煤矿瓦斯（煤层气）利用应按 GB/T 28754—2012 的规定执行。煤层气（煤矿瓦斯）利用率指标取值见附录 B 的表 B.1。

7.4 固体废弃物处理与利用

7.4.1 对煤矸石等固体废弃物应通过资源化利用的方式进行处理利用，具体要求如下：

a）应按照煤矸石种类对其进行资源化利用，主要用于循环流化床燃料，烧结砖、水泥、轻集料等建筑材料，铁路路基、公路路基等填料，硫精矿、高岭土、含铝化工产品等回收有益矿产及生产化工产品，微生物肥料、有机复合肥等农业生产；

b）煤矸石分类应符合 GB/T 29162—2012 的规定；

c）煤矸石利用技术要求应符合 GB/T 29163—2012 的规定。

7.4.2 煤矿堆存煤矸石等固体废弃物应分类处理，持续利用，处置率达到 100%。

7.4.3 露天开采矿山剥离表土、排放废渣应符合安全、环保、监测等相关规定，处置率达到 100%。

7.4.4 矿井生活垃圾应集中、无害化处置。

7.5 矿井水疏干水利用

7.5.1 矿井水、疏干水应采用洁净化、资源化技术和工艺进行合理处置，处置率达到 100%。

7.5.2 矿井水利用率应符合 HJ 446—2008 的规定。矿井水利用率指标取值见附录 C 的表 C.1。

7.5.3 即将关闭的矿井应对可利用的采空区水进行隔离保护。

8 节能减排

8.1 基本要求

应建立矿山生产全过程能耗核算体系，通过采取节能减排措施，控制并减少单位产品能耗、物耗、水耗，减少“三废”排放。

8.2 节能降耗

8.2.1 现有井工矿井单位产品能耗限额、新建矿井单位产品能耗准入值应按 GB/T 29444—2012 中 4.1、4.2 的规定执行；露天煤矿单位产品能耗限额应按 GB/T 29445—2012 中 4.1、4.2 的规定执行。

8.2.2 应开发利用高效节能的新技术、新工艺、新设备和新材料，淘汰高能耗、高污染、低效率的工艺和设备。

8.2.3 应改进井下支护工艺，在保证安全的前提下，大幅减少钢棚梁使用数量，推广锚网支护技术，节约钢材使用量。

8.3 废气、粉尘、噪声排放

8.3.1 煤层气（煤矿瓦斯）排放应符合 GB 21522—2008 的规定。煤层气（煤矿瓦斯）排放限值指标取值见附录 B 的表 B.2。

8.3.2 井工煤矿应建立防尘洒水系统并正常运行。其中，永久性防尘水池容量不小于 200 m^3，贮水量不小于井下连续 2 h 用水量，备用水池贮水量不小于永久性防尘水池的 50%，敷设防尘管路到所有能产生粉尘和沉积粉尘的作业场所，除尘器的呼吸性粉尘除尘效率不低于 90%。

8.3.3 露天煤矿应设置有专门的供水水源加水站（池），在钻孔、破碎作业和挖掘机装运过程中进行喷雾降尘。

8.3.4 煤矿作业场所粉尘浓度应符合附录 D 的表 D.1 要求。

8.3.5 洗选煤厂原煤准备（给煤、破碎、筛分、转载）过程中宜密闭尘源，并采取喷雾降尘或除尘器除尘。

8.3.6 储煤场厂区应定期洒水抑尘，储煤场四周应设抑尘网，装卸煤炭应喷雾降尘或洒水降尘，煤炭外运应采取密闭措施。

8.3.7 煤矿应配备噪声测定仪器，定期对井工煤矿的通风机、提升机、采煤机、掘进机等，露天煤矿的挖掘机、穿孔机、矿用汽车等，选煤厂的破碎机、筛分机、空压机等进行噪声监测，噪声排放限值应符合附录 D 的表 D.5。

8.4 污水排放

8.4.1 应建立污水处理站，合理处置矿井水。矿区实现雨污分流、清污分流。

8.4.2 矿区及贮煤场应建有雨水截（排）水沟，地表径流水经沉淀处理后达标排放。

8.4.3 煤炭工业废水有毒污染物排放、采煤废水污染物排放、选煤废水污染物排放应符合 GB 20426—2006 规定。煤炭工业废水有毒污染物排放限值指标取值见附录 D 的表 D.2，采煤废水污染物排放限值指标取值见附录 D 的表 D.3，选煤废水污染物排放限值的指标取值见附录 D 的表 D.4。

8.5 固体废弃物排放

8.5.1 应优化采煤、洗选技术和工艺，加强综合利用，减少煤矸石、煤泥等固体废弃物的排放。

8.5.2 应通过对露天矿剥离表土、煤层上覆岩石等进行资源化利用的方式减少固体废弃物的堆存。

9 科技创新与数字化矿山

9.1 基本要求

9.1.1 建立科技研发队伍，推广转化科技成果，加大技术改造力度，推动产业绿色升级。

9.1.2 建设数字化矿山，实现矿山企业生产、经营和管理信息化。

9.2 科技创新

9.2.1 应建立以企业为主体、市场为导向、产学研用相结合的科技创新体系。

9.2.2 配备专门科技人员，开展支撑企业绿色发展的关键技术研究，改进工艺技术水平。

9.2.3 研发及技改投入不低于上年度主营业务收入的1.5%。

9.3 数字化矿山

9.3.1 应建设矿山生产自动化系统，实现生产、监测监控等子系统的集中管控和信息联动。

9.3.2 建立数字化资源储量模型与经济模型，进行矿产资源储量动态管理和经济评价，实现地质矿产资源储量利用的精准化管理。

9.3.3 应建立安全监测监控系统，保障安全生产。

9.3.4 宜推进机械化减人、自动化换人，实现矿山开采机械化，洗选工艺自动化。

9.3.5 宜采用计算机和智能控制等技术建设智能化矿山，实现信息化和工业化的深度融合。

10 企业管理与企业形象

10.1 基本要求

10.1.1 应建立产权、责任、管理和文化等方面的企业管理制度。

10.1.2 应建立质量管理体系、环境管理体系、职业健康管理体系和安全管理体系，确保对质量、环境、职业健康和安全的管理。

10.2 企业文化

10.2.1 应建立以人为本、创新学习、行为规范、高效安全、生态文明、绿色发展的企业核心价值观，培育团结奋斗、乐观向上、开拓创新、务实创业、争创先进的企业精神。

10.2.2 企业发展愿景应符合全员共同追求的目标，企业长远发展战略和职工个人价值实现紧密结合。

10.2.3 健全企业工会组织，并切实发挥作用，丰富职工物质、体育、文化生活，企业职工满意度应不低于 70%，接触职业病危害的劳动者在岗期间职业健康检查率应不低于 90%。

10.2.4 宜建立企业职工收入随企业业绩同步增长机制。

10.3 企业管理

10.3.1 建立资源管理、生态环境保护、安全生产和职业病防治等规章制度，明确工作机制，落实责任到位。

10.3.2 各类报表、台账、档案资料等应齐全、完整。

10.3.3 安全生产标准化管理应通过二级以上达标验收。

10.3.4 建立职工培训制度，培训计划明确，培训记录清晰。

10.4 企业诚信

10.4.1 生产经营活动、履行社会责任等坚持诚实守信，应履行矿业权人勘查开采信息公示义务，公示公开相关信息。

10.4.2 应在公司网站等易于公众访问的位置披露相关信息，主要包括：

a）企业组建及后续建设项目的环境影响报告书及批复意见；

b）煤矸石、矿井水、粉尘、噪声等污染物监测及排放数据；

c）企业安全生产、环境保护负责部门联系方式。

10.5 企地和谐

10.5.1 应构建企地共建、利益共享、共同发展的办矿理念。宜通过创立社区发展平台，构建长效合作机制，发挥多方资源和优势，建立多元合作型的矿区社会管理共赢模式。

10.5.2 应建立矿区群众满意度调查机制，宜在教育、就业、交通、生活、环保等方面提供支持，提高矿区群众生活质量，促进企地和谐。

10.5.3 与矿山所在乡镇（街道）、村（社区）等建立磋商和协商机制，及时妥善处理好各种利益纠纷，未发生重大群体性事件。

附 录 A
（规范性附录）
煤炭资源回收率指标取值

表 A.1 采区回采率取值

序号	赋存条件				采区回采率（%）
	煤层厚度（m）	煤层倾角（°）	顶底板分级	地质构造分级	
1	$h \leqslant 1.5$ m	$\alpha \leqslant 35°$	Ⅰ、Ⅱ	简单构造、中等构造	≥91
2				复杂、极复杂构造	≥89
3			Ⅲ、Ⅳ	简单构造、中等构造	≥89
4				复杂、极复杂构造	≥87
5		$\alpha > 35°$	Ⅰ、Ⅱ	简单构造、中等构造	≥89
6				复杂、极复杂构造	≥87
7			Ⅲ、Ⅳ	简单构造、中等构造	≥87
8				复杂、极复杂构造	≥85
9	1.5 m$< h \leqslant$ 4 m	$\alpha \leqslant 35°$	Ⅰ、Ⅱ	简单构造、中等构造	≥86
10				复杂、极复杂构造	≥84
11			Ⅲ、Ⅳ	简单构造、中等构造	≥84
12				复杂、极复杂构造	≥82
13		$\alpha > 35°$	Ⅰ、Ⅱ	简单构造、中等构造	≥84
14				复杂、极复杂构造	≥82
15			Ⅲ、Ⅳ	简单构造、中等构造	≥82
16				复杂、极复杂构造	≥80
17	$h > 4$ m	$\alpha \leqslant 35°$	Ⅰ、Ⅱ	简单构造、中等构造	≥81
18				复杂、极复杂构造	≥79
19			Ⅲ、Ⅳ	简单构造、中等构造	≥79
20				复杂、极复杂构造	≥77
21		$\alpha > 35°$	Ⅰ、Ⅱ	简单构造、中等构造	≥79
22				复杂、极复杂构造	≥77
23			Ⅲ、Ⅳ	简单构造、中等构造	≥77
24				复杂、极复杂构造	≥75

注：1 表中指标取值选自 GB/T 31089；

2 表中采区回采率指标取值在具体考核时要符合各地区资源赋存实际特点。

表 A.2 工作面回采率取值

序号	赋存条件			工作面回采率（%）
	煤层厚度（m）	煤层倾角（°）	顶底板分级	
1	$h \leqslant 1.5$m	$\alpha \leqslant 35°$	Ⅰ、Ⅱ	≥97
2			Ⅲ、Ⅳ	≥95
3		$\alpha > 35°$	Ⅰ、Ⅱ	≥94
4			Ⅲ、Ⅳ	≥92
5	1.5 m$< h \leqslant$4 m	$\alpha \leqslant 35°$	Ⅰ、Ⅱ	≥92
6			Ⅲ、Ⅳ	≥90
7		$\alpha > 35°$	Ⅰ、Ⅱ	≥89
8			Ⅲ、Ⅳ	≥87
9	$h > 4$ m	$\alpha \leqslant 35°$	Ⅰ、Ⅱ	≥87
10			Ⅲ、Ⅳ	≥85
11		$\alpha > 35°$	Ⅰ、Ⅱ	≥84
12			Ⅲ、Ⅳ	≥82

注：1 表中指标取值选自 GB/T 31089；

2 表中工作面回采率指标取值在具体考核时要符合各地区资源赋存实际特点。

表 A.3 露天煤矿资源回收率的取值

露天煤矿煤层综合资源回采率（%）	厚煤层（>10m）	97
	中厚煤层（3.5～10m）	95
	薄煤层（<3.5m）	93

注：表中指标取值选自 HJ 446—2008。

附 录 B
（规范性附录）
煤层气（煤矿瓦斯）利用率及排放限值

表 B.1 煤层气（煤矿瓦斯）等级划分、利用范围和利用率

级别	甲烷含量（%，*V*/*V*）	利用方式	利用率
一级	≥90	可优先考虑用于工业原料、车用燃气、工业及民用燃料等	不低于 80%
二级	≥50～90	可优先考虑用于工业原料、工业及民用燃料、发电等	不低于 60%
三级	≥30～50	可考虑用于工业及民用燃料、发电等	不低于 40%
四级	＜30	在保证安全的基础上，可考虑用于发电等	鼓励利用

注：1 表中的煤层气（煤矿瓦斯）不包含甲烷含量≤0.75%的风排瓦斯；

2 表中的煤层气级别、甲烷含量、利用方式及利用率选自 GB/T 28754—2012。

表 B.2 煤层气（煤矿瓦斯）排放限值

受控设施	控制项目	排放限值
煤层气地面开发系统	煤层气	禁止排放
煤矿瓦斯抽放系统	高浓度瓦斯（甲烷浓度≥30%）	禁止排放
	低浓度瓦斯（甲烷浓度＜30%）	—
煤矿回风井	风排瓦斯	—

注：表中的受控设施、控制项目、排放限值选自 GB 21522—2008。

附 录 C
（规范性附录）
矿井水利用率取值

<table>
<tr><td rowspan="5">矿井水利用率
（%）</td><td>水资源短缺矿区</td><td>100</td></tr>
<tr><td>一般水资源矿区</td><td>≥90</td></tr>
<tr><td>水资源丰富矿区</td><td>≥80</td></tr>
<tr><td>（其中工业用水）</td><td>（100）</td></tr>
<tr><td>水质复杂矿区</td><td>≥70</td></tr>
</table>

注：表中的指标选自 HJ 446—2008。

附 录 D
（规范性附录）
煤炭工业污染物排放限值

表 D.1 煤矿作业场所粉尘浓度限值

粉尘种类	游离 SiO_2 含量（%）	时间加权平均允许浓度（mg/m^3）	
		总粉尘	呼吸性粉尘
煤尘	＜10	4	2.5
矽尘	10≤～≤50	1	0.7
	50≤～≤80	0.7	0.3
	＞80	0.5	0.2
水泥尘	＜10	4	1.5

注：1 表中指标取值选自《煤矿作业场所职业病危害防治规定》（国家安全生产监督管理总局令 第 73 号）第三十四条。

表 D.2 煤炭工业废水有毒污染物排放限值

序号	污染物	日最高允许排放质量浓度（mg/L）	序号	污染物	日最高允许排放质量浓度（mg/L）
1	总汞	0.05	6	总铬	1.5
2	总镉	0.1	7	六价铬	0.5
3	总铅	0.5	8	氟化物	10
4	总砷	0.5	9	总α	1 Bq/L
5	总锌	2.0	10	总β	10 Bq/L

注：表中污染物对应的日最高允许排放质量浓度指标取值选自 GB 20426—2006。

表 D.3　采煤废水污染物排放限值

序号	污染物	日最高允许排放质量浓度（mg/L）	
		现有生产线	新（扩、改）建生产线
1	pH 值	6～9	6～9
2	总悬浮物	70	70
3	化学需氧量（COD_{Cr}）	70	50
4	石油类	10	5
5	总铁	7	6
6	总锰	4	4
注：总锰限制仅适用于酸性采煤废水。			

注：1　表中污染物对应的日最高允许排放质量浓度指标取值选自 GB 20426—2006；

2　表中的总锰限值仅适用于酸性采煤废水。

表 D.4　选煤废水污染物排放限值

序号	污染物	日最高允许排放质量浓度（mg/L）（pH 值除外）	
		现有生产线	新（扩、改）建生产线
1	pH 值	6～9	6～9
2	总悬浮物	100	70
3	化学需氧量（COD_{Cr}）	100	70
4	石油类	10	5
5	总铁	7	6
6	总锰	4	4

注：1　表中污染物对应的日最高允许排放质量浓度指标取值选自 GB 20426—2006；

2　表中的总锰限值仅适用于酸性采煤废水。

表 D.5　煤矿作业场所噪声指标限值

劳动者每天连续接触噪声时间（h）	噪声声级限值［dB（A）］
≥8	≤85
≤4	≤88

注：1　表中指标取值选自《煤矿作业场所职业病危害防治规定》（国家安全生产监督管理总局令 第 73 号） 第五十二条；

2　表中劳动者每天连续接触噪声时间≤4 h 时，噪声声级极限≤88 dB（A），表示：如果劳动者每个工作日实际接声时间减半，噪声声级限值可提高 3 dB（A）的标准，噪声卫生标准可放宽到 88 dB（A）。

参 考 文 献

[1] 《煤炭工业十三五发展规划》(国家发展改革委员会)

[2] 关于贯彻落实全国矿产资源规划发展绿色矿业建设绿色矿山工作的指导意见》(国土资发〔2010〕119号文)

[3] 《国土资源部、财政部、环境保护部、国家质量监督检验检疫总局、中国银行业监督管理委员会、中国证券监督管理委员会关于加快绿色矿山的实施意见》(国土资规〔2017〕4号文)

[4] 《产业结构调整指导目录(2013)》

[5] 《全国矿产资源开发利用规划(2016—2020)》

[6] 《煤矿作业场所职业病危害防治规定》(国家安全生产监督管理总局令 第73号)

[7] 《煤矿安全规程》(国家安全生产监督管理总局、国家煤矿安全监察局)

[8] 《国土资源部关于矿产资源节约与综合利用鼓励、限制和淘汰技术目录(修订稿)》(国土资发〔2014〕176号文)

[9] 《生产煤矿回采率管理暂行规定》(2012年12月9日国家发展和改革委员会令 第17号)

[10] 《中华人民共和国固体废弃物污染环境防治法》

[11] 《中华人民共和国地质灾害防治条例》

[12] 《煤矿安全监察条例》

七、地方政策、标准

陕西省煤炭石油天然气开发环境保护条例

（节选）

（2000年12月2日陕西省第九届人民代表大会常务委员会第十九次会议通过 2007年9月27日陕西省第十届人民代表大会常务委员会第三十三次会议修订）

第三章 污染防治

第二十三条 煤炭开发单位应当设有符合环境保护要求的堆煤场和排矸场，不得随意堆放煤炭和煤矸石。

煤炭开发单位应当采取措施，防止煤炭、煤矸石自燃。

第三十三条 煤炭、石油、天然气开发单位应当加强危险废物的管理。危险废物的收集、运输、处置，必须符合国家有关规定；不具备处置条件的，应当交有资质的单位处置。

煤炭、石油、天然气开发单位堆放含油固体废弃物、煤渣、煤矸石和其他有毒有害物，应当采取措施防止污染河流、湖泊、水库和地下水。

禁止在废弃矿坑、渗坑、裂隙、沟渠内储存或者排放含油的废水、泥浆和其他有毒有害物。

第四章 生态环境保护

第三十九条 煤炭、石油、天然气开发实行生态环境综合治理补偿制度，开发单位应当缴纳生态环境综合治理补偿费，用于水系破坏、水资源损失、水体污染、大气污染、煤矸石污染、植被破坏、水土流失、生态退化、土地破坏等方面的生态环境综合治理。生态环境综合治理补偿费纳入财政预算管理。具体征收标准和管理办法由省人民政府制定。

第五章 法律责任

第四十五条 煤炭、石油、天然气开发单位违反本条例规定，有下列行为之一的，由县级以上环境保护行政主管部门责令改正，处以一万元以上十万元以下罚款：

（一）在堆煤场、排矸场以外堆放煤炭、煤矸石的；

（四）堆放含油垃圾、泥浆、煤渣、煤矸石和其他有毒有害物未采取防止水体污染措施的，或者在废弃矿坑、渗坑、裂隙和沟渠中储存、排放含油废水、泥浆和其他有毒有害物的。

江西省资源综合利用条例

（节选）

（2001 年 10 月 19 日江西省第九届人民代表大会常务委员会第二十六次会议通过 根据 2010 年 9 月 17 日江西省第十一届人民代表大会常务委员会第十八次会议通过的《江西省人民代表大会常务委员会关于修改四十五件地方性法规的决定》修正）

第二章 开发与利用

第十三条 鼓励生产和使用以固体废物为原料的新型建材产品，限制并逐步停止生产和使用实心黏土砖。在距粉煤灰、煤矸石堆存处 20 公里范围内，禁止新建、扩建实心黏土砖厂；本条例实施前已经建成的，必须限期进行改造，掺用粉煤灰、煤矸石等固体废物。

第十四条 建筑设计单位在进行工程设计时，应当优先选用资源综合利用建材产品；建设、施工单位应当按照设计文件和有关规定使用资源综合利用建材产品。

在距粉煤灰、煤矸石堆存处规定运距范围内的筑路、筑港、筑坝、回填工程，必须根据技术要求掺用一定比例的粉煤灰或者煤矸石。

第三章 鼓励与扶持

第十九条 鼓励矿产资源开采企业利用不能进行再次利用的尾矿、煤矸石等回填复垦塌陷区。

第二十条 从废石、废渣和尾矿中回收矿产品的，可以依法减免矿产资源补偿费。

第二十一条 经资源综合利用行政主管部门审核，交通行政主管部门批准，在指定范围内运输粉煤灰、煤矸石或者炉渣的专用车辆，免交路桥通行费。

第四章 管理与监督

第三十条 违反本条例第十二条、第十四条第二款规定，本企业不利用又阻碍其他企业利用工业废物或者不掺用粉煤灰、煤矸石的，由资源综合利用行政主管部门责令其限期改正；拒不改正的，处以 1 万元以上 3 万元以下的罚款，并对直接负责的主管人员和其他直接责任人员由其所在单位或者上级主管机关给予行政处分。

第三十一条 违反本条例第十三条规定，新建、扩建黏土砖厂的，由资源综合利用行政主管部门报请本级人民政府责令其停业、关闭；已经建成的黏土砖厂在规定期限内不进行改造，不掺用粉煤灰、煤矸石的，由资源综合利用行政主管部门责令其限期改正，拒不改正的，由资源综合利用行政主管部门报请本级人民政府责令停产、停业整顿。

浙江省辐射环境管理办法

（节选）

（2011 年 12 月 18 日浙江省人民政府令第 289 号公布　自 2012 年 2 月 1 日起施行）

第二章　放射性安全管理

第二十二条　生产花岗岩石材、陶瓷产品，或者用粉煤灰、煤矸石、矿渣等制造砖、水泥及其他建筑装饰装修产品，应当符合国家建筑材料放射性核素限量标准；产品出厂、销售时，应当附产品合格证和产品说明书，明示适用的标准、使用方法、注意事项和安全承诺。不符合标准的，不得出厂、销售。

云南省发展新型墙体材料条例

（节选）

（2010年3月26日云南省第十一届人民代表大会常务委员会第十六次会议通过 根据2012年3月31日云南省第十一届人民代表大会常务委员会第三十次会议《云南省人民代表大会常务委员会关于修改25件涉及行政强制的地方性法规的决定》修正）

第十五条 鼓励生产企业利用江河湖泊淤泥、建筑垃圾等资源生产新型墙体材料或其他建筑材料。

在距离粉煤灰、煤矸石、煤矿剥离土和其他工业废渣堆存量较大的场地20公里范围内新建、扩建新型墙体材料生产线的，应当将粉煤灰、煤矸石、煤矿剥离土和其他工业废渣作为新型墙体材料的主要原料。

山西省循环经济促进条例

（节选）

（2012 年 5 月 31 日山西省第十一届人民代表大会常务委员会第二十九次会议通过，自 2012 年 10 月 1 日起施行）

第三章　生产领域循环经济

第二十一条　鼓励和支持企业利用煤矸石、煤泥、垃圾等低热值燃料以及余热、余压发电。符合并网调度条件的，电网企业应当为其提供上网服务，全额收购其电网覆盖范围内的上网电量，执行国家有关资源综合利用发电上网的电价政策。

第五章　废弃物资源化利用

第二十九条　省人民政府发展和改革部门会同经济和信息化、环境保护等部门编制煤矸石、粉煤灰、脱硫石膏、矿井水、焦炉煤气、镁渣、电石渣、赤泥等废弃物综合利用规划，报省人民政府批准后施行。

第三十条　省环境保护部门应当按照国家有关规定建立废弃物申报登记管理和限期治理制度。

产生煤矸石、粉煤灰、脱硫石膏、矿井水、焦炉煤气、镁渣、电石渣、赤泥等废弃物的企业，应当向所在地的环境保护部门申报产生源、产生量和上年度废弃物处置、资源综合利用的情况。

第三十一条　煤矿、洗煤等企业应当全部利用或者安全处置当年产生的煤矸石，并对长年堆存的煤矸石进行综合治理。

宁夏回族自治区新型墙体材料推广应用管理规定
（节选）

（2012年12月3日宁夏回族自治区人民政府第126次常务会议审议通过 2013年3月30日宁夏回族自治区人民政府令第52号公布 自2013年7月1日起施行）

第二章 发展与扶持

第十一条 鼓励墙体材料生产企业利用工业非危险固体废物、建筑渣土、河道淤泥等无毒无害的废弃物开发、生产新型墙体材料，促进资源综合利用。

生产新型墙体材料的企业，享受国家和自治区规定的以下税收优惠：

（一）新型墙体材料产品掺兑不低于百分之三十的煤矸石、粉煤灰、脱硫石膏等工业固体废物和建筑固体废弃物的，免征增值税；

（三）新型墙体材料产品原料掺兑百分之七十以上的煤矸石、粉煤灰、炉渣等工业废渣的，取得的收入减按百分之九十计入当年收入总额；符合国家鼓励类产业目录的，享受西部大开发税收优惠政策，按百分之十五税率征收企业所得税。

研究、开发墙体材料新产品、新技术、新工艺的，享受国家和自治区规定的税收优惠。

宁夏回族自治区资源综合利用管理办法

（节选）

（2000 年 1 月 10 日宁夏回族自治区人民政府令第 18 号发布　根据 2016 年 6 月 15 日宁夏回族自治区人民政府令第 83 号公布的《自治区人民政府关于废止和修改部分政府规章的决定》修订）

第二章　综合利用

第十六条　粉煤灰、煤矸石、炉渣等工业固体废物排放和利用单位应当建设符合国家和自治区污染物控制标准的工业固体废物贮存设施、处置场所，采取无害化处置措施，防止工业固体废物扬散、流失、渗漏或者其他环境污染。

第十七条　粉煤灰、脱硫石膏、煤矸石、炉渣等工业固体废物，排放单位应当按照当地人民政府资源综合利用主管部门的要求消化利用。未能消化利用的，应当允许其他资源综合利用生产经营者无偿使用，排放单位不得向利用单位收费或变相收费，并提供便利条件。

湖北省资源综合利用条例

（节选）

（1998 年 7 月 31 日湖北省第九届人民代表大会常务委员会第四次会议通过　根据 2016 年 12 月 1 日湖北省第十二届人民代表大会常务委员会第二十五次会议《关于集中修改、废止部分省本级地方性法规的决定》修正）

第三章　开发与利用

第十四条　距燃煤电厂、煤矿及粉煤灰、煤矸石堆存处 50 公里运距内的筑路、筑港、回填等工程项目，应当利用粉煤灰或煤矸石。

第十五条　鼓励生产和使用用工业固体废弃物生产的新型建材产品，限制生产和使用实心黏土砖。

在距粉煤灰、煤矸石堆存场 20 公里范围内已建的实心黏土砖厂，必须对生产工艺限期改造，掺用粉煤灰、煤矸石。

限制使用黏土砖作框架式结构建筑的填充材料。

第四章　鼓励与扶持

第二十二条　鼓励发展利用余热、余压、煤矸石和城市垃圾等低热质燃料生产电力、热力的综合利用电厂。对单机容量在 500 千瓦及以上的综合利用电厂，电力部门应当允许并网，并网机组免交上网配套费。

第二十三条　经资源综合利用行政主管部门和交通行政主管部门批准，配有标志运输粉煤灰、煤矸石或炉渣的专用车、船，免征有关交通规费。

第五章　法律责任

第二十五条　违反本条例规定，有下列行为之一的，由县级以上资源综合利用行政主管部门责令限期改正，逾期不改的，处以罚款：

（一）涉及资源综合利用的建设项目不执行综合利用工程与主体工程“三同

时”的；

（二）企业自身不利用废弃物，又不支持其他企业利用的；

（三）违反本条例第十四条规定，不利用粉煤灰或煤矸石的；

（四）违反本条例第十五条规定，逾期不进行改造，不掺用粉煤灰、煤矸石的；

有前款第（一）项行为的，对建设业主处以主体工程投资总额的千分之一以上千分之五以下的罚款，对审批部门、验收部门依法追究行政责任；有第（二）项、第（四）项行为的，处以五千元以上三万元以下的罚款；有第（三）项行为的，处以一万元以上五万元以下的罚款。

违反本条例规定，其他法律法规已有处罚规定的，从其规定。

新疆维吾尔自治区环境保护条例

（节选）

（1996 年 7 月 26 日新疆维吾尔自治区第八届人民代表大会常务委员会第二十二次会议通过　2011 年 12 月 1 日新疆维吾尔自治区第十一届人民代表大会常务委员会第三十二次会议第一次修订　2016 年 12 月 1 日新疆维吾尔自治区第十二届人民代表大会常务委员会第二十五次会议第二次修订）

第四章　防治污染和其他公害

第四十七条　矿产资源勘探、开发单位，应当对矿产资源勘探、开发产生的尾矿、煤矸石、粉煤灰、冶炼渣以及脱硫、脱硝、除尘等产生的固体废物的堆存场所进行整治，完善防扬散、防流失、防渗漏等设施；造成环境污染的，应当采取有效措施进行生态修复。

对采矿使用的有毒有害物质，形成的有毒有害废弃物，应当进行无害化处理或者处置；有长期危害的，应当作永久性防护处理。

山西省环境保护条例

（节选）

（1996 年 1 月 19 日山西省第八届人民代表大会常务委员会第二十次会议通过　根据 1997 年 7 月 30 日山西省第八届人民代表大会常务委员会第二十九次会议《关于修改〈山西省环境保护条例〉的决定》修正　2016 年 12 月 8 日山西省第十二届人民代表大会常务委员会第三十二次会议修订）

第三章　防治污染和其他公害

第四十五条　排污单位应当采用科学的方法和先进的工艺，减少煤矸石、粉煤灰、尾矿、废石、弃渣等固体废物的产生量，并对固体废物进行综合利用。

煤矸石、粉煤灰、尾矿、废石、弃渣等固体废物的贮存设施停止使用后，排污单位应当按照国家有关规定封场，并进行复垦或者绿化。

山西省汾河流域生态修复与保护条例

（节选）

（2017 年 1 月 11 日山西省第十二届人民代表大会常务委员会第三十四次会议通过 山西省人民代表大会常务委员会公告第四十二号公布 2017 年 3 月 1 日起施行）

第四章 生态保护

第三十四条 县级以上人民政府应当在煤矿采空区、沉陷区、煤矸石区，划定重点生态修复区，实施生态修复，防止再次破坏。

开采矿产资源或者建设地下工程，导致地下水水位下降、水源枯竭或者地面塌陷，采矿企业或者建设单位应当采取补救措施；给他人生活和生产造成损失的，依法给予补偿。

关于印发山西省招商引资重点产业指导目录的通知

（晋政办发〔2017〕43 号）

各市、县人民政府，省人民政府各委、办、厅、局：

经省人民政府同意，现将《山西省招商引资重点产业指导目录》印发给你们，请认真贯彻执行。

附件：山西省招商引资重点产业指导目录

山西省人民政府办公厅
2017 年 4 月 22 日

附件：

山西省招商引资重点产业指导目录（节选）

第一章　战略性新兴产业培育工程

二、新材料产业

3. 新型无机非金属材料

利用煤矸石、粉煤灰、低品位铝矾土等资源制备耐火材料

七、节能环保产业

3. 资源综合利用产业

新型节能环保墙体材料

以煤矸石、粉煤灰、脱硫石膏、赤泥等工业固废为主要原料生产资源综合利用产品

工业固废“三渣”的深度利用

第二章　能源产业创新工程

一、煤炭清洁高效利用

3. 煤矸石、煤泥等低热值燃料综合利用

煤矸石用于烧结砖瓦、水泥及水泥混合材料、建筑陶瓷、轻骨料（陶粒）、岩棉等建筑材料

关于煤炭工业淘汰落后产能加快转型升级的意见（节选）

（黔府发〔2017〕9号）

各市、自治州人民政府，贵安新区管委会，各县（市、区、特区）人民政府，省政府各部门、各直属机构：

为深入推进煤炭供给侧结构性改革，坚决淘汰落后产能，加快煤炭工业转型升级，促进全省经济社会更好更快发展，提出如下实施意见。

二、主要目标

——资源综合利用水平显著提高。到2020年，煤层气（煤矿瓦斯）抽采利用率力争达70%，煤矸石综合利用率力争达80%，矿井水100%达标排放、综合利用率力争达80%，煤炭入选率达到80%以上。加快毕水兴煤层气开发基地建设，建成一批煤制烯烃、煤制清洁燃料等现代新型煤化工项目。

三、重点任务

（五）大力实施“三利用”工程。

2. 大力开展煤矸石综合利用。大力推广沿空留巷技术，利用煤矸石回填采煤沉陷区和道路建设等，该类利用量占煤矸石产生总量比重达到55%。支持和鼓励在重点产煤市县建设一批煤矸石砖厂、水泥厂、建材厂等，鼓励水泥厂利用煤矸石代替黏土生产水泥或作水泥混合材料，力争该类利用量占煤矸石产生总量的比重达到25%。

（七）着力强化“五大支撑”。

3. 技术支撑。积极推广井下排矸、矿井水利用等十大先进工艺技术，重点攻关煤炭污染控制等关键技术，大力建设发展“智慧矿山”。

附件：1. 煤炭行业淘汰落后产能三年攻坚行动实施方案（2017—2019 年）（略）
2. 推进煤矿智能机械化改造建设实施方案（2017—2020 年）（略）
3. 煤层气（煤矿瓦斯）煤矸石矿井水综合利用实施方案（2017—2020 年）

贵州省人民政府
2017 年 5 月 4 日

附件 3：

煤层气（煤矿瓦斯）煤矸石矿井水综合利用实施方案（2017—2020 年）（节选）

根据《省人民政府关于煤炭工业淘汰落后产能加快转型升级的意见》，制定本方案。

一、总体要求

按照安全、高效、绿色发展原则，切实提高煤层气（煤矿瓦斯）、煤矸石、矿井水综合利用水平。煤层气（煤矿瓦斯）坚持井下抽采与地面开发相统筹，促进煤矿安全生产的原则，以煤层气产业化基地和煤矿瓦斯抽采规模化矿区建设为载体，以民用和发电为主要利用方式，提高抽采利用率；煤矸石综合利用坚持减少排放和扩大利用相结合的原则，实行就近利用、分类利用、大宗利用、高附加值利用，增加综合利用量；矿井水综合利用坚持统筹规划、因地制宜、有效利用的原则，提高技术装备水平，降低处理成本，建设完善矿井水净化处理工程，推进资源化利用。

二、综合利用目标

到 2020 年实现以下目标：

（二）煤矸石。产生量 1 900 万吨，利用量达到 1 520 万吨，综合利用率力争达到 80%。

三、主要任务

（二）煤矸石。

1. 因地制宜推行沿空留巷、充填开采、煤矸石不升井等绿色开采技术，减少煤矸石排放量。

2. 利用煤矸石实施土地复垦、有效控制地面沉陷、损毁耕地和筑基铺路。到2020年煤矸石回填和筑基铺路利用量力争达到总产生量的55%。

3. 在毕节市、六盘水市等重点产煤区建设一批煤矸石生产砖、砌块等新型建材项目。扩大煤矸石制砖及水泥等新型建材的利用规模。到2020年，矸石制建材利用量及发电利用量力争达到总产生量的25%。

四、推进计划

（二）煤矸石。

1. 2017年研究煤矸石分类利用专项措施，推进煤矸石利用，综合利用率达52%。煤矿回填、筑路利用率达41%，建材、发电利用率达11%。

2. 2018年落实煤矸石利用措施，对回填、筑路等利用编制具体使用方案，综合利用率达60%。煤矿回填、筑路利用率达45%，建材、发电利用率达15%。

3. 2019年全面推进煤矸石综合利用项目，综合利用率达70%。煤矿回填、筑路利用率达53%，建材、发电利用率达17%。

4. 2020年实现煤矸石综合利用指标，综合利用率达80%。煤矿回填、筑路利用率达55%，建材、发电利用率达25%。

五、保障措施

（一）加强组织领导。将煤层气（煤矿瓦斯）、煤矸石、矿井水综合利用工作纳入全省资源综合利用、环境保护工作重点，建立全省煤层气（煤矿瓦斯）、煤矸石、矿井水综合利用工作机制，切实列入重要议事日程，强化目标任务分解，加强统计调度和督促检查，严格工作评估考核，及时协调解决综合利用过程中产生的矛盾和问题，确保目标任务如期实现。

（二）加大政策支持。落实国家煤层气（煤矿瓦斯）、煤矸石、矿井水资源综合利用税费等优惠政策，提高企业积极性。实行地方财政配套补贴政策。研究制定有利于促进煤层气（煤矿瓦斯）、煤矸石、矿井水综合利用的价格机制，引导鼓励煤层气（煤矿瓦斯）、煤矸石、矿井水综合利用。

山西省经济和信息化委员会
关于印发山西省煤炭资源综合利用规划通知

（晋经信资源字〔2018〕151号）

各市经信委：

根据省委、省政府《贯彻落实国务院支持山西省进一步深化改革促进资源型经济转型发展意见行动计划》（晋发〔2017〕49 号）要求，为加快我省煤炭及共伴生资源综合利用，推进资源利用方式转变，我委制定了山西省煤炭资源综合利用规划，现印发你们，请遵照执行。

附件：山西省煤炭资源综合利用规划

山西省经济和信息化委员会
2018年6月4日

附件：

山西省煤炭资源综合利用规划
（节选）

根据省委、省政府《贯彻落实国务院支持山西省进一步深化改革促进资源型经济转型发展意见行动计划》（晋发〔2017〕49 号）要求，为加快我省煤炭及共伴生资源综合利用，推进资源利用方式转变，制定本规划。

一、发展现状

2017年，全省煤炭产量8.56亿吨，产出煤矸石1.3亿吨，综合利用8 800万吨。近年来，我省大力推进煤矸石等工业固废综合利用，企业开展煤矸石综合利用规模不断扩大。全省建成了煤矸石综合利用电厂45家，煤矸石新型墙材企业327家，煤矸石陶瓷生产企业45家，其他煤矸石利用企业21家。

我省煤炭及共伴生资源综合利用工作取得了一定成绩，但仍然存在着部分地区煤矸石违规排放、超高堆放，煤矸石高附加值利用等关键技术亟待突破等问题。

二、指导思想和主要目标

（二）主要目标

到2020年，全省煤矸石、粉煤灰综合利用量达到1.2亿吨，全省大宗工业固废综合利用率进一步提高。全省原煤入洗率达到80%。力争实现30%的绿色矿山建设目标。

三、发展重点

（一）推进煤炭企业绿色化改造。鼓励煤炭生产企业围绕煤炭资源综合利用，延伸产业链条，建设循环经济园区，通过产业聚集、产业耦合、产业链延伸，实现资源循环利用和高效转换，降低企业的物耗、能耗和产品成本，实现经济效益和生态效益最大化。鼓励煤炭生产企业按照产业循环、多元发展原则，加大绿色化改造力度，减少污染物排放，提升煤矸石、矿井水、煤矿瓦斯等煤炭共伴生资源综合利用水平。

（二）加大煤矸石综合利用力度。以煤矸石直燃发电、煤矸石生产建材产品等大宗利用为重点，着力发展煤矸石制超细高岭土、陶瓷、陶瓷微珠、造纸等产品，鼓励煤矸石治理沉陷区和裂缝区以及复垦回填等利用。围绕全省低热值煤发电布局，鼓励低热值煤机组掺烧煤矸石综合利用发电，引导大型矿业集团加大煤矸石用于采空区回填、土地复垦、沉陷区治理力度。推进朔州煤矸石制高岭土和煤矸石生产陶瓷产业集聚区建设。突出市场导向，引导企业合理发展煤矸石砖、建筑陶瓷、煤矸石装饰砖和多孔砖等建材产品。研发推广高科技含量、高附加值的煤矸石综合利用技术和产品。

（六）促进煤炭资源综合利用重点项目建设。发挥重点项目的示范引导作用，鼓励企业开展煤矸石等煤系共伴生矿产资源多途径开发利用项目建设，加快煤炭资源综合利用先进适用技术的推广应用。结合国家大气污染防治、水污染治理、土壤污染防治一系列政策措施以及环保新标准的贯彻落实，进一步强化政府环境保护监管和企业生态恢复治理主体责任，推进煤炭资源综合利用企业实施煤炭资源综合利用重点项目建设。积极落实建设条件，完善项目手续，加快项目建设，政府性投资要加大对煤炭资源综合利用项目的支持力度。

（七）推进煤炭综合利用科技创新发展。加强煤炭开发生态环境保护，重点研发井下采选充一体化、煤系共伴生资源综合开发利用等绿色高效开采技术。围绕大型火电厂关键技术与装备，实施煤的清洁高效利用科技重大项目攻关，提升煤电能效水平，提高污染控制效率、降低污染控制成本和能耗。鼓励产学研合作，围绕大宗工业固废资源化高值利用技术等开展联合攻关。

四、保障措施

（一）落实企业主体责任。要坚持生态优先，将环保理念贯穿于煤炭开发的全过程。煤炭生产企业要做好矿区生态环境保护和生态修复治理，抓好煤矸石、矿井水、煤矿瓦斯等煤炭共伴生矿产资源综合利用，提高资源综合利用率和产品附加值。新建、改扩建煤矿项目必须实行严格、高标准的环境保护制度，制定煤炭资源综合利用实施方案，细化煤矸石利用途径，实现煤矸石全部综合利用。

（二）倡导绿色发展理念。组织开展多元化的宣传教育，采用多种形式宣传绿色发展理念、生态文明建设思想。加强舆论宣传，为煤炭资源综合利用创造良好的舆论环境和社会氛围。以节能环保技术和高新技术改造提升煤炭资源综合利用产业，推动行业生产方式绿色化，行业发展生态化。按照“环境友好型、生态友好型”的要求，推动煤炭及共伴生资源安全绿色开发和清洁低碳利用，着力培育和发展节能环保、资源综合利用产业，形成有利于绿色循环低碳发展的新的经济增长点。

（三）严格监督管理。加强煤炭资源综合利用监管体制机制建设，健全监管组织体系，加强监管能力建设，开展监管业务培训，提升监管部门业务水平。加强环保执法检查，对违规堆放煤矸石、超标排放矿井水违法行为加大打击力度，严肃查处各类违法违规行为。推动煤矿生产企业环境信息全公开，鼓励社会公众、新闻媒体参与监督，强化协同配合，共同监管，倒逼煤炭企业综合利用煤矸石、矿井水、煤矿瓦斯等煤炭共伴生资源。

（四）加大政策支持。完善政府引导、企业为主和社会参与的煤炭资源综合利用投入机制，加大资金投入，支持建设一批社会效益好、科技含量高的重点项目，带动煤炭资源综合利用向高水平、高层次发展。落实资源综合利用税收优惠政策、节能节水环保装备所得税减免政策，提高企业开展煤炭资源综合利用的积极性。加大招商引资力度，鼓励社会投资主体，以各种形式参与煤炭资源综合利用项目开发，推动资源综合利用项目建设投资主体多元化、投资方式多样化、项目实施市场化。加强产融合作，拓宽融资渠道，加大对重点项目的信贷支持。

（五）加强人才技术保障。推进产教融合，以企业技术中心和高校重点实验室为依托，引进煤炭资源综合利用领域高层次人才，多层次培养专业技术人才和技能人才，推动煤炭资源综合利用。支持国内外科研机构、国家重点大学、海外知名大学将研发机构落户我省，建立重点实验室，打造一批由骨干企业牵头组织、科研院所共同参与的煤炭资源综合利用技术创新平台。鼓励企业与专业院校、大型科研机构合作，建立高层次人才委托培养、专项进修及学术交流的平台及基地，提升煤炭综合利用从业者的基础理论知识及岗位技能。

青海省地方标准

煤矸石砖及煤矸石多孔砖砌体结构设计与施工技术规程（试行）（节选）

DB 63/663—2007

2007-10-30 发布　　2007-11-01 实施

前　言

本标准根据《关于编制二〇〇七年地方标准制（修）订项目计划的通知》（青质监标函〔2007〕12 号）要求，由青海省建设厅主持，西宁市城乡规划建设局组织安排，委托西宁市土木建筑工程学会会同有关单位编制而成。

本标准在编制过程中，编制组经广泛调查研究，认真总结我省建筑工程设计与施工实践经验，参考有关国家标准和地方标准，并在广泛征求有关单位意见的基础上，制定了本规程。本标准共分 6 章。主要内容是：1、总则；2、术语　符号；3、材料；4、基本设计规定（包括一般规定、构造要求、防止或减轻墙体开裂的主要措施）；5、抗震设计（包括一般规定、多层砌体房屋抗震构造措施、底部框架—抗震墙房屋抗震构造措施）；6、施工技术（包括一般规定、施工准备、砌筑工程）。

本标准黑体字标明的条文为国家现行标准强制性条文。

为了提高规程质量，请各单位在执行本规程过程中，注重积累资料、总结经验，如发现需要修改和补充之处，请将意见和有关资料交至青海省建设厅科技处，以供今后修订时参考。

本标准由青海省建设厅归口管理，授权由主编单位负责解释。

主编单位：西宁市土土建筑工程学会

编制单位：青海省建筑勘察设计研究院

　　　　　西宁市建设工程质量监督站

　　　　　西宁市建筑节能与墙体材料革新办公室

参编单位：青海煤业集团民意实业有限公司

1 总 则

1.0.1 为了使煤矸石砖及煤矸石多孔砖在工程设计与施工中得到合理的推广和应用，特制订本规程。

1.0.2 本规程适用于青海省范围内煤矸石砖及煤矸石多孔砖砌筑的一般工业与民用建筑砌体结构房屋的设计和施工。

1.0.3 本规程适用于抗震设防烈度为 6 度至 8 度地区多层砌体结构房屋的抗震设施和施工。煤矸石砖应符合《烧结普通砖》(GB 5101—2003）国家标准的规定。煤矸石多孔砖应符合《烧结多孔砖》(GB 13544—2000）国家标准的规定。

1.0.4 设计及施工煤矸石砖及煤矸石多孔砖砌体结构时，除应遵守本规程外，尚应符合《砌体结构设计规范》(GB 50003—2001)、《建筑抗震设计规范》(GB 50011—2001)、《砌体工程施工质量验收规范》(GB 50203—2002)、《民用建筑工程室内环境污染控制规范》(GB 50325—2001)、《建筑设计防火规范》(GB 50016—2006)、《建筑装饰装修工程质量验收规范》(GB 50210—2001)、《砌体工程现场检测技术标准》(GB/T 50315—2000)、《砌墙砖试验方法》(GB/T 2542 —2003)、《砌筑砂浆配合比设计规程》(JGJ 98—2000)、《混凝土拌合用水标准》(JGJ 63—89)、《建筑工程冬期施工规程》(JGJ 104—97)、《建筑砂浆基本性能试验方法》(JGJ 70—90)、《多孔砖砌体结构技术规范》(JGJ 137—2001)、《住宅隔声标准》(JGJ 11—82）等国家有关标准的规定。

2 术语 符号

2.1 术语

2.1.1 煤矸石砖

以煤矸石为主要原材料，经过焙烧而成的实心砖，称为烧结煤矸石普通砖，简称煤矸石砖。

2.1.2 煤矸石多孔砖

以煤矸石为主要原材料，经过焙烧而成，孔洞率不小于 25%、孔的尺寸小而数量多，主要用于承重部位的砖，称为烧结煤矸石多孔砖，简称煤矸石多孔砖。

3 材料

3.0.1 煤矸石砖及煤矸石多孔砖和砌筑砂浆的强度等级应按下列规定采用：

1 煤矸石砖及煤矸石多孔砖的强度等级应为 MU20、MU15 和 MU10。

2 砌筑砂浆的强度等级应为 M15、M10、M7.5 和 M5。

注：1 试块底模应采用含水率不大于2%的同类砖。

2 多孔砖试块底模应采用同类多孔砖侧面为砂浆强度试块底模。

3.0.2 煤矸石砖的技术特性：

1 煤矸石砖的尺寸（长×宽×高）240 mm×115 mm×53 mm。

2 煤矸石砖的密度等级应控制在 1 650 kg/m^3 以内，砖砌体自重按 1 700 kg/m^3 采用。

3 煤矸石砖的抗冻融性能应符合《烧结普通砖》（GB 5101—2003）标准的要求。

3.0.3 煤矸石多孔砖的技术特性：

1 煤矸石多孔砖的尺寸（长×宽×高）240 mm×115 mm×90 mm。

2 煤矸石多孔砖的密度等级应控制在 1 410 kg/m^3 以内，砖砌体自重按 1 500 kg/m^3 采用。

3 煤矸石多孔砖的抗冻融性能应符合《烧结多孔砖》（GB 13544—2000）标准的要求。

3.0.4 当施工质量控制等级为 B 级时，龄期为 28 d 的以毛截面计算的煤矸石砖及煤矸石多孔砖砌体抗压强度设计值，应根据砖和砂浆的强度等级按表 3.0.4 采用。

表 3.0.4 煤矸石砖及煤矸石多孔砖砌体抗压强度设计值（MPa）

砖强度等级	砂浆强度等级				砂浆强度
	M15	M10	M7.5	M5	0
MU20	3.22	2.67	2.39	2.12	0.94
MU15	2.79	2.31	2.07	1.83	0.82
MU10	—	1.89	1.69	1.50	0.67

注：表列数据均为混合砂浆砌筑。

3.0.5 当施工质量控制等级为 B 级时，龄期为 28 d 的以毛截面计算的煤矸石砖及煤矸石多孔砖砌体的轴心抗拉强度设计值、弯曲抗拉强度设计值和抗剪强度设计值，应按表 3.0.5 采用。

表 3.0.5 沿砌体灰缝截面破坏时的轴心抗拉、弯曲抗拉和抗剪强度设计值（MPa）

强度类别	破坏特征	砂浆强度等级		
		≥M10	M7.5	M5
轴心抗拉	沿齿缝	0.19	0.16	0.13
弯曲抗拉	沿齿缝	0.33	0.29	0.23
	沿齿缝	0.17	0.14	0.11
抗剪	沿齿缝	0.17	0.14	0.11

注：表列数值适用于混合砂浆砌筑的砌体。

3.0.6 遇有下列情况的煤矸石砖及煤矸石多孔砖砌体，其强度设计值应分别乘以下列强度调整系数。

1 对煤矸石砖砌体，当梁跨度≥9.0 m 时；对煤矸石多孔砖砌体，当梁跨度≥7.5 m 时，梁下砌体强度调整系数取γ_a=0.9。

2 对煤矸石砖及煤矸石多孔砖砌体，当构件截面面积 A<0.3 m^2 时，强度调整系数按下式确定：

$$\gamma_a=0.7+A$$

式中：γ_a——强度调整系数；

A——砌体毛截面面积，m^2。

3 当煤矸石砖及煤矸石多孔砖砌体用水泥砂浆砌筑时，对表 3.0.4 中的砌体抗压强度设计值，强度调整系数γ_a为 0.90；对表 3.0.5 中的砌体各强度设计值，强度调整系数γ_a为 0.80；当验算施工中的房屋构件时，取强度调整系数γ_a为 1.1。

3.0.7 施工阶段砂浆尚未硬化的新砌墙体，可按砂浆强度为零确定砌体强度。

3.0.8 民用建筑工程所使用的煤矸石砖及煤矸石多孔砖的放射性指标限量应符合表 3.0.8 的规定。

表 3.0.8 材料放射性指标限量

项目	煤矸石砖	煤矸石多孔砖
内照射指数（I_{Re}）	≤1.0	≤1.0
外照射指数（I_r）	≤1.0	≤1.3

3.0.9 煤矸石砖及煤矸石多孔砖砌体的弹性模量和剪变模量、线膨胀系数、收缩率可按表 3.0.9 确定。摩擦系数应按《砌体结构设计规范》（GB 50003—2001）第 3.2.5 条的规定执行。

表 3.0.9 砌体的弹性模量、剪变模量、线膨胀系数、收缩率

砂浆强度等级	≥M5
弹性模量（MPa）	1 600 f
剪变模量（MPa）	640 f
线膨胀系数	5×10^{-6}/℃
收缩率	−0.1 mm/m

3.0.10 重砂浆砌筑干密度为 1 700 kg/m^3 的煤矸石砖砌体导热系数按 0.95 W/（m·K）取值。重砂浆砌筑干密度为 1 500 kg/m^3 的煤矸石多孔砖砌体导热系数按 0.70 W/

（m·K）取值。

3.0.11 对 240 mm 厚的煤矸石砖及煤矸石多孔砖墙双面抹灰（各 20 mm）的空气隔声指数按 48～53 dB 采用。

3.0.12 煤矸石砖和煤矸石多孔砖砌体耐火极限可参照《建筑设计防火规范》（GB 50016—2006）中普通黏土砖的耐火极限取值。

4.2 构造要求

4.2.1 一般构造要求均应符合《砌体结构设计规范》（GB 50003—2001）第六章的规定。

4.2.2 地面以下或防潮层以下部位采用煤矸石砖砌体时，所用的砖和砂浆的最低强度等级应符合表 4.2.2 的规定。

表 4.2.2 地面以下或防潮层以下的砌体所用材料的最低强度等级

地基土层情况	煤矸石砖	水泥砂浆
稍潮湿的	MU10	M5
很潮湿的	MU15	M7.5
含水饱和的	MU20	M10

4.2.3 地面以下或防潮层以下部位采用煤矸石多孔砖时，应采用水泥砂浆灌实孔洞。

4.2.4 不得采用砖配筋圈梁和砖配筋过梁。

河北省地方标准

公路路基煤矸石填筑应用技术指南

DB 13/T 1382—2011

2011-04-19 发布　　2011-04-30 实施

前　言

本标准按照 GB/T 1.1—2009 给出的规则起草。

本标准由邯郸市质量技术监督局。

本标准起草单位：邯郸市青红高速公路管理处　长安大学。

本标准主要起草人：申文胜、孔保林、崔金平、许清良、王选仓、王朝辉、郝雷杰、赵鹏。

1　范围

本标准规定了公路路基煤矸石填筑应用技术指南的术语和定义、一般规定、组成设计、技术指标、施工指南、质量标准和检查验收。

本标准适用于河北地区公路路基煤矸石填筑。

2　规范性引用文件

下列文件对于本文件的应用是必不可少的。凡是注日期的引用文件，仅所注日期的版本适用于本文件。凡是不注日期的引用文件，其最新版本（包括所有的修改单）适用于本文件。

JTG D30—2004　公路路基设计规范

JTG E51—2009　公路工程无机结合料稳定材料试验规程

JTG F10—2006　公路路基施工技术规范

JTG F80/1—2004　公路工程质量检验评定标准　第一册　土建工程

JTJ 034—2000　公路路面基层施工技术规范

3　术语和定义

下列术语和定义适用于本标准。

3.1 煤矸石

煤矸石是采煤过程和洗煤过程中排放的固体废物，是一种在成煤过程中与煤层伴生的一种含碳量较低、比煤坚硬的黑灰色岩石。包括巷道掘进过程中的掘进矸石、采掘过程中从顶板、底板及夹层里采出的矸石以及洗煤过程中挑出的洗矸石。其主要成分是 Al_2O_3、SiO_2，另外还含有数量不等的 Fe_2O_3、CaO、MgO、Na_2O、K_2O、P_2O_5、SO_3 和微量稀有元素（镓、钒、钛、钴）。

4 煤矸石原材料技术指标

4.1 煤矸石填料的物理化学指标要求

4.1.1 自然级配

自然级配较好的煤矸石适用于路基填方；自然级配差，大颗粒所占比例较大的煤矸石不宜直接用作路基填料，但可经过破碎处理或掺拌粉性土改良后使用。表 1 给出推荐的煤矸石填料级配范围。

表 1 煤矸石天然级配范围

筛孔（mm）	150	60	40	20	10	5	2	0.5	0.25	0.075
通过率（%）	100	70～100	65～90	42～67	32～59	25～37	4～17	3～9	2～6	0～2

4.1.2 吸水性

结构致密的煤矸石吸水性低，具有较好的透水性，自身保水性较低，可作回填材料或路基填方，能有效防止基床翻浆，这种性质使得煤矸石作为路基填料时不会受到水损害；结构较松散的煤矸石易吸水，吸水后体积发生膨胀，并破碎成较小粉状矸石不宜作为路基填料。

4.1.3 风化性

抗压强度高的煤矸石风化较慢，不易自然风化破碎，宜作为路基填料；抗压强度低的煤矸石易于风化破碎，遇水易崩解，不宜作为路基填料。

4.1.4 自燃性

多次自燃过的煤矸石，宜作为路基填料；未自燃或自燃不彻底的煤矸石含固定碳及挥发成分较高，易发生自燃，不宜作为路基填料。

4.1.5 可压缩性

由于煤矸石有一定的大小不等的颗粒级配，适用于使用以振动压路机振压为主，通过共振压实，有效减少煤矸石空隙，增大密实度。

4.1.6 煤矸石变形特性

路基的荷载—变形特性对路面结构的整体强度和刚度有很大影响，路面结构的破坏，除路面的自身原因外，主要由路基的过大变形引起的。建议采用抗变形能力强的煤矸石作为路基填料。

4.2 煤矸石相关参数

4.2.1 煤矸石使用前应选择有代表性的试样进行不同粗料含量的振动试验，以确定不同粗料含量混合料的最大干密度与最佳含水量。

4.2.2 应通过室内中型或大型三轴试验确定煤矸石的内摩擦角。试料最大粒径 d_{max} 与三轴试样直径 D 之比 $d_{max}/D<5$，超粒径颗粒应采用“相似级配法”或“等量替代法”予以剔除。表 2 为石料强度参数，初步设计稳定性验算时，可根据实际情况参照使用。

表 2 石料的 ϕ 值

试料		粒径范围	压实度（%）	ϕ（°）
混合料	粗料 30%	$d<30$ cm	93	33.4
	粗料 40%	$d<30$ cm	93	34.2
	粗料 50%	$d<30$ cm	93	35.6
	粗料 60%	$d<30$ cm	93	36.0

注：表中粗粒含量系剪后粗粒含量。

4.2.3 宜通过贝克曼梁法或沉载板法等测试手段确定煤矸石路基的回弹模量，在测试中应注意煤矸石中巨粒对回弹模量的影响。

4.2.4 煤矸石的渗透系数、压缩系数随煤研石的粒组成分、级配、压实度不同而变化，宜通过试验确定。

5 煤矸石路基技术性能要求

5.1 煤矸石路基级配要求

5.1.1 路基填筑对填料级配要求不是十分严格，但要保证填料密实。

5.1.2 煤矸石填筑路基必须具有好的承载力以及高的稳定性，要求采用硬质煤矸石，即使用存放 5 年以上的煤矸石，严禁使用泥结煤矸石。

5.1.3 采用具有一定厚度和严格级配要求的优质级配碎石作为基层。自然级配较好的煤矸石经过碾压后能形成致密结构，适用于路基填方；碾压要达到要求的密实度；自然级配差、大颗粒所占比例较大的煤矸石不宜直接用作路基填料，但可经过破碎处理或掺拌粉性土改良后使用。

5.1.4 施工时，要对路基各结构层进行充分压实，严格控制压实度，以保证路基的强度、刚度及平整度。路基压实度为96%范围的煤矸石最大粒径不宜超过100 mm，压实度为94%范围的煤矸石最大粒径不宜超过200 mm，且最大粒径不得大于层厚的2/3；路基含水量控制在最佳含水量±2%。

5.2 煤矸石路基力学指标

5.2.1 煤矸石力学指标主要有压碎值、塑性指数、单轴抗压强度、加州承载比CBR。煤矸石的物理化学成分十分复杂，对路基的稳定性存在潜在危害，在煤矸石路基施工中对原材料外观变化明显的地方，宜通过以上几个重要的试验指标进行质量控制。

5.2.2 煤矸石用作公路路基填料时的压碎值、加州承载比CBR及石料单轴抗压强度应符合表3、表4及表5的要求。

表3 煤矸石路床填料最小强度和压实度（%）

项目分类	路面底面以下深度（m）	填料最小强度（CBR）			压实度		
		高速公路一级公路	二级公路	三、四级公路	高速公路一级公路	二级公路	三、四级公路
填方路基	0～0.3	8	6	5	≥96	≥95	≥94
	0.3～0.8	5	4	3	≥96	≥95	≥94

注：1）表列压实度系按《公路土工试验规程》重型击实试验法求得的最大干密度的压实度。

2）当三、四级公路铺筑沥青混凝土和水泥混凝土路面时，压实度采用二级公路规定值。

表4 煤矸石路堤填料最小强度

项目分类	路面底面以下深度（m）	填料最小强度（CBR）（%）		
		高速公路、一级公路	二级公路	三、四级公路
上路堤	0.8～1.5	4	3	3
下路堤	1.5 以下	3	2	2

注：1）当路基填料 CBR 值达不到表列要求时，可掺石灰或其他稳定材料处理。

2）当三、四级公路铺筑沥青混凝土和水泥混凝土路面时，采用二级公路的规定值。

5.3 煤矸石路基稳定性要求

5.3.1 煤矸石具有潜在的不稳定性，具有膨胀性的煤矸石用于路基填筑时，在道路使用期内煤矸石路基会发生膨胀，导致面层开裂。所以根据路基填料中对膨胀土的使用规定，有膨胀性的煤矸石占混合填料的比例不得大于50%。若无条件掺用粉煤灰，可用黏土来代替。黏土塑性指数以7～15为宜，不含腐殖质和杂物，黏土使用前用0.15 mm筛过筛，必要时应使用黏土掺填，路基包边土不得使用膨胀土。

5.3.2　煤矸石化学组分决定了煤矸石的长期稳定性能，为了保证路基填料的稳定性，煤矸石矿物中 SiO_2、Al_2O_3、Fe_2O_3 等氧化物总含量要大于 70%；为防止路基塌陷，煤矸石填料中有机质含量不超过 10%；煤矸石路基中不得使用强崩解性的填料，煤矸石崩解量不得超过 30%。

5.3.3　煤矸石填筑路基技术要求见表 5。

表 5　煤矸石填筑路基技术要求

项目		指标
最大粒径		96 区≤100 mm，94 区≤压实厚度的 2/3
CBR（%）	上路床	≥8
	下路床	≥5
	上路堤	≥4
	下路堤	≥3
单轴抗压强度（MPa）		≥15
压碎值（%）		≤30
塑性指数		≤26
烧失量（%）		≤20 为宜，＜15 时最佳
自由膨胀率（%）		≤40
耐崩解性指数（%）		≤30

6　煤矸石填筑路基施工方法

6.1　煤矸石路基施工主要流程

下承层验收→测量放样→包边土第一层施工→包边土第二层培土→煤矸石装运、网格布料→重型推土机推平→拣出开采杂物和超粒径材料→压路机初压→平地机整平→压路机碾压→排水盲沟施工→检查验收。

6.2　施工前准备

6.2.1　组织机构、各种体系的建立和人员进场报验

建立施工组织机构和以项目经理为质量第一责任人的质量保证体系、安全管理体系和环境保证体系，管理人员、技术人员、生产工人和辅助工人均已进场，并进行进场人员报验，监理工程师批准。

6.2.2　机械设备进场报验

主要工程机械进场报验，所有进场设备状态完好，并报监理工程师批准。

6.2.3 施工测量

全线导线点和水准点的复测成果监理工程师已经批复。试验段原地面高程已进行复测，绘制路基横断面图，计算路基填土数量，并上报监理工程师。现场测量放样已完毕，并经复核满足技术规范要求。

6.2.4 煤矸石场调查

对煤矸石储存场进行调查，确定煤矸石数量能否满足本标段路基填方数量要求。

6.2.5 工地试验

6.2.5.1 按照招（投）标文件、监理工程师、业主要求，建立满足现场施工质量控制和试验所需的试验仪器相配套的工地试验系统，工地试验室的仪器、器具能保证在工程进行期间正常使用。

6.2.5.2 材料试验：标段试验室应完成煤矸石的土样击实、筛分、最佳含水量、最大干容重、CBR 和自由膨胀率等特性检测，各项试验指标均符合施工要求，试验检测结果应报监理工程师复核批准。

6.2.5.3 标准击实试验

6.2.5.3.1 对各矿区煤矸石试样按照 5～40 mm 颗粒占 0～40 mm 的 20%、30%、40%、50%、60%、70%、80%分别进行标准击实试验绘制标准击实曲线。

6.2.5.3.2 超尺寸颗粒的校正

6.2.5.3.2.1 当试样中大于规定最大粒径的超尺寸颗粒的含量为 5%～30%时，对试验所得最大干密度和最佳含水量进行校正（超尺寸颗粒的含量小于 5%时，可以不进行校正）。

6.2.5.3.2.2 根据校正的最大干密度、最佳含水量和 5～40 mm 颗粒占 0～40 mm 的含量来绘制修正曲线。

6.2.5.3.2.3 现场检测压实度时，根据试坑内煤矸石中 5～40 mm 占 0～40 mm 的含量，在标准击实修正曲线中查找对应的最大干密度来计算现场煤矸石的压实度。

6.3 原材料选择

6.3.1 施工中优先选用红色矸石，其次是灰褐色矸石。黑色煤矸石含炭量高，烧失量偏大，应严格进行试验，符合技术要求方可使用。在距路基顶面深度 80 cm 路床范围内，应采用烧失量低于 8%的红色煤矸石，且粒径控制在 10 cm 以下，而其中最上一层压实层所用煤矸石的粒径应控制在 6 cm 以下。

6.3.2 填筑路基所选煤矸石不得含其他杂质，如泥块、树根及生活与建筑垃圾。全面了解煤矸石的物理特性、力学特性、工程特性，满足之前提出的原材料性能要求。由于煤矸石堆体内部自燃，堆体中存有大量热量，因此温度较高时，应洒水冷却后再装运。

6.4 路基地面处理

6.4.1 按照 JTG F80—2004 对煤矸石施工前的路基进行检测，原地面要做到清理、整平、压实，实测项目如表 6：

表 6 土方路基实测项目

<table>
<tr><th rowspan="3">项次</th><th rowspan="3" colspan="3">检 查 项 目</th><th colspan="3">规定值或允许偏差</th><th rowspan="3">检查方法和频率</th><th rowspan="3">权值</th></tr>
<tr><th rowspan="2">高速公路
一级公路</th><th colspan="2">其他公路</th></tr>
<tr><th>二级公路</th><th>三、四级公路</th></tr>
<tr><td rowspan="5">1△</td><td rowspan="5">压实度（%）</td><td rowspan="2">零填及挖方（m）</td><td>0～0.30</td><td>—</td><td>—</td><td>94</td><td rowspan="5">按附录 B 检查
密度法：每 200 m 每压实层测 4 处</td><td rowspan="5">3</td></tr>
<tr><td>0～0.80</td><td>≥96</td><td>≥95</td><td>—</td></tr>
<tr><td rowspan="3">填方（m）</td><td>0～0.80</td><td>≥96</td><td>≥95</td><td>≥94</td></tr>
<tr><td>0.80～1.50</td><td>≥94</td><td>≥94</td><td>≥93</td></tr>
<tr><td>>1.50</td><td>≥93</td><td>≥92</td><td>≥90</td></tr>
<tr><td>2△</td><td colspan="3">弯沉（0.01mm）</td><td colspan="3">不大于设计要求值</td><td>按附录 I 检查</td><td>3</td></tr>
<tr><td>3</td><td colspan="3">纵断高程（mm）</td><td>+10，−15</td><td colspan="2">+10，−20</td><td>水准仪：每 200 m 测 4 断面</td><td>2</td></tr>
<tr><td>4</td><td colspan="3">中线偏位（mm）</td><td>50</td><td colspan="2">100</td><td>经纬仪：每 200 m 测 4 点，弯道加 HY、YH 两点</td><td>2</td></tr>
<tr><td>5</td><td colspan="3">宽度（mm）</td><td colspan="3">符合设计要求</td><td>米尺：每 200 m 测 4 处</td><td>2</td></tr>
<tr><td>6</td><td colspan="3">平整度（mm）</td><td>15</td><td colspan="2">20</td><td>3 m 直尺：每 200 m 测 2 处×10 尺</td><td>2</td></tr>
<tr><td>7</td><td colspan="3">横坡（%）</td><td>−0.3</td><td colspan="2">−0.5</td><td>水准仪：每 200 m 测 4 个断面</td><td>1</td></tr>
<tr><td>8</td><td colspan="3">边坡</td><td colspan="3">符合设计要求</td><td>尺量：每 200 m 测 4 处</td><td>1</td></tr>
</table>

注：①表列压实度以重型击实试验法为准，评定路段内的压实度平均值下置信界限不得小于规定标准，单个测定值不得小于极值（表列规定值减 5 个百分点）。小于表列规定值 2 个百分点的测点，按其数量占总检查点的百分率计算减分值。

②采用核子仪检验压实度时应进行标定试验，确认其可靠性。

6.4.2 煤矸石路基施工前应对原地面的地质水文情况进行调查，并针对不同的情况进行处理，现场人员对施工段落挖坑，对地下水位情况进行了解。

6.4.2.1　干燥地段：对于干燥和排水良好的路段，进料前，对原地面进行整平碾压，使之达到相关规范要求的压实度和平整度。

6.4.2.1.1　验收合格后，填筑一层 25～30 cm 厚度黏土下封层，使之高出原地面，路拱横坡 3%，以便施工过程中能及时排除下渗雨水及防止坡脚积水倒灌。

6.4.2.1.2　在黏土下封层上满铺第一层煤矸石，不做包边土，兼起横向盲沟排水作用。

6.4.2.2　潮湿地段：若原地表清理后，土壤含水量大，直接碾压或翻晒后含水量仍很大，无法压实，出现大面积弹簧翻浆现象的，可取用较大块的煤矸石进行处理。

6.4.2.2.1　在清理后的原地面虚铺一层厚度为 30 cm 左右，粒径在 10～12 cm 大块矸石，然后用羊足碾碾压或大吨位振动压路机碾压 4～5 遍。目测是否稳定，若不稳定采用同样方法铺筑第二层矸石。一般情况下，二层 30 cm 左右大块矸石基本能使基底达到稳定状态。

6.4.2.2.2　采用红色煤矸石。该煤矸石吸水性强，把潮湿路段犁开后加入红煤矸石，然后进行碾压。

6.4.2.2.3　若局部基地软湿层较厚时，则需将软湿土壤挖除换填粒径较大的矸石。

6.4.2.2.4　湿软路段按上述方法处理后，填筑一层 25～30 cm 厚度黏土下封层，使之高出原地面，路拱横坡 3%，以便施工过程中能及时排除下渗雨水及防止坡脚积水倒灌。

6.4.2.2.5　黏土封层上满铺第一层煤矸石，不做包边土，兼横向盲沟排水作用，防止地下水位上升，破坏煤矸石路基。

6.5　煤矸石储运

6.5.1 在填料选取上煤矸石路基填料应尽量选用堆放时间较长，且经过强物理风化和化学风化的煤矸石，大块不能过多，若大块太多，要采取一定措施，或者人工搬出，或者利用机械加工成小块，以达到填筑路基合理的级配粒径，确保煤矸石碾压后的密实度。

6.5.2　含水量调节宜在堆料场中进行，尽量减少现场洒水工作量，过干的煤矸石最好在摊铺前 2～3 d 在料场中洒水焖料，将含水量调节到最佳含水范围内。

6.5.3　煤矸石运输尽量利用机械装车，大吨位自卸汽车拉运。为防止运输途中的扬尘污染，必要时采取防护措施。

6.6　煤矸石拌和、摊铺

6.6.1　煤矸石路基填筑宜使用装载机在煤矸石堆边进行集中拌和，拌和均匀后再运往施工路段。填筑方法采用水平分层填筑法，即按横断面全宽水平分层向上填筑。卸上推下是有效的防止人为离析的摊铺方法。碾压前将煤矸石中粒径大于 20 cm 的石块捡出或人工破碎，用人工或机械整平，对于在碾压过程中形成支点的矸石块要进行处理，确保碾压质量。对于大颗粒矸石集中的地方，应用细粒料填充处理，确保压实后密实，特别是对于土、矸石结合部位，更应该严格控制，防止出现不密实现象。

6.6.2　如果需要用石灰稳定煤矸石，拌和时视煤矸石的天然含水量确定石灰的消解程度。石灰消解不完全时，混合料要闷料约 24 h，以保证石灰充分吸收多余的水分后完全消解，避免碾压后生石灰块吸水膨胀，造成路基内部应力破坏，从而降低路基整体强度。

6.7　包边土施工

6.7.1　煤矸石路基填到需要高度后，路床应采用黏土封顶，在路基两侧加做包坡护肩土，其主要作用是防止雨水和地表水浸入路基内部，防止煤矸石中残留煤粉与空气、水发生反应后生成的二氧化碳等有害物质对环境造成污染；其次是有利于植树种草养护边坡及消除黑灰色对人视觉的污染。包边土的塑性 指数以不小于 15 为宜。选择细粒土做包边土时应注意：

6.7.1.1　细粒土可为低液限黏土或低液限粉土，不应使用高液限黏（粉）土，土液限以不大于40%为宜；且因坡面冲刷问题，细粒土中粗粒＞0.074）含量不宜大于35%。所以，对用于包边的细粒土除应测得液、塑限和塑性指数，还应用水洗法（洗去＜0.074 mm 颗粒）测得土中粗粒含量。

6.7.1.2　低液限黏土等细粒土本身仍然存在坡面容易受冲刷的问题，且细粒土与风化砂砾同层铺筑时因压实系数的差异，容易造成包边细粒土密实度不足而影响坡面抗冲刷能力。尤其在培路肩时，由于土路肩的压实度较低以及路面工程工期较长问题，施工季节容易受水淘刷而导致土路肩及边坡破坏。

6.7.1.3　细粒土包边后，片石、水泥混凝土预制块和格栅等材料非常容易嵌入边坡，使得边坡配合各种坡面防护都很容易，而且细粒土本身也很利于植物生长。

6.7.2　包边材料选用易于植被生长的黏土，包边宽度不小于 1.0 m，一般在 1.0～1.8 m。

6.7.3　为避免包边土和煤矸石碾压后高程出现差异，包边土松铺系数一般大于煤矸石松铺系数的 10%～15%，在修筑包边土时应考虑两者松铺厚度的差值，且施工中采用先填筑包边土再填筑煤矸石的办法。包边土修筑的快慢必将制约煤矸石的填筑速度，建议实施推土机推平和人工配合整型。

6.7.4　包坡护肩土也采取分层填筑，一般在填筑煤矸石前，先填包坡护肩土，并进行预压，使其较同层煤矸石高出 5～8 cm，然后再与该层煤矸石填料同步压实，以增加结构整体性。包边土与煤矸石接触面不得有大块矸石，以保证接触面密实，避免空洞和凹槽等现象。

7 煤矸石路基施工注意事项

7.1 施工现场环境保护

7.1.1 预防雨水对环境造成污染。煤矸石中含有多种有害物质，路堤施工时，特别是在雨季，雨水浸透煤矸石，流入路基两侧农田，把煤矸石颗粒带入耕地、河流，造成煤矸石对土地和水资源的严重污染。为此，施工中应采取预防措施，在路堤两侧修筑排水沟，挖沉淀池，同时密切注意天气情况，及时摊铺，及时碾压，做好路拱排水横坡。

7.1.2 粉尘对大气污染的处理。煤矸石运输过程中粉尘飞扬，对大气产生污染，过量粉尘还会影响农作物的生长。解决办法是加强储料场煤矸石含水量调节，控制运输时煤矸石含水量，并采取覆盖等防护措施。

7.2 煤矸石路基雨季施工注意事项

7.2.1 业主要主动与气象部门联系，由气象部门提供近期和每天的天气情况，施工单位应根据气象条件调整施工计划。

7.2.2 要做好施工安排，包边土施工完成后立刻进行煤矸石的施工。对槽状路段，下雨前要把两侧包边土每隔 15 m 开出水口，尽可能地把路基表面的水排出，雨后立刻进行煤矸石的填筑，消灭槽形路段。注意煤矸石填筑前要对包边土重新进行碾压并检测压实度。

7.2.3 在雨季来临之前，对于煤矸石路基表面离析的位置，即石块聚集的位置，表面缝隙很大，必须撒薄层土碾压，填充缝隙，避免雨水大量进入路基，并提高路基的稳定性。

7.2.4 在雨季来临之前，特别是横坡很小的路段，在路基表面全部撒一薄层土进行碾压，填充煤矸石的缝隙，减少雨水进入路基。薄层土与煤矸石细料混合，煤矸石中的活性物质会与土结合，慢慢形成一定的强度。

7.3 煤矸石路基过冬注意事项

7.3.1 煤矸石路基已经完成，路面基层还没有铺筑。在含水量超过初始冻胀含水量的条件下，煤矸石路基可能会发生冻害，其表现形式为路基表层甚至有裂隙的煤矸石颗粒发生不均匀冻胀、开裂，可导致煤矸石的级配变化，随之力学特性也发生相应变化。土体冻胀必备的三大基本条件是：1）具有冻胀敏感性的土；2）超过土体塑限含水量和具有外部水分补给条件；3）适宜的冻结条件（负温度），这 3 个条件缺一不可。我们可以采用各种措施以削弱其中一个条件，就可以抑制和削弱土体的冻胀，达到防治冻害的目的。

7.3.2 适当加快进度，尽量在冬季来临之前完成煤矸石路基上封层的施工，上封层的完成将起到很好的防水隔温效果。上封层需要做到表面平整，无坑洼现象，以防止雨水或融化的雪水等在坑洼处积聚以致渗到煤矸石路基当中，在负温度作用下产生冻胀现象。

7.3.3 对于没有完成上封层的煤矸石路段，应该采取适当的措施来消除各种导致冬季路基病害的隐患。

7.3.3.1 对于煤矸石路基表面离析的位置，即石块聚集的位置，表面缝隙很大，必须撒薄层土碾压，填充缝隙，避免雨水或融化的雪水从这些位置大量进入路基，再在负温度的作用下使路基发生冻胀破坏。并提高这些位置路基的稳定性。

7.3.3.2 对于不能在冬季到来之前进行石灰土上封层处理的煤矸石路段，建议尽可能在路基表面全部撒一薄层土进行碾压，填充煤矸石的缝隙，减少雨水或融化的雪水进入路基。薄层土与煤矸石细料混合，煤矸石中的活性物质会与土结合，慢慢形成一定的强度。

7.3.3.3 路基表面需有不小于 2%的横坡。对可能出现的槽状路段，雨雪天气前要把两侧包边土每隔 15m 开出水口，尽可能地把路基上雨水或融化后的雪水排出。

7.3.3.4 冬季来临之后，建议安排人员对煤矸石进行定期巡查，巡查包括路基表面有无积水、路基排水系统是否顺畅等内容，应及时发现路基在冬季可能出现的各种病害，并进行妥善处理。

7.3.3.5 与气象部门保持联系，由气象部门提供近期的天气情况，在雨雪等不利天气到来之前，加强煤矸石路基的防冻措施，以做到有备无患。

7.3.3.6 在第二年开始进行上层施工之前，对煤矸石路基表层需进行复压，消除冬季雨雪对表层的影响。

7.3.4 根据工地现场的实际情况，为避免煤矸石路基出现冻害，整治渗水是首要解决的问题。只要渗水问题得到有效解决，其他问题便会迎刃而解。其次，冬季之前完成上封层的施工，避免煤矸石路基直接裸露在环境中，对煤矸石过冬防冻能起到积极的作用。

7.4 煤矸石路基施工中其他注意事项

7.4.1 压实度超百

7.4.1.1 压实度超百是煤矸石填筑的一个非常明显的现象，但经过超尺寸颗粒的校正后，灌砂法检测压实度可以作为煤矸石路基检测的方法，超百点只是特别点。

7.4.1.2 击实试验取样与路基施工填料存在差异。填料中粒径大于 40 mm 的煤矸石石块含量过多，而击实试验采用 40 mm 以内的煤矸石，最大干密度相对偏低，击实试验的击实标准不能代表实际填料的击实标准，按此击实标准计算压实度肯定有超百现象，所以必须对超尺寸粒径进行校正。5～40 mm 颗粒含量与干密度关系曲线不能完全体现两者之间的关系。由于击实过程中将部分大颗粒煤矸石击碎，故在击实试验后比击实试验前的 5～40 mm 颗粒含量变少，造成击实试验结果的最大干密度相对偏低，所以校正后还有可能出现超百现象，但其影响不太大。所以通过超尺寸颗粒的校正后，灌砂法检测压实度能够反映煤矸石路基压实效果，可以采用校正后的最大干密度通过灌砂法进行压实度的检测。

7.4.2 表面松散、不平整

7.4.2.1 压实后的路基表面，常出现轮迹、松散、坑槽、翻浆，压路机稳压后，埋有超粒径处凸出，其周围无法压实，平整度差等现象。煤矸石摊铺后，局部级配较差，细料少、骨料集中，碾压后表面不密实、松散。或者细料多、骨料少，碾压后表面浮灰多，平整度差，还可能造成压实系数不同，碾压后平整度差。施工中应采取以下有效措施：

7.4.2.1.1 选择超粒径少、级配较好的矸石山。从煤矸石山装料开始控制，挖掘机装料时选择超粒径少或无以及级配较好的煤矸石。

7.4.2.1.2 填筑下部路堤时，横坡稍大以利于排水；稳压后应采用细料将表面空隙填实，包边土应与煤矸石同时碾压，并达到压实度要求。

7.4.2.1.3 注意拣除超粒径煤矸石块及开采附属物，推土机初平、平地机精平过程中发现有超粒径煤矸石块，必须派人挖除，装载机配合，集中堆放，清理出场，保证煤矸石块最大粒径不超过层厚的 2/3。

7.4.2.1.4 煤矸石含水量偏大时，路基会出现“弹簧”现象，应及时翻晒或换填处理。在天气干燥的情况下，路基表面应经常洒水并压实，防止浮土现象的发生。

7.4.2.1.5 平地机精平时纵向从路两侧向中心刮平，避免煤矸石与包边土结合处骨料集中。采用压路机先碾压 1～2 遍，使表面部分粗颗粒被碾碎后用平地机精平。

7.4.3 施工中压实质量控制

7.4.3.1 由于煤矸石离散性较大，煤矸石的填筑厚度要严格控制，宜用沉降法、灌砂法或大坑水袋法相结合的方法通过铺筑试验路，建立压实度（固体体积率）与施工控制指标（碾压遍数、轮迹及沉降差）之间的关系，后续同等条件施工可采用施工质量控制指标控制压实质量。

7.4.3.2 注意检查煤矸石碾压前的含水量，含水量可控制在−1%～+4%。

7.4.3.3 要注意施工单位采用的碾压机械，要保证实际施工中采用的压路机的击振力不小于试验路段采用的压路机，否则，击振力小，沉降控制就失去意义。

7.4.3.4 注意要求施工单位对超出要求粒径的石料的挑除工作。由于过大粒径在碾压时的支撑作用，该部位的密实度和稳定性就会较差。

8 煤矸石路基验收质量控制

8.1 鉴于目前还没有专门针对煤矸石路基的质量验收规范，所以，在考虑煤矸石材料具体特点的同时，建议主要按照填土路基的标准对煤矸石路基进行验收检测，检测项目包括外观检测、沉降检测、弯沉检测以及压实度检测等。

8.2 外观检测：煤矸石路基碾压后必须达到表面平整、无轮迹，满足路基设计的相关要求，同时需对路基宽度、横坡、中线偏位、高程、平整度以及坡度等外观指标进行检测。

8.2.1 路基宽度验收：建议以米尺进行检测，检测频率为每 100 m 检测 4 个断面，允许偏差以达到设计要求为准，检测频率及位置具体见图 1 所示：

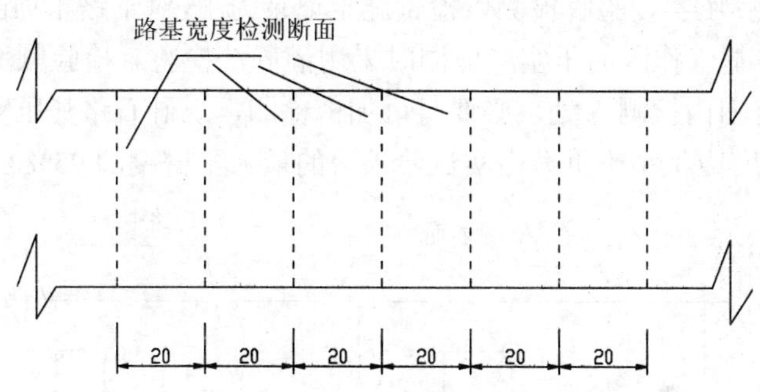

图 1 煤矸石路基宽度验收检测位置示意图（m）

8.2.2 横坡验收：以水准仪进行检测，检测频率为每 100 m 检测 4 个断面，横坡偏差须在−0.3%～+0.3%。

8.2.3 中线偏位验收：以经纬仪进行检测，检测频率为每 200 m 检测 4 点，有弯道时需对 HY、YH 两点进行检测，中线偏位允许偏差在−50～+50 mm。

8.2.4 路基纵断面高程验收：以水准仪进行检测，检测频率为直线段每 200 m 检测 4 个断面，曲线段每 20 m 逐桩检测，允许偏差在−15～+10 mm。

8.2.5 路基平整度验收以 3 m 直尺进行检测，检测频率为每 200 m 测 2 个断面，每个断面测 10 尺，允许偏差在−15～+15 mm。

8.2.6 路基边坡：应做到坡面平顺、稳定，不得亏坡，曲线圆滑，验收以水准仪、检坡尺等仪器进行检测，检测频率为每 200 m 测 4 处，允许偏差以达到设计规定值为准。

8.3 弯沉检测：弯沉验收以贝克曼梁进行检测，①代表弯沉值应满足小于设计计算值的要求。②检测频率为：沿道路纵向每 20 m 至少布置 1 个弯沉检测断面，每个检测断面沿道路横向左、中、右均匀布置 3 个弯沉测试点。具体检测频率和点位见图 2。

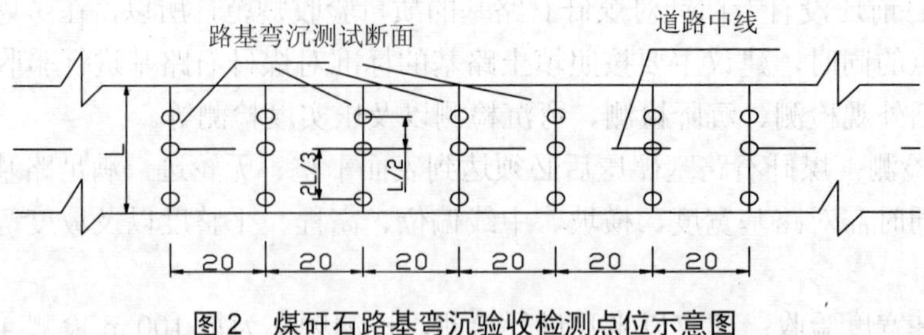

图 2 煤矸石路基弯沉验收检测点位示意图

8.4 压实度检测：压实度验收检测以检查施工记录为主，对于路床顶面以下 0～0.8 m 范围内煤矸石路基工作区的压实度应同时采用灌砂法检验。检验频率为：单幅每层每 100 m 长度范围内检测 3 处，必要时可加密检测，煤矸石路基压实度检测点位见图 3，检测压实度应不小于重型击实试验求得的最大干密度的 95%。

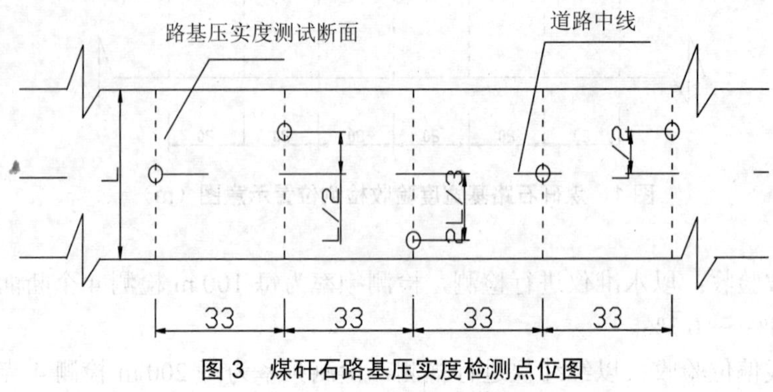

图 3 煤矸石路基压实度检测点位图

8.5 对上述外观及压实度等质量验收指标的允许偏差、检测频率以及检验方法等进行归纳，如表 7 所示，在操作过程中应严格按照设计要求及相关规范进行验收，并详细记录验收数据。

表 7 煤矸石路基竣工验收项目允许偏差表

序号	项目	规定值或允许偏差	检验频率		检验方法
			范围（m）	点数	
1	纵断高程（mm）	+10，−15	直线每 200	4 个断面	水准仪
			曲线每 20	逐桩检测	

序号	项目	规定值或允许偏差	检验频率		检验方法
			范围（m）	点数	
2	中线偏位（mm）	50	直线每 100	4 点	经纬仪
			弯道加 HY、YH 两点		
3	宽度（mm）	不小于设计值	每 100	4 处	米尺
4	平整度（mm）	20	每 200	2 个断面，每断面 10 尺	3m 直尺
5	横坡（%）	−0.3～+0.3	每 100	4 个断面	水准仪
6	边坡	平顺且不陡于设计值	每 200	4 处	水准仪或检坡尺
7	弯沉（0.01 mm）	不大于设计计算值	每 100	3 点	贝克曼梁
8	压实度	碾压工艺符合要求	每 1000	6 处	试验路对比关系及施工控制指标

9 其他要求应符合国家有关标准。

山西省地方标准

煤矸石填埋造田技术规程

DB 14/T 1114—2015

2015-12-20 发布 2016-01-20 实施

前 言

本标准按照 GB/T 1.1—2009 给出的规则起草。

本标准由山西省农业科学院提出并归口。

本标准起草单位：山西省农业科学院农业环境与资源研究所、忻州师范学院地理系、山西益田农业科技有限公司。

本标准主要起草人：靳东升、卢朝东、李建华、卢晋晶、张变华、郜春花、董云中、郝保平。

1 范围

本标准规定了煤矸石填埋造田的术语和定义、选址原则、填埋技术、造田技术、评价的要求。

本标准适用于黄土高原煤矸石填埋造田活动，其他矿山开发区可参照执行。

2 规范性引用文件

下列文件对于本文件的应用是必不可少的。凡是注日期的引用文件，仅注日期的版本适用于本文件。凡是不注日期的引用文件，其最新版本（包括所有的修改单）适用于本文件。

GB 5086 固体废物浸出毒性浸出方法

GB 18599 一般工业固体废物贮存、处置场污染控制标准

GB 20426 煤炭工业污染物排放标准

GB/T 30600 高标准农田建设通则

GB 50288 灌溉与排水工程设计规范

GB 50330 建筑边坡工程技术规范

NY/T 309 全国耕地类型区、耕地地力等级划分

NY/T 496 肥料合理使用准则 通则

NY/T 2148 高标准农田建设标准

SL 379 水工挡土墙设计规范

TD/T 1036 土地复垦质量控制标准

DB/T 922 采煤沉陷区新复垦土壤快速培肥技术规程

3 术语和定义

下列术语和定义适用于本文件。

3.1 隔层填埋

煤矸石和素土按一定厚度分层填压隔离。

3.2 环境敏感点

煤矸石填埋场周围可能受污染物影响的住宅、学校、医院、行政办公区、商业区以及公共场所等地点。

3.3 填埋造田

对完成填埋区域通过覆土、平整等措施转变为农田的过程。

4 选址原则

4.1 自然因素

4.1.1 地质

填埋区应选择地质条件稳定区域，避开破坏性地震及活动构造区，活动中的坍塌、滑坡和隆起地带，活动中的断裂带，石灰岩熔洞发育带，废弃矿区的活动塌陷区以及其他可能危及填埋区安全的区域。

4.1.2 水文

煤矸石填埋区选址的标高应选择重现期不小于 50 年一遇的洪水位之上，并建设在长远规划中的水库等人工蓄水设施的淹没区和保护区之外。拟建有可靠防洪设施的山谷型填埋区，并经过环境影响评价证明洪水对煤矸石填埋区的环境风险在可接受范围内，前款规定的选址标准可以适当降低。

4.2 人文因素

4.2.1 规避区域

煤矸石填埋区选址应避开城市工农业发展规划区、农业保护区、自然保护区、风景名胜区、文物（考古）保护区、生活饮用水水源保护区、供水远景规划区、矿产资源储备区、军事要地、国家保密地区和其他需要特别保护的区域内。

4.3 与环境敏感点距离

煤矸石填埋区位置与常住居民居住场所、地表水域、高速公路、交通主干道（国道或省道）、铁路、飞机场、军事基地等环境敏感点之间的距离应依据环境影响评价结论确定，并经有关行政主管部门批准。

5 填埋技术

5.1 填埋设施

煤矸石填埋区包括下列主要设施：防护设施、防渗设施、挡土墙、地表水集排系统、覆土阻燃系统。

5.2 防护措施

煤矸石填埋期间应建设围墙或栅栏等隔离设施，并在填埋区边界周围设置防飞扬设施、安全防护设施及防火隔离带。

5.3 防渗措施

按 GB 5086 规定的方法对煤矸石进行浸出试验，对填埋区域采取防渗透的技术措施，按 GB 18599、GB 20426 的规定执行。

5.4 挡土墙

煤矸石填埋区应根据地形设置挡土墙，按 SL 379 的规定执行。

5.5 地表水集排

煤矸石填埋区应设置地表水集排水系统，按 GB 50288 的规定执行。

5.6 隔层填埋

覆土和填矸采取隔层填埋，煤矸石填埋深度达到 1 m 左右应用推土机摊铺、平整，选用 30 t 以上振动压路机进行碾压 2～3 遍，强振不少于 2 遍；当矸石填埋厚度达到 5 m，必须上覆压实土层，厚度为 0.3～0.5 m，形成覆土阻燃系统。煤矸石填埋区横截面示意图见附录 A。

5.7 边坡处理

按 GB 50330 的规定执行。

5.8 封场覆土

对表层煤矸石进行平整，方法同 5.6，用黏土均匀覆于煤矸石上，采用推土机推平压实，厚度 30 cm，进行二次覆土，土层厚度自然沉实后应达到 0.5～0.7 m，覆土总体厚度达到 0.8～1 m。

6 造田技术

6.1 土地规划

合理规划复垦区内田、林、路、渠，使田块走向呈南北方向，满足后期作物采光要求，具体要求按 GB/T 30600 相关规定。

6.2　地表清理

清除地表石块杂物，保证 0～60 cm 土层中的岩块直径小于 3 cm，砾石含量≤10%，满足 TD/T 1036 的规定。

6.3　土地平整

煤矸石填埋区沉降稳定后，采用平地机对复垦土地平整处理，按 NY/T 2148 和 TD/T 1036 的规定执行。

6.4　农田防护

建设农田林网，结合填埋区边坡控制和地表集排水系统，保持和改善复垦区生态条件、防止或减少污染和自然灾害，防护要求按 GB/T 30600 的规定执行。

6.5　土壤培肥

按 DB/T 922 的规定执行。

7　评价

按 NY/T 309、TD/T 1036 的规定执行。

附 录 A
（规范性附录）
煤矸石填埋区横截面示意图

图 A.1 给出了煤矸石填埋区横截面示意图，黑色部分代表了煤矸石填埋层，压实厚度为 5 m；白色隔层代表了中间的覆土阻燃隔层，压实厚度为 0.3～0.5 m；侧面代表了填埋区边坡；顶部代表了填埋区复垦平台。

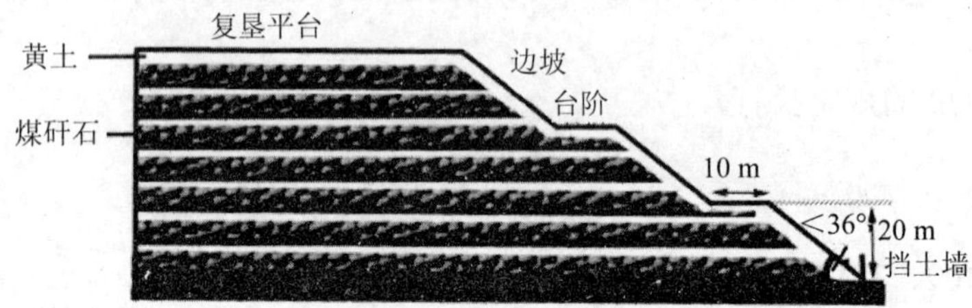

图 A.1 煤矸石填埋区横截面示意图

山西省地方标准

粉煤灰与煤矸石混合生态填充技术规范

DB 14/T 1217—2016

2016-08-20 发布　　2016-10-20 实施

前　言

本标准按 GB/T 1.1—2009《标准化工作导则　第 1 部分：标准的结构和编写》给出的规则编写。

本标准由山西省经济和信息化委员会提出并归口。

本标准起草单位：山西平朔煤矸石发电有限责任公司、山西省生态环境研究中心。

本标准主要起草人：武建芳、郭钛星、李晓姣、李永茂、袁进、苏春元、刘红刚、任启欣、李光、任继德、苏志福、张海龙、贾伟、张培华。

引　言

为贯彻《粉煤灰综合利用管理办法》、《煤矸石综合利用管理办法》和《大宗固体废物综合利用实施方案》中所鼓励的粉煤灰复垦、回填造地及煤矸石回填、土地复垦等综合利用措施，加快粉煤灰、煤矸石的消纳进程，促进循环经济发展，同时规范混合生态填充技术，结合《中华人民共和国环境保护法》和《中华人民共和国固体废物污染环境防治法》要求，制定本标准。

本标准适用于利用粉煤灰、煤矸石对露天矿坑、需要治理的沟壑进行混合生态填充，为后续生态治理和生态恢复奠定基础的情形，不适用于基础设施建设等非生态治理的情形。

本标准中所采用的混合生态填充指在填充作业过程中，粉煤灰与煤矸石无需预先混合，采取立体倾斜分层的方式进行生态填充。

本标准是解决粉煤灰和煤矸石等大宗工业固体废物综合利用的有效方法，规范露天矿坑和沟壑填充和生态恢复要求，从而实现社会、经济、生态的和谐统一。

1 范围

本标准规定了粉煤灰与煤矸石混合生态填充技术的术语和定义，填充设计、作业、工程管理及验收评价要求。

本标准适用于利用粉煤灰、煤矸石对露天矿坑、需要治理的沟壑进行混合生态填充，为后续生态治理和生态恢复奠定基础的情形。

2 规范性引用文件

下列文件对于本文件的应用是必不可少的。凡是注日期的引用文件，仅所注日期的版本适用于本文件。凡是不注日期的引用文件，其最新版本（包括所有的修改单）适用于本文件。

GB 5085［所有部分］ 危险废物鉴别标准

GB 5086.1 固体废物 浸出毒性浸出方法 翻转法

GB 8978 污水综合排放标准

GB/T 15555［所有部分］ 固体废物浸出毒性测定方法

GB 18599 一般工业固体废物贮存、处置场污染控制标准

GB 20426 煤炭工业污染物排放标准

GB/T 50326 建设工程项目管理规范

AQ/T 4256 建筑施工企业职业病危害防治技术规范

HJ/T 20 工业固体废物采样制样技术规范

HJ/T 299 固体废物 浸出毒性浸出方法 硫酸硝酸法

HJ/T 393 防治城市扬尘污染技术规范

HJ 557 固体废物 浸出毒性浸出方法 水平振荡法

HJ 651—2013 矿山生态环境保护与恢复治理技术规范（试行）

TD/T 1031.1 土地复垦方案编制规程 第1部分：通则

3 术语和定义

下列术语和定义适用于本文件。

3.1 粉煤灰

燃煤电厂以及煤矸石、煤泥资源综合利用电厂锅炉烟气经除尘器收集后获得的细小飞灰和炉底渣。

3.2 煤矸石

煤矿在开拓掘进、采煤和煤炭洗选等生产过程中排出的含碳岩石。

3.3 露天矿坑

从敞露地表的采矿场采出有用矿物、或将矿藏上的覆盖物（包括岩石、土壤等）剥离后，开采显露矿层之后所形成的坑体。

3.4 沟壑

自然形成的山谷、深沟。

3.5 生态填充

采用粉煤灰、煤矸石等固体废弃物为填充材料对露天矿坑、沟壑进行填充并对填充后的区域实施生态恢复措施，重建生态的过程。

3.6 生态恢复

人工修复或重建因生产建设活动损毁的生态系统，使其达到系统自维持状态的过程。

［TD/T 1031.1，定义 3.16］

3.7 一般工业固体废物

系指未被列入《国家危险废物名录》或者根据国家规定的 GB 5085 鉴别标准和 GB 5086.1、HJ/T 299、HJ 557 及 GB/T 15555 鉴别方法判定不具有危险特性的工业固体废物。

［改写 GB 18599，定义 3.2］

4 填充设计

4.1 一般规定

4.1.1 填充设计方案应当符合当地总体规划、环境保护规划和生态建设规划等。

4.1.2 填充设计应至少包括以下内容：填充材料的选择、填充场地范围的确定、填充场地整治方案、填充方案、安全措施方案和生态恢复要求。

4.2 填充材料

4.2.1 填充材料应为一般工业固体废物。

4.2.2 应按照 HJ/T 20 规定的方法对填充材料进行采样，结合实际情况在 GB 5086.1、HJ/T 299、HJ 557 规定的方法中选取一种方法对填充材料进行浸出试验，并判定填充材料所属一般工业固体废物类型，判定依据为：

a）浸出液中任何一种污染物（铅除外）的浓度均未超过 GB 8978 最高允许排放浓度、铅的浓度未超过 GB 20426 最高允许排放浓度，且 pH 值在 6～9 范围之内的一般工业固体废物为第Ⅰ类一般工业固体废物；

b）浸出液中有一种或一种以上的污染物（铅除外）浓度超过 GB 8978 最高允许排放浓度，或铅的浓度超过 GB 20426 最高允许排放浓度，或 pH 值在 6～9 范围之外的一般工业固体废物为第Ⅱ类一般工业固体废物。

4.2.3　当填充材料来源及性质发生变化时，应按照 4.2.2 的规定重新判定其所属一般工业固体废物类型。

4.2.4　填充材料须有适宜的含水量，要求粉煤灰含水量不低于 18%，煤矸石含水量不低于 15%。

4.2.5　填充材料须有合理的级配，确保能够实现立体堆积密实、抑制煤矸石自燃。粉煤灰宜占填充材料总质量的 20%～40%。

4.3　填充场地范围

4.3.1　填充场地应符合当地生态保护及污染防治等要求。

4.3.2　填充场地范围确定时要对被选择区域的工程地质、水文地质、自然环境等，按照环境影响评价相关标准规范进行评估论证。

4.3.3　当填充场地为露天矿坑时，填充范围以距矿坑坑顶 1/3～坑顶（深度方向）为宜。

4.3.4　当填充场地为沟壑时，应选择列入县级以上人民政府生态治理恢复规划内的沟壑。

4.3.5　禁止填充的场地：

a）江河、湖泊、水库最高水位线以下的滩地和洪泛区；

b）生活饮用水源保护区及其补给区、以保护饮用水源为目的的人工湿地区域；

c）供水远景规划区和饮用水源含水层；

d）自然保护区；

e）天然基础层地表距地下水位的距离小于 1.5 m 的区域；

f）已受污染且未采取措施治理修复的区域；

g）其他需要特别保护的区域。

4.4　填充场地整治方案

4.4.1　填充场地整治方案需根据填充区域的实际情况进行设计，内容包括场地平整、防渗、排水设施、边坡防护和防止滑坡、泥石流等灾害发生的方案。

4.4.2　填充场地为沟壑时，场地整治效果需与周边地形走势相匹配，必要时可设计为阶梯式。

4.4.3　填充场地的防渗方案设计应符合 GB 18599 的规定。具体要求为：若填充材料中含有第Ⅱ类一般工业固体废物，则按 GB 18599 中Ⅱ类场要求进行防渗设计；若没有可不进行防渗设计。

4.5　填充方案

填充方案应满足 HJ 651 的相关要求。

4.6 安全措施方案

安全措施方案应满足 AQ/T 4256 中的相关要求。

4.7 生态恢复要求

在填充作业结束后，应在填充区域表层覆盖厚度为不低于 0.3 m 的天然土壤层，便于后续生态恢复。当填充材料中存在第 II 类一般工业固体废物时，应在覆盖天然土壤层之前，在填充区域表层覆盖 0.2～0.45 m 的黏土层。

5 填充作业

5.1 填充材料装车、运输要求

5.1.1 粉煤灰填充材料宜在出库过程中增湿，满足手握成团，松手散开的要求；洗选煤矸石填充材料应筒仓控水、保证装车不流水。

5.1.2 填充材料运输应尽量利用机械装车，大吨位自卸汽车拉运。粉煤灰、煤矸石需分别装车运输。

5.1.3 填充材料装车、运输过程中不得发生扬尘、抛洒、冰冻现象。

5.1.4 填充材料运输车辆必须按指定路线行驶至目的地，不得擅自转移、处置。

5.2 填充作业过程要求

5.2.1 填充作业应采取立体分层、倾斜卸料、自然填充的方式，逐层将煤矸石、粉煤灰倾倒在填充作业区域内，确保每层填充材料一致，相邻两层填充材料不一致，作业示意图见附录 A。

5.2.2 填充作业需结合场地实际情况分层填充，每层高度最高不超过 20 m。每层进行分区作业，作业区域沿水平方向逐步推进，推进的单层粉煤灰作业面与单层煤矸石作业面总厚度不超过 0.75 m。

5.2.3 填充材料运输车辆抵达填充作业区域，按照设计要求驶入指定分区，运输车辆的后轴距填充作业区域边缘 1.5～2.0 m 时停止行驶，进行卸料、倾倒作业。

5.2.4 倾倒粉煤灰层时，应缓慢倾倒在指定位置处，要求填充均匀，厚度为 0.25 m 左右。

5.2.5 倾倒煤矸石层时，应倾倒在指定位置处，要求填充均匀，厚度为 0.5 m 左右。

5.2.6 填充材料倾倒作业过程中，应采用装载机和压路机辅助作业，确保填充区域平整密实。

5.2.7 填充作业过程中，应参照 HJ/T 393 相关要求，采取如洒水、喷洒抑尘剂等必要措施，防治扬尘。

6 填充工程管理

6.1 生态填充责任单位，应建立档案制度，详细记录工程建设及管理情况，主要包括填充材料种类数量及来源、填充材料性质、填充位置及深度、填充质量控制、抑尘措施、防渗层检验情况（对需要做防渗工程的要求）、管理制度建设及实施情况等。必要时应采用影像记录方式，长期保存，供随时查阅。

6.2 填充作业过程中，现场须设有安全、质量专职监督人员，对填充作业过程予以监督，确保作业过程安全、符合环保要求。

6.3 填充工程质量监督管理应符合 GB/T 50326 的有关规定。

6.4 需要做防渗工程的填充场地应定期检查维护防渗工程，定期监测地下水水质，发现防渗功能下降，应及时采取必要措施。

7 验收及评价

7.1 验收

7.1.1 应结合填充设计要求编制验收方案，包括生态填充各项工程建设的验收方案和环境保护验收方案。

7.1.2 工程建设验收方案应符合相关专业现行的工程验收规范和《建设项目（工程）竣工验收办法》的有关规定；环境保护验收应符合现行的相关环境保护规范和《建设项目竣工环境保护验收管理办法》的有关规定。

7.1.3 应根据验收方案对生态填充予以验收。

7.2 评价

7.2.1 评价指标

除按 7.1 的要求验收外，还应对填充区域表面的平整情况进行评价，并用平整度作为评价指标；必要时还需对填充区域表面可能出现的扬尘情况、压实程度以及承载能力等进行评价，分别用起尘、表面承载力作为评价指标。

7.2.2 评价要求

7.2.2.1 平整度

露天矿坑填充作业区域的平整度要求为：目测应无波浪形状、无明显高低起伏现象；其高度与填充设计标高相差不宜超过 2‰；每间隔 100 m 的两个测点最大偏差绝对值不宜超过 0.2 m；每间隔 10 m 的两个测点间高度偏差不宜超过 0.1 m。

沟壑填充作业区域平整度要求原则上与露天矿坑填充作业区域要求一致。设计为阶梯式的，每层阶梯表面平整度要求与露天矿坑填充作业区域要求一致。

7.2.2.2　起尘

填充作业区域的起尘评价用起尘总量和起尘质量衰减率予以表征，起尘检验所采用的风速为 20 m/s±2 m/s，填充作业区域表面单位面积起尘量不宜超过 135 g/m^2，起尘质量衰减率不宜低于 70%。

7.2.2.3　表面承载力

填充作业区域的表面承载力用任意一个测点的表面最大形变量予以表征，且该值以低于 0.012 8 m 为宜。

7.2.3　检验方法

7.2.3.1　平整度、起尘、表面承载力的检验均在填充作业过程中和填充区域生态恢复开始前进行。

7.2.3.2　平整度按附录 B 规定的检验方法进行检验。

7.2.3.3　起尘按附录 C 规定的检验方法进行检验。

7.2.3.4　表面承载力按附录 D 规定的检验方法进行检验。

附　录　A
（规范性附录）
粉煤灰与煤矸石混合填充作业示意图

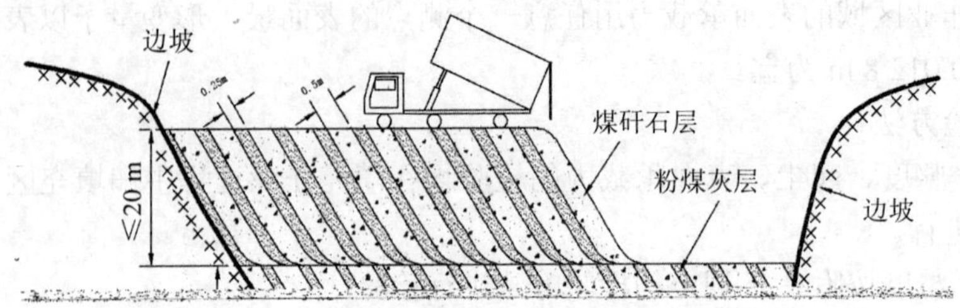

图 A.1　粉煤灰与煤矸石混合填充作业示意图

附 录 B
（规范性附录）
平整度检验方法

B.1 目的与适用范围

本方法适用于测定粉煤灰与煤矸石混合生态填充露天矿坑、沟壑作业过程及填充工程结束后但未开始生态恢复作业时，填充作业区域表面的平整度，用于表征填充区域表面的平整情况。

B.2 材料技术要求

本方法需要的测量仪器为：水准仪：Ds10。

B.3 方法与步骤

B.3.1 根据设计海拔高度或周边地形高度，确定高度参比点，并做好标记。

B.3.2 任意选取测量地点，要求每 100 m^2 选择不少于 3 个测点，且各测点之间的距离不低于 10 m。

B.3.3 采用水准仪测量测点与高度参比点之间的高度差，记为 ΔH，单位为 m；1 000×ΔH/设计标高，即为被测点高度相对设计标高的偏差，单位为‰。

B.3.4 采用水准仪测量填充作业区域从高到低每间隔 100 m 的两个测点之间的高度偏差，并记录，单位为 m。

B.3.5 采用水准仪和水准尺测定每间隔 10 m 的两个测点之间的高度偏差，并记录，单位为 m。

附　录　C
（规范性附录）
起尘检验方法

C.1　原理

本方法适用于测定粉煤灰与煤矸石混合生态填充露天矿坑、沟壑作业过程中及填充工程结束后但未开始生态恢复作业时，填充作业区域表面的起尘。通过调节起尘收集装置的电机可改变检验风速，在设定风速下，利用收集装置先后两次对填充作业区域的表面进行收尘，并计算前后两次收尘的总质量及质量衰减率。

起尘量可用于评价填充作业对环境造成扬尘的影响，起尘量越大，表明越容易对环境造成扬尘；起尘质量衰减率可以表征填充作业区域表面的压实程度，质量衰减率越高，表明该区域的压实程度越高。

C.2　采样布点

本测试过程应在晴天进行，且测试地点的风速需小于 1.0 m/s。如果出现下雨天气，须等填充作业区域表面干燥 2～7 天后方可进行起尘测定；如果风速不低于 1.0 m/s，需择日再进行检测。

本方法中的样品采集区域需按以下方法依次进行选择：

（1）根据目测，确定最可能起尘的区域作为样品采集区域；

（2）每 1 000 m^2 选择 3 处作为样品采集区域，相邻 2 处样品采集区域间隔不低于 30 m；起尘检测样品的采集：选定采集区域，采用如图 1 所示的起尘收集装置先后 2 次进行起尘采集，并形成 2 个子样品，检验风速按 7.2.2 的要求予以设定。

C.3　仪器与设备

C.3.1　采样装置：使用如图 1 所示的装置对所选区域内的起尘进行吹扫并收集。

C.3.2　分析仪器：电子天平：精度≤1 mg；

C.3.3　其他：收尘袋若干，卷尺。

C.4　采样步骤

C.4.1　采样区域做好人员安全保护措施。

C.4.2　选择其中一个采样区域，并选定采样点记为 1A。

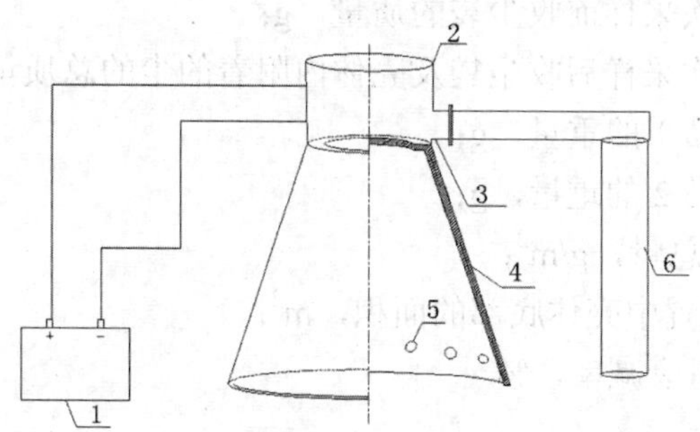

说明：1—电源；2—风机；3—风机出风口；4—壳体；5—壳体入风孔；6—收尘袋

图 C.1 起尘收集装置

C.4.3 测量所采用的收尘袋的质量，并记为 m_{01}，设定检验风速，进行第一次采样，采集时间为 3 min，收集到的尘记为子样品 1，取下收尘袋并收集壳体内附着的尘，统一称重，质量记为 m_1。

C.4.4 采样点不变，测量未使用过的收尘袋质量记为 m_{02}，保持检验风速不变，进行第二次采样，采集时间为 3 min，收集到的尘记为子样品 2，取下收尘袋并收集壳体内附着的尘，统一称重，质量记为 m_2。

C.4.5 用卷尺测量起尘收集装置中壳体底部的直径，并计算其底面积，记为 S，单位为 m^2。

C.5 样品处理及分析

子样品 1 的质量按式（C.1）计算：

$$w_1 = m_1 - m_{01} \tag{C.1}$$

子样品 2 的质量按式（C.2）计算：

$$w_2 = m_2 - m_{02} \tag{C.2}$$

单位面积起尘量按式（C.3）计算：

$$QC = \frac{w_1 + w_2}{S} \tag{C.3}$$

起尘量衰减率按式（C.4）计算：

$$SJ = \frac{w_1 - w_2}{w_1} \tag{C.4}$$

式中：m_{01} —— 第一次采样前收尘袋的质量，g；

m_1 —— 第一次采样后收尘袋及壳体内附着的尘的总质量，g；

m_0—— 第二次采样前收尘袋的质量，g；

m_2—— 第二次采样后收尘袋及壳体内附着的尘的总质量，g；

w_1—— 子样品 1 的重量，g；

w_2—— 子样品 2 的重量，g；

QC—— 起尘总量，g/m^2；

S—— 收尘装置中壳体底部的面积，m^2；

SJ—— 起尘量衰减率，%。

附　录　D
（规范性附录）
落锤法测定表面承载力的试验方法

D.1　原理

本方法适用于测定粉煤灰与煤矸石混合生态填充露天矿坑、沟壑作业过程中及填充工程结束后但未开始生态恢复作业时，填充作业区域表面的表面承载力。本方法模拟了行车荷载对填充作业区域表面的作用情况，表征区域表面压实程度和承载能力。其过程是：标准质量的重锤从一定高度自由下落，对填充区域表面产生冲击荷载作用，使得填充区域表面产生瞬时形变，对形变量的大小进行测量，并以此来表征填充区域表面的表面承载力。形变量越小，表面承载力越强。

D.2　材料及技术要求

本方法需要下列仪具与材料：

a）可拆分重锤：重锤的质量要求为 300 kg±3 kg，为方便运输，重锤可整体拆分。重锤拆分后的各个部分均为长方体，且大小、形状、材质均相同。要求重锤底部长宽比为 1.2∶1，底部面积为 0.075 m^2。每部分的材质可以为铁质、混凝土或二者的混合物，但要求重锤落地后不得出现裂缝、破损等现象。

b）起吊装置：要求可将重锤提升高度不低于 1.5 m，并能确保重锤在一定高度下实现自由落体，本方法要求重锤的落高为 1.5 m。

c）刻度尺：用于测量填充区域表面形变量，最小刻度为 0.1 mm。

D.3　方法与步骤

D.3.1　准备工作

D.3.1.1　测试区域的选择：选择最易在荷载作用下发生形变的区域作为测试区域；此外，每 1 000 m^2 选择 3 处区域作为测试区域，相邻 2 处测试区域间隔不低于 30 m；要求在填充作业区域边缘必须选择测试区域。

D.3.1.2　每个测试区域均需布置 3 个测点，每个测点均需测量 3 次。

D.3.1.3　确定测点位置之后，需将地面平整并清理干净，以使形成明显的弯沉痕迹，方便测量形变量。

D.3.2 测试步骤

D.3.2.1 将起吊装置置于测点位置附近，确保重锤下落后的位置与测点位置一致。

D.3.2.2 将重锤提升到 1.5 m 的高度。

D.3.2.3 使重锤自由下落到测点位置处。

D.3.2.4 再重复（2）、（3）步骤两次，测量并记录最后一次重锤落地后形成的最大形变量，单位为 m。该结果即为本方法中用于评价填充作业区域表面承载力的指标。